中国电子教育学会高教分会推荐

应用型本科高校系列教材

大学计算机基础

主　编　杨再丹

副主编　赵家君　陈其鑫　邓坚

西安电子科技大学出版社

内 容 简 介

本书是根据教育部大学计算机课程教学指导委员会编制的《关于进一步加强高等学校计算机基础教学的意见暨计算机基础课程教学基本要求》和《全国计算机等级考试二级——MS Office 高级应用(2013年版)》考试大纲编写的。本书共分 7 个章节和附录部分，分别对计算机操作基础、计算机基础知识、Windows 7 操作系统、计算机网络及信息安全基础、Word 2010 文字处理系统、Excel 2010 电子表格系统、PowerPoint 2010 电子演示文稿和全国计算机等级考试的相关内容进行了详细的介绍，可通过与本书配套的《大学计算机基础实训教程》，让读者在每堂课的理论教学结束后，能通过大量设计独到的上机操作，巩固基本理论，提高实际应用，强化综合技能。

本书基于"能看懂、能自学、能应用、能拓展"的理念编写，具有结构严谨、内容充实、层次清晰、概念准确、深入浅出、通俗易懂的特点，并配有相应的上机实训教材和素材。

本书既可作为各类应用型高等院校的教学用书，也可作为全国计算机等级考试二级——《MS Office 高级应用》的培训教材。

图书在版编目(CIP)数据

大学计算机基础/杨再丹主编. —西安：西安电子科技大学出版社，2016.9(2020.8 重印)
应用型本科高校系列教材
ISBN 978-7-5606-4246-8

Ⅰ. ① 大… Ⅱ. ① 杨… Ⅲ. ① 电子计算机—高等学校—教材 Ⅳ. ① TP3

中国版本图书馆 CIP 数据核字(2016)第 181792 号

策　　划　　毛红兵
责任编辑　　毛红兵
出版发行　　西安电子科技大学出版社(西安市太白南路 2 号)
电　　话　　(029)88242885　88201467　　邮　　编　　710071
网　　址　　www.xduph.com　　　　　　　电子邮箱　　xdupfxb001@163.com
经　　销　　新华书店
印刷单位　　陕西天意印务有限责任公司
版　　次　　2016 年 9 月第 1 版　　2020 年 8 月第 7 次印刷
开　　本　　787 毫米×1092 毫米　1/16　印　张　27
字　　数　　639 千字
印　　数　　45 201～47 200 册
定　　价　　52.00 元

ISBN 978-7-5606-4246-8/TP

XDUP 4538001-7

如有印装问题可调换

序

    2015 年 5 月教育部 、国家发展改革委、财政部"关于引导部分地方普通本科高校向应用型转变的指导意见"指出：当前，我国已经建成了世界上最大规模的高等教育体系，为现代化建设作出了巨大贡献。但随着经济发展进入新常态，人才供给与需求关系深刻变化，面对经济结构深刻调整、产业升级加快步伐、社会文化建设不断推进，特别是创新驱动发展战略的实施，高等教育结构性矛盾更加突出，同质化倾向严重，毕业生就业难和就业质量低的问题仍未有效缓解，生产服务一线紧缺的应用型、复合型、创新型人才培养机制尚未完全建立，人才培养结构和质量尚不适应经济结构调整和产业升级的要求。

    因此，完善以提高实践能力为引领的人才培养流程，率先应用"卓越计划"的改革成果，建立产教融合、协同育人的人才培养模式，实现专业链与产业链、课程内容与职业标准、教学过程与生产过程对接。建立与产业发展、技术进步相适应的课程体系，与出版社、出版集团合作研发课程教材，建设一批应用型示范课程和教材，已经成了目前发展转型过程中本科高校教育教学改革的当务之急。

    长期以来，本科高校虽然区分为学术研究型、教学型、应用型又或者一本、二本、三本等类别，但是在教学安排、教材内容上都遵循统一模式，并无自己的特点，特别是独立学院"寄生"在母体学校内部，其人才培养模式、课程设置、教材选用，甚至教育教学方式都是母体学校的"翻版"，完全没有自己的独立性，导致独立学院的学生几乎千篇一律地承袭着二本或一本的衣钵。不难想象，当教师们拿着同样的教案面对着一本或二本或三本不同层次的学生，在这种情况下又怎么能够培养出不同类型的人才呢?高等学校的同质性问题该又如何破解?

    本科高校尤其是地方高校和独立学院创办之初的目的是要扩大高等教育办学资源，运用自己新型运行机制，开设社会急需热门专业，培养应用型人才，为扩大高等教育规模，提高高等教育毛入学率添彩增辉。而今，这个目标依然不能动摇。特别是，适应我国新形势下本科院校转型之需要，更应该办出自己的特色和优势，即，既不同于学术研究型、教学型高校，又有别于高职高专类院校的人才培养定位，应用型本科高校应该走自己的特色之路，在人才培养模式、专业设置、教师队伍建设、课程改革等方面有所作为、有所不为，经过贵州省部分地方学院、独立学院院长联席会多次反复讨论研究，我们决定从教材编写着手，探索建立适应于应用型本科院校的教材体系，因此，才有了这套"应用型本科高校系列教材"。

    本套教材具有有以下一些特点：

    一是协同性。这套教材由地方学院、独立学院院长们牵头；各学院具有副教授职称以上的老师作为主编；企业的专业人士、专业教师共同参编；出版社、图书发行公司参与教材选题的定位，可以说，本套教材真正体现了协同创新的特点。

    二是应用性。教材编写突破了多年来地方学院、独立学院的教材选用几乎一直同一本或母体学校同专业教材的体系结构完全一致的现象，完全按照应用型本科高校培养人才模式的要求进行编写，既废除了庞大复杂的概念阐述和晦涩难懂的理论推演，又深入浅出地进行了情境描述和案例剖析，使实际应用贯穿始终。

三是开放性。以遵循充分调动学生自主学习的兴趣为契机，把生活中，社会上常见的现象、行为、规律和中国传统的文化习惯串联起来，改变了传统教材追求"高、大、全"、面面俱到，或是一副"板着脸训人"的高高在上的编写方式，而是用最真实、最符合新时代青年学生的话语方式去组织文字，以改革开放的心态面对错综复杂的社会和价值观等问题，促进学生进行开放式思考。

四是时代性。这个时代已经是互联网+的大数据时代，教材编写适宜短小精悍、活泼生动，因此，这些教材充分体现了互联网+的精神，或提出问题、或给出结论、或描述过程，主要的目的是让学生通过教材的提示自己去探索社会规律、自然规律、生活经历、历史变迁的活动轨迹，从而，提升他们抵抗风险的能力，增强他们适应社会、驾驭机会、迎接挑战的本领。

我们深知，探索、实践、运作一套系列教材的工作是一项旷日持久的浩大工程，且不说本科学院在推进向应用型转变发展过程中日积月累的诸多欠账一时难还，单看当前教育教学面临的种种困难局面，我们都心有余悸。探索科学的道路总不是平坦的，充满着艰辛坎坷，我们无所畏惧，我们勇往直前，我们用心灵和智慧去实现跨越，也只有这样行动起来才无愧于这个伟大的时代所赋予的历史使命。由于时间仓促，这套系列教材会有不尽人意之处，错误难免，还期盼同行的专家、学者批评斧正。

"众里寻他千百度，蓦然回首，那人却在，灯火阑珊处。"初衷如此，结果如此，希望如此，是为序言。

应用型本科高校系列教材委员会
2016 年 8 月

应用型本科高校系列教材编委会

前　言

　　计算机技术是当今发展最为迅速的新兴学科，从 1946 年第一台计算机诞生至今短短的半个多世纪中，计算机技术取得了迅猛的发展，它的应用也从最初单纯在军事和科研领域进行数值计算扩展到现代社会的各行各业，甚至进入寻常家庭，有力地推动了社会生产力和社会信息化的发展。掌握计算机的基础知识，熟悉计算机的应用技能，是 21 世纪人才必须具备的基本素质之一，因此，从 20 世纪末开始，各高等院校均已将计算机基础及应用教学列为各专业的必修和选修课程。同时，为了规范课程教学，教育部大学计算机课程教学指导委员会编写了《关于进一步加强高等学校计算机基础教学的意见暨计算机基础课程教学基本要求》，对计算机基础教学改革的知识结构与课程设置提出了新的要求。

　　本书正是根据这个要求并结合《全国计算机等级考试二级——MS Office 高级应用(2013 年版)》考试大纲而编写的，全书分为 7 个章节。

　　第 1 章介绍了计算机的一些基础技能，主要内容包括认识计算机、键盘鼠标的结构及使用、指法基础及上机实验时必需的工具软件的使用。

　　第 2 章为计算机的一些基本概念和理论，主要内容包括计算机的定义、发展、特点、应用和分类；信息在计算机中的表示；汉字的编码及输入；计算机的组成结构及工作原理等。

　　第 3 章为 Windows 7 操作系统，这部分首先引入操作系统的定义、功能、分类及发展，然后以 Windows 7 为例，详细讲解了操作系统界面元素的基本组成及操作、操作系统对文件(文件夹)及磁盘的管理、操作系统中常用附件程序及控制面板的使用。

　　第 4 章为计算机网络及信息安全基础，主要内容包括计算机网络概述、局域网技术及应用、Internet 及其应用、信息安全的类型及预防等。

　　第 5、6、7 章介绍了 Office 2010 常用办公自动化软件的使用，主要内容包括文字处理软件 Word 2010、电子表格软件 Excel 2010、演示软件 PowerPoint 2010 的基本操作与使用。

　　附录部分主要介绍了全国计算机等级考试的相关知识，对二级 MS Office 高级应用的考试大纲进行了详细的解析和说明，并提供了部分模拟试题和参考答案，供有需要的同学参考。

　　从上面可以看出，本书涉及的内容并不是很多，主要针对应用型本科院校计算机教学的实际情况编排，并力图避开其他同类教材追求的内容面广、泛泛而谈的缺陷，突出对学生的计算机基本应用技能的训练，为其进一步学习相关后续课程奠定坚实的基础。本书以"能看懂、能自学、能应用、能拓展"为出发点，既适合初学者入门学习，同时又考虑到部分学生不同程度地使用过计算机，希望能进一步系统地了解计算机的相关知识的需求，因此在内容上增加了一些高级操作技巧，确保基础与提高兼顾、理论与实用结合。本书适用于各类应用型高等院校的教学。

作者还根据长期从事教学及管理的经验和绝大多数学生的实际需求，以理论教学的周次为单元，编写了与本书配套的《大学计算机基础实训教程》，让学生在每堂课的理论教学结束后，能通过大量有针对性和综合性的上机操作，巩固基本理论，提高实际应用、强化综合技能。

另外，本书还提供了配套的教学软件包(读者可以从西安电子科技大学出版社教学资源网：www.xduph.com 下载)，其中包含了制作精美、内容详尽的多媒体教学课件、教学过程中涉及的一些常用软件，上机使用的全部素材及相关参考资料等，以方便教师备课和学生自主学习。

最后，为便于阅读理解，本书作如下约定：

- 本书中所涉及的计算机均特指台式计算机。
- 本书中出现的中文菜单和命令名称将用引号("")括起来，如果是级联菜单，则用"—"连接，如"文件"—"选项"—"高级"，表示先单击"文件"菜单，再单击"选项"子菜单项，最后单击执行"高级"命令。
- 如没有特殊说明，书中的"单击"、"双击"和"拖动"均是指用鼠标左键进行操作，而"右击"则是指用鼠标右键单击。
- 本书中用"+"号连接的两个键或三个键表示组合键，在操作时表示同时按下这两个或三个键。

本书的第 1、5 章由贵州民族大学杨再丹编写，第 2、4 章由贵州师范大学李绿山、邓坚编写，第 3、7 章由贵州财经大学陈其鑫、康万杰编写，第 4、6 章由贵州大学赵家君、臧绍刚编写，另外，本书在编写过程中还得到了贵州民族大学何彪教授、陈加法教授及其他长期从事计算机相关教学的一线教师的大力支持和帮助，在此一并表示诚挚的感谢！

由于时间仓促，加上作者水平有限，本书不足之处在所难免，为便于以后教材的修订，恳请各位专家、教师及读者多提宝贵意见。主编邮箱地址：yzd0017544@sina.com。

编　者

2016 年 6 月

目　　录

第1章　计算机操作基础 1

1.1　认识计算机 1

1.1.1　计算机的组成 1

1.1.2　主机面板的组成及操作 2

1.1.3　计算机的开机、关机及重启 4

1.2　键盘的结构及功能 5

1.2.1　键盘的分区 5

1.2.2　功能键区 5

1.2.3　主键盘区 6

1.2.4　编辑键区 6

1.2.5　小键盘区 7

1.3　鼠标的使用 7

1.3.1　鼠标的结构 7

1.3.2　鼠标的光标 7

1.3.3　鼠标的操作 8

1.4　指法基础 8

1.4.1　正确的姿势 9

1.4.2　手指的分工 9

1.4.3　击键方法 10

1.4.4　常用指法练习软件的使用 10

1.5　FTP 工具的使用 10

1.5.1　利用 FlashFXP 下载/上传文件 11

1.5.2　利用 Internet Explorer
　　　　下载/上传文件 12

第2章　计算机基础知识 13

2.1　计算机的概念 13

2.2　计算机的产生及发展 13

2.3　计算机的特点及性能指标 15

2.4　计算机的应用领域 16

2.5　计算机的分类 17

2.6　计算机的发展方向 19

2.7　信息在计算机中的表示 20

2.7.1　数制及其转换 20

2.7.2　二进制与信息 22

2.7.3　存储容量及其单位 23

2.7.4　西文字符的编码 24

2.8　汉字的编码及汉字输入 25

2.8.1　汉字的编码 25

2.8.2　汉字的输入方法 26

2.8.3　智能 ABC 输入法 27

2.8.4　五笔字型输入法 29

2.9　计算机的组成结构及工作原理 34

2.9.1　计算机体系结构 34

2.9.2　计算机的组成结构 35

2.9.3　计算机的工作原理 41

第3章　Windows 7 操作系统 44

3.1　操作系统基础知识 44

3.1.1　操作系统的概念 45

3.1.2　操作系统的功能 45

3.1.3　操作系统的分类 46

3.1.4　微机操作系统的发展 47

3.2　Windows 7 的组成及基本操作 52

3.2.1　桌面 52

3.2.2　图标 53

3.2.3　任务栏 54

3.2.4　窗口 57

3.2.5　对话框 62

3.2.6　"开始"菜单 63

3.2.7　剪贴板 66

3.3　Windows 7 对文件及文件夹的管理 66

3.3.1　文件及文件夹的命名规则 67

3.3.2　树型目录 67

3.3.3　文件的类型及图标 68

3.3.4　文件的属性 69

3.3.5　文件的排列及查看 70

3.3.6　文件及文件夹的选定 71

3.3.7 文件及文件夹的创建 71

3.3.8 文件及文件夹的复制与移动 72

3.3.9 文件及文件夹的删除与恢复 72

3.3.10 文件及文件夹的更名 73

3.3.11 文件及文件夹的查找 74

3.4 Windows 7 对磁盘的管理 77

3.4.1 磁盘的分区及格式化 77

3.4.2 磁盘的扫描及查错 81

3.4.3 磁盘的碎片整理 83

3.4.4 磁盘的清理 84

3.4.5 磁盘的属性 85

3.4.6 文件加密系统和 BitLocker
驱动器加密 86

3.5 Windows 7 附件程序的使用 90

3.5.1 写字板程序 90

3.5.2 记事本程序 94

3.5.3 画图程序 95

3.5.4 命令提示符 98

3.5.5 计算器程序 99

3.5.6 截图工具程序 102

3.6 Windows 7 控制面板的使用 103

3.6.1 系统属性 104

3.6.2 日期和时间设置 105

3.6.3 设置 Windows 文件夹选项 106

3.6.4 显示设置 107

3.6.5 个性化设置 108

3.6.6 鼠标属性设置 113

3.6.7 设置打印机 115

3.6.8 程序和功能 119

3.6.9 设置字体 121

3.6.10 设置区域和语言选项 122

3.6.11 用户账户 125

3.7 Windows 7 操作系统的安装 127

第 4 章 计算机网络及信息
安全基础 133

4.1 计算机网络概述 133

4.1.1 计算机网络的概念及功能 133

4.1.2 计算机网络的产生及发展 134

4.1.3 计算机网络的组成 136

4.1.4 常见的网络拓扑结构 143

4.1.5 计算机网络的分类 145

4.1.6 IP 地址与域名系统 146

4.2 局域网技术及应用 149

4.2.1 局域网的构建模式 149

4.2.2 局域网的配置及测试 151

4.2.3 局域网的简单应用 154

4.3 Internet 及其应用 164

4.3.1 Internet 的产生及发展 164

4.3.2 Internet 的接入 165

4.3.3 Internet 中的服务 169

4.3.4 WWW 的使用 169

4.3.5 电子邮件的使用 179

4.4 计算机网络与安全 182

4.4.1 网络安全基本概念 182

4.4.2 网络的安全机制 183

4.4.3 防火墙技术 183

4.4.4 防病毒机制 185

第 5 章 Word 2010 文字处理系统 190

5.1 Microsoft Office 2010 概述 190

5.1.1 Office 2010 的组成 191

5.1.2 Office 2010 的安装和卸载 193

5.2 Word 2010 基本操作 198

5.2.1 启动与退出 198

5.2.2 用户界面 199

5.3 Word 2010 文件操作 204

5.3.1 建立文档 204

5.3.2 保存及保护文档 206

5.3.3 打开文档 209

5.3.4 关闭文档 211

5.3.5 查看和编辑文档属性 211

5.3.6 文档视图 211

5.4 Word 2010 的基本编辑技术 216

5.4.1 移动插入点 216

5.4.2 输入文本 217

5.4.3 插入对象 218

5.4.4 选定文本 222

5.4.5 插入与删除文本 223
5.4.6 复制与移动文本 223
5.4.7 查找与替换 223
5.4.8 撤销与恢复 226
5.5 Word 2010 的排版技术 227
5.5.1 页面排版 227
5.5.2 文字排版 233
5.5.3 段落排版 235
5.6 Word 2010 的表格编辑技术 242
5.6.1 创建及删除表格 242
5.6.2 设置表格属性 246
5.6.3 在表格中输入及编辑对象 246
5.6.4 选定表格 247
5.6.5 调整行高列宽及表格大小 247
5.6.6 在表格中插入或删除 250
5.6.7 合并或拆分单元格 252
5.6.8 拆分或合并表格 252
5.6.9 设置表格对齐方式 253
5.6.10 设置表格边框和底纹 253
5.6.11 套用表格样式 254
5.6.12 表格数据的排序 254
5.6.13 表格数据的计算 255
5.7 Word 2010 的图形编辑技术 257
5.7.1 创建图形 257
5.7.2 图形的常规编辑 263
5.7.3 图形的高级编辑 267
5.8 Word 2010 长文档编辑技术 272
5.8.1 插入分节符 272
5.8.2 设置段落项目符号和段落编号 273
5.8.3 设置样式 274
5.8.4 创建目录 278
5.8.5 邮件合并 280
5.8.6 文档比较 287
5.9 Word 2010 打印技术 288
5.9.1 打印预览 288
5.9.2 打印文档 290

第 6 章 Excel 2010 电子表格系统 291
6.1 Excel 2010 的功能和基本概念 291

6.2 Excel 2010 的基本操作 292
6.2.1 启动 Excel 2010 292
6.2.2 Excel 2010 窗口界面的组成 293
6.2.3 退出 Excel 2010 295
6.3 Excel 2010 文件操作 295
6.3.1 建立工作簿 295
6.3.2 保存工作簿 296
6.3.3 打开工作簿 297
6.3.4 关闭工作簿 297
6.4 编辑工作表 297
6.4.1 选定工作表 297
6.4.2 插入工作表 298
6.4.3 重命名工作表 299
6.4.4 移动和复制工作表 299
6.4.5 删除工作表 299
6.4.6 拆分工作表 300
6.4.7 选定工作区 301
6.4.8 在表格中插入和删除 302
6.4.9 合并单元格 303
6.4.10 调整单元格的行高和列宽 305
6.4.11 设置单元格格式 306
6.4.12 设置条件格式 307
6.4.13 格式复制与套用 310
6.4.14 保护工作簿和工作表 311
6.4.15 冻结工作表窗口 314
6.5 在表格中输入数据 315
6.5.1 输入文本 317
6.5.2 输入数值 317
6.5.3 输入日期时间 318
6.5.4 设置数据有效性 319
6.5.5 智能填充数据 323
6.5.6 插入符号批注与对象 324
6.5.7 移动、复制数据 326
6.5.8 清除单元格 327
6.6 公式与函数的使用 328
6.6.1 构建公式 328
6.6.2 使用函数 329
6.6.3 输入公式 332
6.6.4 使用自动求和按钮 334

6.6.5　复制公式 335
6.6.6　关于单元格错误信息 338
6.7　工作表的数据管理 339
6.7.1　数据排序 340
6.7.2　数据筛选 341
6.7.3　数据分类汇总 345
6.8　编辑图表 347
6.8.1　建立迷你图 347
6.8.2　建立图表 350
6.8.3　建立数据透视表 358
6.8.4　建立数据透视图 363
6.9　预览和打印工作表 365

第 7 章　PowerPoint 2010 电子
　　　　演示文稿 367
7.1　PowerPoint 2010 的功能和特点 367
7.2　PowerPoint 2010 的基本操作 367
7.2.1　启动 PowerPoint 2010 367
7.2.2　PowerPoint 2010 窗口界面的
　　　　组成 369
7.2.3　PowerPoint 2010 视图及切换 370
7.2.4　退出 PowerPoint 2010 372
7.3　PowerPoint 2010 文件的操作 372
7.3.1　新建演示文稿 372
7.3.2　保存、保护演示文稿 375
7.3.3　打开演示文稿 376
7.3.4　关闭演示文稿 376
7.4　在普通视图下编辑演示文稿 376
7.4.1　页面设置 376

7.4.2　编辑幻灯片母版 377
7.4.3　幻灯片的选定 379
7.4.4　插入或删除幻灯片 379
7.4.5　移动或复制幻灯片 379
7.4.6　设置幻灯片版式 380
7.4.7　设置幻灯片主题 381
7.4.8　设置背景 382
7.4.9　输入和编排文字 386
7.4.10　插入和编辑图形、表格和图表 386
7.4.11　添加声音和视频 389
7.4.12　插入动作按钮 391
7.4.13　插入超链接 392
7.4.14　设置幻灯片切换 393
7.4.15　设置动画 395
7.4.16　录制幻灯片演示 398
7.4.17　自定义幻灯片放映 398
7.5　在浏览视图下编辑演示文稿 399
7.6　播放演示文稿 400
7.7　打印演示文稿 400
7.8　打包演示文稿 402

附录 404
附录 1　全国计算机等级考试简介 404
附录 2　全国计算机等级考试——二级公共
　　　　基础知识考试大纲(2013 年版) 409
附录 3　全国计算机等级考试——二级 MS
　　　　Office 高级应用考试大纲
　　　　(2013 年版) 411
附录 4　二级 MS Office 练习题一 413
附录 5　二级 MS Office 练习题二 417

第 1 章　计算机操作基础

　　电子数字计算机是人类社会 20 世纪最伟大的科技发明之一，也是当今发展得最为迅速的新兴学科。在短短的半个多世纪中，计算机技术取得了迅猛的发展，它的应用也从最初单纯的军事和科研领域扩展到了社会生活的各行各业，成为信息社会中人们生活、学习、工作必不可少的工具，有力地推动了社会生产力和社会信息化的发展。

　　在正式讲解计算机具体内容之前，可通过本章的学习，让读者先了解计算机的整体结构和一些最基本的操作，并养成一个良好的使用计算机的习惯，为后面的深入学习奠定基础。

1.1　认识计算机

1.1.1　计算机的组成

　　计算机是一个非常庞大、复杂的系统，这节我们先来简单认识一下个人计算机(Personal Computer，简称 PC)的一些主要硬件组成，至于其内部的具体构成和工作原理，我们将在第 2 章作详细介绍。

　　从外观上来看，一个基本的个人计算机硬件系统主要由主机、显示器、键盘、鼠标、音箱及其他外围扩展设备等组成，如图 1-1 所示。

图 1-1　计算机主要部件组成

(1) 主机：是计算机系统的主体，决定着计算机的总体性能，其主要功能是完成各种数据、信息的运算和存储。计算机中的各主要部件(如主板、中央处理器、内存、显示卡、硬盘等)都安装在其内部，而其他的外部设备则通过各种形式的接口来和主机连接，从而共同组成一个完整的计算机系统。

(2) 显示器：是计算机的主要输出设备，其主要功能是与主机内的显示卡配合，将主机处理好的各种文本、图形、动画、视频等信息显示在屏幕上。常见的显示器按工作原理可分为 CRT 显示器和 LCD(LED)显示器。CRT 显示器也称为阴极射线管显示器，工作原理与老式电视基本相同，其特点是体积较大、功耗高，但价格相对便宜、显示质量好；而 LCD(LED)显示器通常也称为液晶显示器，是目前比较流行的显示终端，其特点是体积小、功耗低、重量轻，但价格较高，显示质量和性能要比 CRT 显示器差一些。

(3) 键盘：是计算机中一个最古老也是最常见的输入设备，其主要功能是将数字、字符、字母、汉字及一些控制命令输入到主机。

(4) 鼠标：也是计算机中的重要、最常见的输入设备，它可以对屏幕上的光标进行定位，并通过按键和滚轮装置对屏幕中显示的各种元素进行操作。

(5) 音箱：是计算机中常见的音频输出设备，其主要功能是与主机内的声卡配合，将计算机处理好的音频信息输出。

(6) 麦克风：用于将外界的声音输入到计算机。

(7) 其他外设：是对计算机主机功能进行扩展的外部设备，可以根据实际需要进行选配。常见的外设有打印机、扫描仪、数码相机、投影仪、移动硬盘等。

1.1.2 主机面板的组成及操作

主机是计算机硬件系统的主体，也是对计算机进行操作和安装的基础。尽管不同主机的外形千差万别，但其结构及功能却基本相同，都应该包含前面板和后面板两个部分。

主机前面板的组成如图 1-2 所示。主机后面板的组成如图 1-3 所示。

图 1-2　主机前面板的组成　　　　图 1-3　主机后面板的组成

一、前面板

(1) 电源开关：一般有"Power"或 标记，按下此开关，可以打开主机电源，或在计算机死机的情况下，长按此开关(5 秒以上)可强行关闭主机电源。当然，如果在 Windows 操作系统的控制面板中进行了特殊的设置，也可直接使用此开关来正常关闭计算机系统。

(2) 复位开关：一般有"Reset"标记，在计算机死机或键盘和鼠标无响应的情况下，按下此开关，强制重新启动计算机。出于对计算机硬件和数据安全的考虑，现在绝大多数的主机已取消了复位开关。

(3) 电源指示灯(绿色)：当计算机主机通电后此灯常亮。

(4) 硬盘读写指示灯(红色)：当硬盘在进行读、写操作时，此指示灯点亮或闪烁。

注：当硬盘读写指示灯点亮或闪烁时，不要按下电源开关或复位开关，否则可能导致数据丢失或硬盘损坏。

(5) USB 接口：即通用串行总线接口，相对于其他总线来说，USB 接口体积小、速度快、通用性强，并且支持即插即用等先进技术，现已成为微型计算机系统中主机与外设连接的主要形式，如 U 盘、移动硬盘、打印机、数码相机、手机，甚至外置声卡、网卡等设备均可通过此接口与主机连接。

(6) 音频接口：蓝色的为音频输出接口，用于连接耳机或音箱，粉红色的为音频输入接口，用于连接话筒。

二、后面板

(1) 电源接口：用于主机与 220 V 交流电的连接。

(2) 电源风扇：用于电源及机箱内部的散热。

(3) 键盘接口(紫色)：用于连接键盘。

(4) 鼠标接口(浅绿色)：用于连接鼠标。

(5) 并行接口：也称 LPT 接口或打印端口，该接口共 25 针，可用于连接早期的打印机等。

(6) 串行接口：也称 COM 接口，该接口有 9 个针脚，可连接游戏手柄、手写板、调制解调器等设备。

注：由于并行接口、串行接口的数据传输率较低，且通用性差，现已很少使用而被 USB 接口取代。

(7) USB 接口：功能与前面板的 USB 接口相同，但它提供的电流要比前面板的 USB 接口大，对于一些功耗较大的 USB 设备(如移动硬盘等)，若在前面板上不能使用，应连接到后面板。

(8) 显示器接口：用于连接显示器。根据数据传输模式不同，显示器也分 VGA 接口和 DVI 接口两种，其中 VGA 传输模拟视频信号，用于连接早期的显示器，而 DVI 接口传输数字信号，是当前主机与显示器的主要连接形式。

(9) 网线接口：也称 RJ45 接口，用于连接主机和交换机。一般情况下，将网线的水晶头插入网线接口后，接口上的红色指示灯会点亮，当网络传输数据时，绿色的指示灯会点亮或闪烁。

(10) 音频接口：功能与前面板音频接口相同，但一般情况下两者不能同时使用(具体由主板上的功能跳线决定)，现在支持多声道输出的主机还提供了 6~8 个音频接口。

1.1.3　计算机的开机、关机及重启

一、计算机的开机

计算机的开机与打开其他家用电器没有什么区别，只要按下主机前面板上的电源开关，此时相应的电源指示灯点亮，计算机即进入加电自检(POST)程序，检查计算机中的各种硬件参数是否正确、工作是否正常，完成后再从硬盘(一般情况下)启动操作系统，当出现了 Windows 桌面后，计算机的开机过程结束。

二、计算机的关机

在不同的操作系统中，关闭计算机的方法略有不同，但都应严格按照正确的方法来关闭计算机，否则有可能导致程序的破坏或数据的丢失，严重的还会导致计算机硬件(特别是硬盘)的损坏，并且当下次再开机时，系统会自动执行磁盘自检程序，从而延长启动时间。在 Windows 7 中，关闭计算机主要分为以下几个步骤：

(1) 关闭所有打开的窗口及正在运行的程序。

(2) 单击任务栏上的"开始"按钮，打开"开始"菜单。

(3) 在"开始"菜单中单击"关机"按钮，可直接关闭计算机，也可单击"关机"按钮右端的扩展按钮，来选择其他关机模式。在 Windows 7 中，提供了"关机"、"切换用户"、"注销"、"锁定""重新启动"、"睡眠"、"休眠"等多种关机模式，其中：

■　关机：选择此项后，系统将停止运行，退出 Windows 系统，并关闭主机所有部件的电源，用户不再使用计算机时选择该项可以安全关机。

■　切换用户：指在多用户环境中，可在保持计算机开机状态下，关闭当前用户所有程序和文档并退出当前用户模式，然后以新的用户登录到 Windows 7，以获得适合的工作环境或权限(具体见第 3 章相关内容)。

■　注销：指在多用户环境中，可在保持计算机开机状态下，关闭当前用户所有程序和文档并退出当前用户模式，然后返回到 Windows 7 的欢迎界面，等待选择用户。

■　锁定：在不关闭计算机电源的情况下，保留用户当前程序和文档，并返回 Windows 7 登录界面锁定计算机，当用户正确输入登录密码后可快速恢复计算机当前状态，用于暂时不使用计算机时保护数据和文档安全。

■　重新启动：此选项将退出当前 Windows 系统，并重新启动计算机，一般用于软件升级、安装硬件驱动程序或更新系统。

■　睡眠：当用户选择此选项后，系统将当前的运行状态保存在内存，并关闭监视器、硬盘及其他相关外部设备的电源，计算机将转入低功耗模式。当移动鼠标或按下键盘后可快速恢复原来的状态。此项通常在用户暂时不使用计算机，为节约能源和重新启动计算机的时间、保留当前工作状态时使用。

■　休眠：当用户选择此选项后，系统将所有数据从内存转换到硬盘，然后关闭系统

电源，当用户再次按下电源开关时，系统再次启动，并恢复到休眠前的状态。休眠和睡眠最大的区别是：① 休眠后计算机当前状态和数据保存在硬盘中，而睡眠后计算机当前状态和数据保存在内存中；② 休眠是关闭计算机系统电源，而睡眠则是关闭部分计算机部件电源；③ 休眠恢复时间较长，而睡眠恢复时间较短。

另外，如果在 Windows 控制面板的"高级电源选项"中设置了电源按钮的功能，也可以直接按下电源开关自动完成以上步骤。

三、计算机的重启

计算机的重启可分为热启动和冷启动两种方式。其中热启动可参考关机步骤中的"重新启动"来进行，也可在安装新的软件或硬件时根据屏幕提示完成；冷启动就是直接按下主机前面板上的复位开关(Reset)，可在计算机通电的任何情况下，强行重启计算机。冷启动一般用于系统没有响应或计算机死机的情况，但重启后会重新运行计算机的加电自检程序和磁盘扫描程序，增加重新启动的时间，并且还会导致数据的丢失、硬件的损坏，一般不提倡使用。

1.2　键盘的结构及功能

键盘是计算机中最原始也是最常见的一种输入设备，计算机运行时所需的绝大多数源程序、字母、数字、符号、汉字及部分控制命令都是通过键盘输入的。尽管现在的键盘外形千差万别，但其基本功能和结构却是相同的，下面我们就以最常见的 104 键键盘为例来讲解。

1.2.1　键盘的分区

按照按键的大体位置及功能不同，一般将键盘分成五个区域，即功能键区、主键盘区、编辑键区、小键盘区、工作状态指示区，如图 1-4 所示。

图 1-4　键盘的分区

1.2.2　功能键区

功能键区位于键盘最上面一行，主要由 Esc 键、F1～F12 键及屏幕打印键(Print Screen

键)、屏幕锁定键(Scroll Lock)、暂停键(Pause Break)组成。功能键区的按键功能一般不明确，其具体功能由操作系统或应用软件来决定，但一般情况下，Esc 键用于退出当前应用程序、关闭某个窗口或取消某个设置，F1 键为帮助键等。

1.2.3 主键盘区

主键盘区位于键盘的左下部，通常由数字键 0～9、字母键 A～Z、常用符号键及功能控制键四个部分来组成，主键盘区是键盘中使用频率最高的部分。

(1) 回车键(Enter)：又称换行键，在输入程序或文字编辑时使用该键可以换行或分段，将光标插入点移至下行行首；在 DOS 命令状态下用来对 DOS 命令进行确认并执行；在 Windows 窗口中，该键可以代替鼠标左键单击来打开选定的对象。

(2) 退格键(Back Space)：位于主键盘区的右上角，一般有一个向左的箭头"←"标记。在输入程序或文字编辑时用来删除当前光标位置左边一格的字符或选定的字符/字符串；在 Windows 资源管理器窗口中，可以代替鼠标单击"后退"按钮使当前窗口返回到上一级目录。

(3) 跳格键(Tab)：又称制表键，其具体功能根据应用软件来决定，一般在文本编辑状态下可以插入占位符或表格编辑时可切换活动单元格；在 Windows 的窗口或对话框中可切换各项目的执行焦点。

(4) 组合控制键(Ctrl)、(Alt)：这两个键分别在空格键两边各有一对，一般单独按下不起作用，它们只有在特定的软件环境下和其他的按键组合才能完成特定的功能。在 Windows 操作系统中常用的组合键有：Ctrl + A(选定窗口或编辑区内全部对象)、Ctrl + C(将选定的对象复制到剪贴板)、Ctrl + X(将选定的对象移动到剪贴板)、Ctrl + V(将剪贴板中的信息粘贴到当前位置)、Ctrl + Z(撤销上一步操作)、Ctrl+空格(打开/关闭中文输入法)、Alt + 字母键(打开相应窗口菜单或执行菜单命令)、Alt + F4(关闭当前窗口)、Ctrl + Alt + Delete(打开 Windows 7 任务管理器窗口)等。

(5) 上挡键(Shift)：该键在主键盘区的左、右各有一个，一般情况下左键和右键的功能一致，都可以完成上档字符(如"："、"！"、"@"、"+"、"<"、"？"等)的输入和大、小写字母的转换；但在与 Ctrl 键配合完成输入法切换时，左、右 Shift 键的切换顺序相反。

(6) 大/小写字母锁定键(Caps Lock)：当计算机正常启动后，键盘上的字母键自动锁定为小写输入状态，按下此键后，主键盘右上角对应的指示灯点亮，将字母 A～Z 锁定为大写状态，若再一次按此键，相应指示灯熄灭，字母键又回到小写状态；如果启动了中文输入法，使用该键可以在中文及大写字母间切换。

(7) 空格键：其主要功能是在编辑状态下在光标当前位置处插入一个空格，光标向后移动一个位置，或在 Windows 对话框中选择/取消某个复选选项。

(8) Windows 专用键：▦ (徽标键)可以打开 Windows 的开始菜单(包括任务不显示在桌面时)，而 ▤ (鼠标右键)可以代替鼠标右键打开对象的快捷菜单。

1.2.4 编辑键区

编辑键区位于键盘的中部，其主要的功能是在编辑状态下(如文本编辑、表格编辑、图形编辑等)用来实现对光标或插入点的移动控制。另外，该区域的按键可以单独使用，也可以和主键盘区上的 Shift、Ctrl、Alt 键组合使用，来实现更多的光标控制和对象选取功能。

(1) "↑"、"↓"、"←"、"→"键：主要用来使光标或选定的对象向上、下、左、右移动一个单位。

(2) Home/End：快速将光标移动到一行的行首或行尾。

(3) Down/Up：快速将光标向前或向后移动一屏。

(4) Ins：也称插入键，在编辑状态时用来转换插入和改写状态。

(5) Delete：也称删除键，用来删除光标当前位置后面的或已选定的字符。在 Windows 窗口中，也可用于删除已选定的对象。

1.2.5　小键盘区

小键盘区位于键盘的右部，主要是为了提高纯数字的输入速度、方便右手单独操作而设立，该区的按键在主键盘区和光标控制键区都有，其功能由数字锁定键(Mum Lock)的状态决定；按下该键，键盘右上角对应的指示灯亮，此时小键盘输入锁定为数字状态，再按该键，指示灯灭，这时为光标控制状态，其功能与前面介绍的光标移动键相同。此外，该键区的"+"、"–"、"*"、"/"、Enter 键与主键区中相应的键位作用相同。

1.3　鼠标的使用

和键盘一样，鼠标也是计算机中一种最重要的输入设备，特别是在 Windows 等图形化操作系统中，绝大多数的操作都是通过鼠标来完成的。

1.3.1　鼠标的结构

鼠标按移动信号检测方式的不同可以分为机械鼠标和光电鼠标，但其外形结构基本一样，如图 1-5 所示。相对于传统的机械鼠标而言，光电鼠标更具有精度高、响应快、寿命长的特点，现已全面取代了机械鼠标。

图 1-5　鼠标的结构

鼠标主要由鼠标键和光栅信号传感器来组成，并通过一条四芯电缆(无线鼠标除外)连接到主机的 PS/2 接口或 USB 接口上。一般把位于鼠标左边的按键称为左键，它由右手食指操作，主要用于选择和执行对象；把鼠标右边的按键称为右键，它由中指操作，主要用来打开各种对象的快捷菜单或帮助信息；左、右键中间的滚轮也称为鼠标轮，可以前、后旋转使窗口中显示的内容上、下滚动或增、减某个对象的数值，而当移动鼠标时，则可改变光标箭头在屏幕上的位置。

1.3.2　鼠标的光标

鼠标的指针在一般情况下呈斜左上空心箭头，但有时随光标的区域不同、软件环境的不同，其形状又有特殊的变化。表 1-1 是鼠标常见的指针形状及代表的含义。

表 1-1　鼠标常见的指针形状及含义

指针形态	含　义
箭头	表示 Windows 7 准备接受用户输入命令
箭头+沙漏	表示 Windows 7 正处于忙碌状态
沙漏	表示系统处于忙碌状态，正在处理较大的任务，用户须等待
I	此光标出现在文本编辑区，表示此处可输入文本内容
↔ ↕	鼠标光标处于窗口的边缘时出现该形态，此时拖动鼠标即可改变窗口大小
↖ ↗	鼠标光标处于窗口的四角时出现该形态，拖动鼠标可同时改变窗口的高度和宽度
手形	表示鼠标光标所在的位置是一个超级链接
✛	这种鼠标光标在移动对象时出现，拖动鼠标可移动该对象
＋	表示鼠标此时将作精确定位，常出现在制图软件中
⊘	鼠标所在的按钮或某些功能不能使用
箭头+?	鼠标光标变为此形态时单击某个对象可以得到与之相关的帮助信息

1.3.3　鼠标的操作

鼠标的操作方式、操作方法及应用范围如表 1-2 所示。

表 1-2　鼠标的操作

操作方式	操作方法	应用范围
指向	把鼠标移动到某一对象上，以鼠标指针的尖端指向该对象	一般用于激活对象或显示工具与图标的提示信息
左键单击（单击）	将鼠标指针指向某一对象，然后快速按一下鼠标器左键	用于选取某个对象、选择某个选项、打开菜单或按下某个按钮
右键单击	将鼠标指针指向某一对象，然后快速按一下鼠标器右键	用于打开或弹出对象的快捷菜单或帮助提示
双击	将鼠标指针指向某一对象，然后快速按两下鼠标器左键	常用于启动程序、打开窗口或关闭窗口
拖放（拖动）	将鼠标指针指向某一对象，然后按住左键不放，移动鼠标指针到指定位置后，松开鼠标左键	常用于标尺滑块的移动或复制、移动对象、选取数据等

1.4　指法基础

通过前面的学习，我们已经知道了键盘上各按键的功能和用途，但要准确、高效地从键盘输入各种信息，还应掌握正确的指法和盲打技巧。

1.4.1　正确的姿势

(1) 坐姿：打字时，腰要挺直，眼睛平视屏幕，与屏幕保持 40～50 cm 的距离，双脚平放于地上，如图 1-6 所示。

(2) 手臂：双臂自然下垂，肘部夹在腰部，双手平行伸出。

(3) 手形：手掌自然弯曲呈勺状，轻放在键盘托盘上，两个大拇指自然搭在空格键上，其他 8 个手指并拢并弯曲，保持指尖与键盘键面垂直，分别轻放于 "A"、"S"、"D"、"F"、"J"、"K"、"L" "；" 这 8 个基本键上，如图 1-7 所示。

图 1-6　正确的坐姿

图 1-7　正确手形

1.4.2　手指的分工

手指的分工是指键位与手指之间的对应关系，合理的分工是提高输入速度、实现盲打的关键。

(1) 基本键位：通常将主键盘区上的 "A"、"S"、"D"、"F" 及 "J"、"K"、"L" "；" 这 8 个键称为基本键位，分别用于停放除大拇指外的 8 个手指，其中在 "F" 键和 "J" 键上各有一个凸点，称为定位键。打字时，眼睛不看键盘，可通过触摸来首先固定两个食指，然后其他手指依次排开，放到相应的基本键上。

(2) 左右手分工：打字时，每个手指都有明确的分工，哪个手指击哪些键，哪个键归哪个手指敲击都有严格的规定，这样才能保证正确击键和输入速度，如图 1-8 所示。

图 1-8　指法中手指的分工

1.4.3　击键方法

1. 单键击键要领

击键时要注意一定的力度，同时要尽可能提高击键的速度。若要击的键是基本键，则相应的手指直接按下并迅速抬起；若要击的键位于基本键的上方，则相应的手指抬起并伸展按下键后迅速回到基本键位；若要击的键位于基本键的下方，则相应的手指抬起并收缩按下键后迅速回到基本键位。

注：在击键的过程中，只有击键的手指能活动，其他手指一定要保持在原位。

2. 组合键击键要领

一般情况下，我们将主键盘区上 Shift、Ctrl、Alt 这三个键称为组合键。如果要击的字母键或数字键位于右手部分，则先用左手的小指按下左边的组合键不放，再用右手按下相应键；如果要击的键位于左手部分，则先用右手的小指按下右边的组合键不放，再用左手按下相应键。

1.4.4　常用指法练习软件的使用

通过前面的学习，我们已经掌握了键盘的功能和基本指法，但要快速、准确地输入各种信息，还需要大量的练习。在计算机中，用于指法练习的软件非常多，本节就以最常见的五笔打字专家 Ccit3000 为例来讲解指法练习软件的使用。

(1) 启动 Ccit3000：在桌面上用鼠标双击 图标即可启动程序。

(2) Ccit3000 程序的界面组成：程序成功启动后，即可显示如图 1-9 所示的界面，然后用户可根据需要选择相应的功能进行练习或测试。

图 1-9　Ccit3000 程序主界面

1.5　FTP 工具的使用

在本课程的学习过程中，经常需要先将课件、作业、素材等教学资源预存在网络中的某台计算机或文件服务器上，读者上机实验时，可将这些资源下载到本机，完成实验或操作后，再将结果和作业上传回指定的计算机。为了方便完成资源的下载和作业的上传，本节先介绍两个常用 FTP 客户端工具的使用。

1.5.1 利用 FlashFXP 下载/上传文件

一、启动 FlashFXP

一般情况下，安装 FlashFXP 完成后会在 Windows 的桌面上创建一个快捷图标，用鼠标双击该图标即可启动 FlashFXP，并显示如图 1-10 所示的界面。

图 1-10 FlashFXP 主界面

(1) 本地目录窗格：显示本机上的目录结构，可通过单击其上面的地址栏来改变当前目录，从 FTP 服务器上下载的文件将保存在此目录中，也可将此目录中的文件上传到 FTP 服务器。

(2) 服务器目录窗格：当 FTP 服务器连接成功后，在此区域显示远程 FTP 服务器目录结构。同样也可单击其上面的地址栏来改变当前目录，用户可将此目录中的文件下载到本机，也可将本机上的文件上传到此目录中。

(3) 传输列表窗格：显示等待传输、正在传输及传输失败的文件列表。

(4) 连接信息窗格：显示用户与 FTP 服务的连接信息及文件传输结果。

二、连接到 FlashFXP 服务器

在主界面中执行"会话"—"快速连接"菜单命令或在工具栏中单击 图标均可打开如图 1-11 所示的对话框，在对话框中分别输入 FTP 服务器的地址(如 10.6.6.6)、端口号、用户名、密码，然后单击"连接"按钮。当在连接信息窗格中显示连接成功并显示服务器目录结构后，即表明连接完成。

图 1-11　FlashFXP 快速连接

三、文件下载

先在 FlashFXP 的本地目录窗口中选择下载对象将要存放的位置，再在远程 FTP 服务器目录窗口中选择将要下载的对象，然后单击鼠标右键，选择"传送"命令，或直接将要下载的对象从服务器目录窗格拖曳到本地目录窗格，当在本地目录窗口中显示下载的对象图标后，代表下载成功。

四、文件上传

先在 FlashFXP 服务器目录窗格中选择将要存放上传对象的位置，再在本地目录窗口中选择要上传的对象，然后单击鼠标右键，选择"传送"命令，当在远程 FTP 服务器目录窗口中显示出上传对象的图标后，代表上传成功。

1.5.2　利用 Internet Explorer 下载/上传文件

(1) 在桌面上双击 ![icon]图标，启动 Internet Explorer。

(2) 在 Internet Explorer 的地址栏中输入 **FTP://10.6.6.6**，然后按下回车键或单击地址栏右侧的"转到"按钮。

(3) 在图 1-12 所示的"登录身份"对话框中输入用户名、密码，单击"登录"按钮，打开 FTP 服务器中相应的文件夹。

图 1-12　登录身份

(4) 在桌面上单击"计算机"图标，依次打开准备上传对象所在的文件夹或准备保存下载对象的文件夹，并将其与 FTP 服务器文件夹窗口设置为并排显示。

(5) 在本地窗口和 FTP 服务器窗口之间拖曳对象即可完成下载或上传。

第 2 章　计算机基础知识

最初计算机只是被定义成一种计算机器，随着信息技术的不断发展、计算机功能的不断强大，它所处理的信息已不仅仅只是数值，还包括了文本、图像、声音、视频等多种媒体。计算机的处理对象和结果都是信息，单从这点来看，计算机与人的大脑有某些相似之处，所以计算机也被称作"电脑"。不过，计算机在数值计算和数据处理方面的能力，却是人类的大脑望尘莫及的。

从 1946 年第一台计算机诞生到现在短短的几十年间，虽然计算机的功能和性能发生了巨大的变化，但其基本的组成和工作原理等却是相对稳定的。在本章我们先来学习与计算机系统相关的一些基础知识，让读者初步掌握计算机相关概念、信息处理及计算机体系结构等方面的内容，为熟练使用计算机奠定理论基础。

2.1　计算机的概念

计算机是一个非常复杂和庞大的系统，并且在不同的发展阶段，计算机又有不同的特征，单纯从某一个或几个方面都很难准确而又完整地给出计算机的定义，但在现阶段，人们一般把计算机定义为：计算机是一种能够快速、准确、自动地按照预先编制好的程序对各种数据和信息进行处理的电子装置。

通过这个定义，我们可以知道计算机的基本特点是快速、准确、自动；计算机是由软件系统(程序、数据、信息)和硬件系统(电子装置)两大部分组成；计算机的工作原理是在预先编制好的程序控制下来实现的。

2.2　计算机的产生及发展

在电子计算机产生之前，人们在生产和生活中先后发明了各种计算工具，从公元 600 年前中国的算盘、17 世纪欧洲的计算尺和机械式计算机，到 19 世纪初的图灵机，无一不反映了人们对计算科学的不断探索，尽管这些工具可以极大地帮助人们完成各种计算，但它们都不能称为计算机，都不能对输入的数据进行自动存储、分析和处理，直到第二次世界大战接近尾声时，美国科学家为解决弹道导弹发射轨迹中复杂的计算问题，于 1946 年 2 月 25 日在宾夕法尼亚大学研制出了世界上第一台真正意义上的电子数字积分计算机 (ENIAC)，如图 2-1 所示。

图 2-1　ENIAC 的主机房

尽管 ENIAC 和现代的计算机相比体积大(仅主机房就占地 170 多平方米，主机重达 30 多吨)、功耗高(耗电 150 千瓦)、运算速度慢(每秒钟仅能完成 5000 次加法、1500 次乘法运算)，但它却使过去人工需 20 多小时才能完成的计算一条弹道的工作时间缩短到 30 秒，使科学家们可以从奴隶般的科学计算中解放出来，投入到更多、更好的算法设计工作中去。因此，ENIAC 的问世标志着人类社会计算机时代的到来。

从第一台计算机诞生至今短短的 60 多年中，计算机技术以前所未有的速度迅猛发展，先后经历了电子管、晶体管、小规模集成电路、超大规模集成电路等阶段，特别是 20 世纪 90 年代以后，计算机硬件技术更是按摩尔定律飞速发展，奠定了丰富多彩的现代计算机市场。一般来说，根据组成计算机主要逻辑部件的不同，可以将计算机的发展分为如表 2-1 所示的四个阶段。

表 2-1　计算机发展的各个阶段

时间	名称	存储器	软件	特点	应用
1946～1957 年	电子管计算机	内存为延迟线或磁鼓，外存为纸带、磁带	计算机程序由机器语言和汇编语言编写，无操作系统，使用困难	体积大、运算速度低(每秒几千～几万次)、存储器容量小(1～4 KB)、功能弱、造价高	国防、军事中的科学计算
1958～1963 年	晶体管计算机	内存为磁芯体，外存为磁带和磁盘	出现了高级语言，如 Basic、Fortran 等	体积缩小、功耗降低、运算速度提高到每秒几十万次、可靠性较高	数据处理事务管理
1964～1971 年	中、小规模集成电路计算机	内存为磁芯体，外存为磁带和磁盘	软件形成了产业，出现了操作系统和网络	体积、重量、功耗进一步减少，运算速度及可靠性进一步提高	工、农业及民用
1972 年至今	大规模集成电路计算机	内存由集成电路做成，外存主要为光盘和硬盘	出现了丰富多彩的软件市场	软、硬件技术得到了飞速的发展，计算机进入以网络和多媒体为特征的时代	各行各业

随着计算机科学技术的迅猛发展，前四代计算机的体系结构在新形势下已经不能满足人们的需要，因此从 20 世纪 80 年代开始，美国、日本、德国等投入大量人力、物力研制

新一代的计算机，即第五代计算机，其目标是力图突破冯·诺依曼理论体系，使计算机像人一样具有听、看、说和思考的能力。第五代计算机具有知识存储和知识库管理功能，能利用已有知识对问题进行推理、判断、联想和学习，它涉及到很多高新技术领域，如微电子学、计算机体系结构、高级信息处理、软件工程、知识工程和知识库、人工智能和人机界面(能理解自然语言，处理声、光、像的交互)等。

2.3 计算机的特点及性能指标

一、计算速度快

通常以每秒钟完成基本加法指令的数目来表示计算机的运算速度，其单位是百万次/秒(MIPS)。大规模集成电路和超大规模集成电路技术在计算机中的广泛应用，使得计算机每秒可以执行数百亿次、甚至数千亿次算术运算和逻辑运算，将过去人工需要几年或几十年完才成的科学计算(如天气预报，有限元计算等)，能在几个小时或更短时间内得到结果。

二、运算精度高

由于计算机采用二进制数字进行运算，因此计算精度主要由表示数据宽度的字长决定，其单位为"位(b)"，例如当前广泛使用的"酷睿"系列主机的字长可达 64 位。随着字长的增长并配合先进的计算技术，计算精度不断提高，它可以满足各类复杂计算模型对计算精度的要求。

三、存储容量大

存储容量也是计算机的一个重要的性能指标，其单位为"字节(B)"，存储容量不仅可以影响计算机的运算速度，也直接决定了计算机中包含的信息量，目前一般的微机内存容量已达 512 MB~8 GB，加上各种磁盘、硬盘、光盘等外部存储器，计算机可实现各种大容量数据的长期储存。

四、扩展能力强

扩展能力即对软件的兼容性和外部设备的扩展性。现代计算机一般都提供了很多类型的扩展总线和接口，各种名目繁多的外部设备可以很方便地连接到主机上。

五、可靠性能高

由于硬件技术的迅速发展，采用大规模和超大规模集成电路的计算机具有非常高的可靠性，尤其是在计算机中加入了各种硬件冗余技术后，其平均无故障时间可达到几个月、几年甚至更长，由计算机硬件所引起的错误和带来的损失也越来越少。

六、工作全自动

计算机是按人们预先编制好的程序来工作的，程序运行后，一般不需要人工干预就能自动完成各种工作。

七、应用范围广

在不同的应用领域中，只要编制和运行不同的应用软件，计算机就能在此领域中很好地服务，通用性极强。

2.4　计算机的应用领域

经过 60 多年的发展，计算机的应用已渗透到社会的各行各业，正改变着人们传统的生产生活、学习工作方式，有力地推动了社会的发展。计算机的典型应用主要表现在以下几个方面。

一、科学计算

科学计算也称为数值计算，指利用计算机来完成科学研究和工程技术中提出的一些十分复杂的数值计算。现代科学技术的不断发展，使得各种领域中的计算模型日趋复杂，计算机高速、高精度的特点是人工计算望尘莫及的，通过计算机可以解决人工无法解决的复杂问题，例如计算机在高能物理、水利、农业、地球物理、宇宙空间探索、人造卫星轨道、宇宙飞船等领域中的应用。

二、数据处理

数据处理也称为非数值运算，是目前计算机应用最广泛的领域之一。指对大量的数据进行加工处理，如信息的采集、输入、分析、合并、分类、统计、存储、输出等。与科学计算不同，数据处理数据量大，计算方法简单，其中包含了大量的循环运算和重复运算，计算机自动、高速、准确的优势是人工无法比拟的。例如当前最为流行的各种办公自动化(OA)、信息管理系统(MIS)、ERP(企业资源计划系统)等就是计算机在数据处理方面的典型应用。

三、计算机辅助系统

计算机辅助系统指利用计算机来完成辅助设计、辅助制造、辅助教学等方面的工作。

(1) 辅助设计(CAD)：在系统与设计人员的相互作用下，能够实现最优化设计的判定和处理，能自动将设计方案转变成生产图纸。CAD 技术提高了设计质量和自动化程度，大大加快了新产品的设计与研制周期，如建筑设计、服装设计、机械产品设计、大规模集成电路设计、飞机图纸的设计等。

(2) 辅助制造(CAM)：用计算机对生产设备进行管理和控制，实现设计生产自动化。

(3) 计算机辅助教学(CAI)：例如互动式课件教学、计算机辅助测试、计算机辅助教育管理、网络教学、模拟教室等。

四、自动控制

自动控制指用计算机及时采集、检测数据，并按最佳值迅速地对控制对象进行自动控制或自动调节。自动控制是生产自动化的重要技术和手段，它不仅可以大大提高控制的自动化水平，而且可以提高控制的及时性和准确性，从而改善劳动条件，提高质量，节约能源，降低成本。计算机自动控制已在冶金、石油、化工、纺织、水电、机械、航天等领域得到广泛的应用。

五、人工智能

人工智能是指利用计算机来模拟人类的智力活动，将人脑在进行演绎推理的思维过程、规则和所采取的策略、技巧等编成计算机程序，并依据其中存储的公理和推理规则，使计算机能感知、判断、理解和学习，能自动探索解题的方法等。人工智能是处于计算机应用研究中最前沿的科学，近年来已经具体应用于机器人、医疗诊断、计算机辅助教育等方面。

六、计算机网络

计算机网络既是将地理位置不同的具有独立功能的多台计算机及其外部设备，通过通信线路连接起来，在网络操作系统、网络管理软件及网络通信协议的管理和协调下，实现资源共享和信息传递，在网络中，计算机不仅能处理本机事务，而且还可以通过各种各样的网络，在浩如烟海的 Internet 中获取和发布信息，与其他人实现资源共享，进行廉价、高效、实时的通信等，例如网页浏览、网上论坛、网络银行、网络聊天、电子邮政、网络游戏、网络视频会议系统、网络智能学习系统等。

七、多媒体应用

多媒体应用指利用计算机来完成包含文字、图形、声音、视频及动画等多媒体信息的采集、存储、加工、传输和输出等，例如人们不仅能在计算机上听音乐、看电影、收广播，甚至还可以进行各种逼真的 3D 游戏。

2.5 计算机的分类

一、按工作原理分类

(1) 电子数字计算机：电子数字计算机处理的对象主要是由 0 和 1 构成的二进制数字，其基本运算部件是数字逻辑电路，具有精度高、便于大量信息存储、通用性强等特点。通常我们使用的一般都是电子数字计算机，简称电子计算机。

(2) 模拟计算机：模拟计算机处理的对象主要是连续变化的模拟量(如电压、电流等)，其基本运算部件是由运算放大器构成的各类运算电路。模拟计算机解题速度快，但运算精度不高，通用性不强，主要用在过程控制中。

(3) 混合计算机：混合式计算机结合了以上两者的优点。

二、按用途分类

(1) 通用机：指为解决各种问题而设计的计算机，具有较强的通用性。人们平时使用的计算机一般都是通用机。

(2) 专用机：指为解决某一个或一类问题而特地设计的计算机，一般用在过程控制当中。

三、按规模分类

规模主要是指计算机的一些主要技术指标(如字长、运算速度、存储容量、外部设备、输入和输出能力、配置软件、价格高低等)。按规模的大小可将计算机分为以下几类：

(1) 巨型机：也称超级计算机，是目前功能最强、速度最快、价格最贵的计算机，号称国家级资源，同时也是一个国家计算机水平、综合国力和国防实力的标志，主要用于解决尖端科学研究和战略武器研制中的复杂计算。它们安装在国家高级研究机关中，可供几百个用户同时使用。世界上只有少数几个国家能生产这种机器，如日本研制的地球模拟机、美国克雷公司生产的 Cray-1、Cray-2 和 Cray-3 及我国自主生产的银河-III 型机、曙光-2000型机和天河二号等都属于巨型机，如图 2-2 所示。

图 2-2　巨型机

(2) 大中型机：这种计算机也有很高的运算速度和很大的存储容量，并允许相当多的用户同时使用，当然在量级上不及超级计算机，价格也相对比巨型机便宜。这类机器通常用于大型企业、商业管理或大型数据库管理系统中，也可用作大型计算机网络中的主机，如图 2-3 所示。

图 2-3　大中型机

(3) 小型机：其规模比大型机要小，但仍能支持十几个用户同时使用。这类机器价格较便宜，适合于中小型企、事业单位使用。像 DEC 公司生产的 VAX 系列、IBM 公司生产的 AS/400 系列都是典型的小型机，如图 2-4 所示。

图 2-4　小型机

　　(4) 微型机：其最主要的特点是小巧、灵活、便宜，不过通常一次只能供一个用户使用，所以微型计算机也叫个人计算机(Personal Computer，简称 PC)。近几年又出现了体积更小的微机，如笔记本电脑、掌上电脑等。微型计算机还可按字长分为 8 位机、32 位机、64 位机；按结构分为单片机、单板机、多芯片机和多板机；按 CPU 芯片分为 286 机、386 机、486 机、Pentium、PⅡ、PⅢ和 PⅣ机等。常见的微型机如图 2-5 所示。

图 2-5　微型机

2.6　计算机的发展方向

一、巨型化

　　巨型化不单指计算机的体积，而且更强调计算机的运算速度、存储容量及性能等方面。巨型机是一个国家科学技术发展的重要标志，主要用于尖端技术研究。我国于 1983 年研制出具有自主产权的"银河Ⅰ"计算机，使我国一举成为世界上极少数能生产巨型机的国家之一。

二、微型化

　　计算机的微型化主要是指计算机体积小、功能强、价格优、操作灵便、软件及外设丰富等特点。超大规模集成电路的出现，为计算机的微型化创造了条件。目前，微型计算机已进入仪器、仪表、家用电器等小型仪器设备中，同时也可作为工业控制过程的心脏，使仪器设备实现"智能化"，从而使整个设备的体积、重量大大减少。

三、网络化

　　网络化指利用现代通讯技术，将分布于不同区域的计算机连接起来。使得我们的计算机不再局限于单机操作，而是可以通过计算机网络共享到无穷无尽的计算机资源和实现远程控制。目前，计算机网络已广泛应用于金融、交通、国防、教育、邮电和企业管理等领域。

四、智能化

指计算机具有模拟人的感觉和思维的能力，能识别自然语言、图形和图像，能根据自身存储的知识进行推理和求解问题，其主要研究领域包括：自然语言的生成与理解、模式识别、自动定理证明、自动程序设计、专家系统、学习系统、智能机器人等。

2.7　信息在计算机中的表示

信息是一个比较广泛的概念，通常是指人类能感知、感觉的所有事物，而在计算机中，信息特指所有能输入到计算机并被计算机处理的数据，我们一般将其分为数值数据和字符数据两大类。数值数据用来表示量的大小、正负，如整数、小数等。字符数据也叫非数值数据，用来表示一些符号、标记，如英文字母 A～Z、a～z、数字 0～9、各种专用字符 "+"、"–"、"*"、"["、"]"、"("、")" 及标点符号、汉字、图形、声音和动画数据等。在计算机内部，所有的数据都是用二进制字符 "0" 和 "1" 来表示的。

2.7.1　数制及其转换

进制是用于计数的一种方法，现实生活中，除了人们常用的十进制外，还有用于计算星期的七进制、计算月份的十二进制等，而在计算机系统中，最主要的是二进制，当然有时也使用八进制和十六进制。在各种计数数制中，无论是"几"进制，通常都由"几"个固定计数符号组成，都遵循逢"几"进一的原则。表 2-2 是常见进制的主要特征。

表 2-2　常用计数数制

进制	基数	数　码	特　点	例
二进制	2	0、1	最大为 1，最小为 0，超过 2 就进位，即"逢二进一"	110111 +　10101 ———— 1001100
八进制	8	0、1、2、3、4、5、6、7	最大为 7，最小为 0，超过 8 就进位，即"逢八进一"	14671 +　15261 ———— 32152
十进制	10	0、1、2、3、4、5、6、7、8、9	最大为 9，最小为 0，超过 10 就进位，即"逢十进一"	12345 +　11232 ———— 23577
十六进制	16	0、1、2、3、4、5、6、7、8、9、A、B、C、D、E、F	最大为 F，最小为 0，超过 16 就进位，即"逢十六进一"	25437 +　12698 ———— 37ACF

一、权值

一种数制中某一位上的"1"所表示的数值大小，称为该位的位权。在任何进制中，一个数的每个位置都有一个权值。比如十进制数 34958 的值为

$$(34958)_{10} = 3 \times 10^4 + 4 \times 10^3 + 9 \times 10^2 + 5 \times 10^1 + 8 \times 10^0$$

从右向左，每一位对应的权值分别为 10^0、10^1、10^2、10^3、10^4。

由于其进位的基数不同，则不同进制中各位的权值也有所不同。比如二进制数 100101，其值应为

$$(100101)_2 = 1 \times 2^5 + 0 \times 2^4 + 0 \times 2^3 + 1 \times 2^2 + 0 \times 2^1 + 1 \times 2^0$$

从右向左，每个位对应的权值分别为 2^0、2^1、2^2、2^3、2^4、2^5。

二、不同数制的相互转换

1．八、十六进制转换为十进制

按权展开求和，即将每位数码乘以各自的权值并累加。

例：将 $(1001.1)_2$ 和 $(A3B.E5)_{16}$ 按权展开求和。

$$\begin{aligned}
(1001.1)_2 &= 1 \times 2^3 + 0 \times 2^2 + 0 \times 2^1 + 1 \times 2^0 + 1 \times 2^{-1} \\
&= 8 + 1 + 0.5 \\
&= (9.5)_{10} \\
(A3B.E5)_{16} &= 10 \times 16^2 + 3 \times 16^1 + 11 \times 16^0 + 14 \times 16^{-1} + 5 \times 16^{-2} \\
&= 2560 + 48 + 11 + 0.875 + 0.01953125 \\
&= (2619.89453125)_{10}
\end{aligned}$$

2．十进制转换为二、八、十六进制

整数部分和小数部分分别遵守不同的转换规则。假设将十进制数转换为 R 进制数：

(1) 整数部分：除以 R 取余法，即整数部分不断除以 R 取余数，直到商为 0 为止，最先得到的余数为最低位，最后得到的余数为最高位。

(2) 小数部分：乘 R 取整法，即小数部分不断乘以 R 取整数，直到积为 0 或达到有效精度为止，最先得到的整数为最高位(最靠近小数点)，最后得到的整数为最低位。

例：将 $(75.453)_{10}$ 转换成二进制数(取 4 位小数)。

整数部分

2	75	取余数	
2	37	1	低
2	18	1	↑
2	9	0	
2	4	1	
2	2	0	
2	1	0	
	0	1	高

小数部分

	0.453	取整数	
×	2		高
	0.906	0	
×	2		
	1.812	1	
×	2		
	1.624	1	
×	2		
	1.248	1	低

$$(75.453)_{10} = (1001011.0111)_2$$

例：将 $(152.32)_{10}$ 转换成八进制数(取 3 位小数)。

$$(152.32)_{10} = (230.243)_8$$

例：将 $(237.45)_{10}$ 转换成十六进制数(取 3 位小数)。

整数部分

16 | 237 取余数
16 | 14 13 低
  0 14 高

小数部分

  0.45 取整数
× 16
  7.20 7 高
× 16
  3.20 3
× 16
  3.20 3 低

$$(237.45)_{10} = (ED.733)_{16}$$

3. 二进制转换为八、十六进制

因为 $2^3 = 8$、$2^4 = 16$，所以 3 位二进制数对应 1 位八进制数，4 位二进制数对应 1 位十六进制数。二进制数转换为八、十六进制数比转换为十进制数容易得多，因此常用八、十六进制数来表示二进制数。

将二进制数以小数点为中心分别向两边分组，转换成八(或十六)进制数，每 3(或 4)位为一组，不够位数在两边加 0 补足，然后将每组二进制数化成八(或十六)进制数即可。

例：将二进制数 1001101101.11001 分别转换为八、十六进制数。

$$(\underline{001}\ \underline{001}\ \underline{101}\ \underline{101}.\underline{110}\ \underline{010})_2 = (1155.62)_8 (注意：在两边补零)$$

$$(\underline{0010}\ \underline{0110}\ \underline{1101}.\underline{1100}\ \underline{1000})_2 = (26D.C8)_{16}$$

4. 八、十六进制转换为二进制

将每位八(或十六)进制数展开为 3(或 4)位二进制数，不够位数在两边加 0 补足。

例：
$$(631.02)_8 = (\underline{110}\ \underline{011}\ \underline{001}.\underline{000}\ \underline{010})_2$$

$$(23B.E5)_{16} = (\underline{0010}\ \underline{0011}\ \underline{1011}.\underline{1110}\ \underline{0101})_2$$

注：整数前的高位零可以取消。

2.7.2 二进制与信息

由于二进制由数字"0"和"1"组成，它可以很方便地与半导体器件上的无电和有电两种基本状态相对应，线路有电则记为"1"，如标记为"1"则代表线路有电，"0"则代表无电，相对于其他进制而言，二进制更便于用物理硬件来实现，又有简单的运算规则(即逢二进一，如：$0 + 1 = 1$、$1 + 1 = 10$、$10 + 1 = 11$、$11 + 1 = 100$ 等)，可极大地简化计算机结构、提高计算机的可靠性和运算速度，因此二进制成为计算机中最基本、最常用的计数数制，计算机中所有信息都是"0"和"1"的不同组合来表示。

现在我们假设在某台计算机的内部有 8 条并列的电线，也即计算机的总线宽度为 8 个二进制位，如图 2-6 所示，在某个时刻，用电表分别对这 8 条电线进行检测，并将结果用特定的方法记录在计算机存储器的连续 8 个存储单元中，这样存储在存储器的信息就组成了一个二进制数，然后计算机再根据某种编码规定来识别这个二进制数所代表的具体信息。

图 2-6 信息、二进制与电路的关系

如图 2-6 所示，在某个时刻 8 条电线都没电，则在存储器中存储的二进制数为 00000000，就代表一个空字符或空操作；在某个时刻 8 条电线中只有第 3、4 及第 8 条线有电，则在存储器中存储的二进制数为 00110001，通过查找编码表就可知道，这 8 条电线此时的状态代表一个阿拉伯数字"1"；而在某个时刻，8 条电线中只有第 2 及第 8 条线有电，其他线没电，则在存储器中存储的二进制数为 01000001，通过查找编码表就可知道这 8 条电线代表是一个大写的英文字符"A"。这样，通过一系列的"0"和"1"的组合，计算机就可以将我们现实生活中的信息表示出来，我们将这种用"0"和"1"来表示信息的过程称为字符的编码。

当然，在这个例子中，由于电线的数量有限(即计算机的字长仅为 8 位)，根据排列组合的原则，计算机最多只能表示 $2^8 = 256$ 种信息，但随着计算机硬件技术的不断发展，计算机的字长现已达到 64 位，则计算机能表示的基本信息可达到 2^{64} 种，再配合各种先进的编码和算法，计算机能表示的信息数量则可达到更多，运算精度也更高。这样计算机就不仅能表示和处理数字、字母、符号等基本信息，而且还可以处理汉字、图形、图像、声音、动画及视频等。

2.7.3 存储容量及其单位

通过前面的学习可知，所有的信息在计算机内部都是以二进制来表示的，因此，对信息的存储实际上就是转化为对二进制数的存储来实现的。我们把在计算机存储器中存储一个二进制数"0"或"1"所占用的空间称为一个二进制位，它是计算机存储容量的最小单位，那么由 8 个这样连续的二进制位就组成了一个字节(B)，字节是衡量计算机存储容量的最基本单位。由于字节的数量级很小，所以常用的存储单位还有千字节(KB)、兆字节(MB)、吉字节(GB)、特字节(TB)等，它们的换算关系如下：

$$1 \text{ KB} = 2^{10} \text{ B} = 1024 \text{ B} \qquad\qquad 1 \text{ MB} = 2^{10} \text{ KB} = 1024 \text{ KB}$$

$$1\ GB = 2^{10}\ MB = 1024\ MB \qquad 1\ TB = 2^{10}\ GB = 1024\ GB$$

提示：二进制中 K 比十进制中的"千"稍大一些，对于计算机系统中的某些存储设备(如硬盘)，生产厂家是以十进制的"千"(即 10^3)来作为标称单位，而在计算机内部则是以二进制的"K"(即 2^{10})来计算，因而会出现实际容量小于标称容量的情况，如一块标称容量为 80GB 的硬盘在实际使用时只有 74 GB 左右。

2.7.4　西文字符的编码

所谓西文字符即是指数字、字母、符号及一些特殊控制符等，西文字符是计算机最早能处理的字符。由于在计算机发展的早期，不同的国家或公司对这些字符的编码方法是不统一的，即用二进制数来代表字符的规定不同，这样势必会造成各计算机硬件及软件间互不兼容，给计算机的发展带来困难，为此，美国国家标准委员会就制定了用于对西文字符编码规范的 ASCII，简称美国标准信息交换码。它分为标准 ASCII 码(用 1 个字节中的后 7 位表示信息，而第 1 位规定为"0"，可表示 128 个字符，如表 2-3 所示)和扩展 ASCII 码(用 1 个字节来表示信息，可表示 256 个字符)两个版本。

表 2-3　标准 ASCII 码表

$b_7b_6\,b_5\,b_4$ / $b_3\,b_2\,b_1\,b_0$	0000	0001	0010	0011	0100	0101	0110	0111
0000	NUL	DLE	SP	0	@	P	`	p
0001	SOH	DC1	!	1	A	Q	a	q
0010	STX	DC2	"	2	B	R	b	r
0011	ETX	DC3	#	3	C	S	c	s
0100	EOT	DC4	$	4	D	T	d	t
0101	ENQ	NAK	%	5	E	U	e	u
0110	ACK	SYN	&	6	F	V	f	v
0111	BEL	ETB	'	7	G	W	g	w
1000	BS	CAN	(	8	H	X	h	x
1001	HT	EM	)	9	I	Y	i	y
1010	LF	SUB	*	:	J	Z	j	z
1011	VT	ESC	+	;	K	[	k	{
1100	FF	FS	,	<	L	\	l	|
1101	CR	GS	−	=	M	]	m	}
1110	SO	RS	.	>	N	^	n	~
1111	SI	US	/	?	O	_	o	DEL

当然，在计算机中能处理的信息除西文字符外，还包含汉字、图形、图像、声音、动画及视频等，我们同样也需要对这些信息进行编码，但由于 ASCII 中编码位数有限，而这些信息量数目巨大，不方便也不可能将其包含进去，因此汉字的编码方法将在后一节单独介绍，而其他信息的编码将放到相关后续课程"多媒体技术及应用"中学习。

2.8　汉字的编码及汉字输入

2.8.1　汉字的编码

在计算机发展、应用的早期，计算机只能处理西文字符，但随着计算机在国内的应用越来越广，原来计算机使用的西文界面给国内绝大多数不熟悉专业英语的用户带来了巨大的困难，因此从 20 世纪 70 年代起，国内许多的计算机专家和公司开始研究并相继开发了多种汉字系统，以便计算机能输入、处理、存储和显示汉字。在汉字系统研制的早期，它是作为独立的硬件模块或系统软件外挂到操作系统上的。随后，微软公司看到了国内巨大的市场和前景，将汉字系统集成到了操作系统当中，先后推出了各种版本的中文 Windows 操作系统及应用软件，才使得国内出现了现在这样丰富多彩的计算机市场。

一、汉字系统的概念及汉字的编码

汉字系统是指利用计算机对汉字进行存储、转换、传输和加工的操作系统，它是一种系统软件，其功能就是使计算机能够输入、存储、显示和打印汉字，并提供各种输入汉字的方法和使用汉字的环境。

为了用计算机处理汉字，同样也需要对汉字进行编码。由于汉字的数量众多，结构复杂，因此根据在处理过程中的不同操作要求，汉字编码主要分为汉字输入码、汉字信息交换码、汉字内码、汉字地址码及汉字字形码。计算机对汉字信息的处理过程实际上是各种汉字编码间的转换过程。

(1) 汉字输入码：为了将汉字输入计算机而编制的代码称为汉字输入码，也叫外码。目前汉字主要是经键盘输入的，所以汉字输入码都由键盘上的字符或数字组合而成，如用全拼输入法输入 "中" 字，就要键入代码 "zhong"(然后选字)。汉字输入码是根据汉字的发音或字形结构等多种属性和汉语有关规则编制的，目前流行的汉字输入的编码方案非常多，如全拼输入法、双拼输入法、自然码输入法、五笔型输入法等。

(2) 汉字信息交换码(国标码)：也称为国标码或区位码，是用于汉字信息处理系统之间或者与通信系统之间进行信息交换的汉字代码，简称交换码。它是为了使系统、设备之间信息交换时采用统一的形式而制定的。

(3) 汉字内码：是在计算机内部对汉字进行存储、处理的汉字代码，它用二进制 "0" 和 "1" 来表示，一个汉字输入计算机后就转换为内码，然后才能在机器内读取、处理。目前一个汉字的内码常用 2 个字节(即 16 个二进制数)来表示，并把每个字节的最高位置 "1" 作为汉字内码的标识，以免与单字节的 ASCII 码产生歧义。

(4) 汉字地址码：是指汉字在字库中存储的位置编号。汉字库中，字形信息都是按一定顺序连续存放在存储介质上，所以汉字地址码也大多是连续有序的，而且与汉字内码间有着简单的对应关系。

(5) 汉字字形码：也称输出码或字库，由汉字的字模信息组成。汉字是一种象形文字，每个汉字可以看成是一个特定的图形，这种图形可以用点阵和向量(轮廓向量、骨架向量)

两种方法表示，分别如图 2-7、图 2-8 所示。

图 2-7　点阵汉字的表示　　　　　　图 2-8　矢量汉字的表示

汉字的字形在汉字输出时要经常使用，所以要把按不同风格书写的各个汉字的外形固定地存储起来，形成字库或字体，如宋体字库、仿宋体字库、楷体字库、简体字库和繁体字库等。汉字需要输出时，首先根据内码找出其字模信息在汉字字库中的位置，然后取出该汉字的字模信息在屏幕上显示或在打印机上打印输出。

二、汉字系统的工作原理

汉字的输入、处理和输出的过程，实际上是汉字的各种代码之间的转换过程，即汉字代码在系统有关部件之间流动的过程，汉字输入码向内码的转换是通过使用输入字典(或称索引表，即外码与内码的对照表)实现的。一般的系统具有多种输入方法，每种输入方法都有各自的索引表。在计算机的内部处理过程中，汉字信息的存储和各种必要的加工，以及向软盘、硬盘或磁带存储汉字信息，都是以汉字内码形式进行的；汉字通信过程中，处理机将汉字内码转换为适合于通信用的交换码以实现通信处理；在汉字的显示和打印输出过程中，处理机根据汉字内码计算出地址码，按地址码从字库中取出汉字字形码，实现汉字的显示或打印输出。汉字系统的工作原理如图 2-9 所示。

图 2-9　汉字系统的工作原理

2.8.2　汉字的输入方法

根据编码方式的不同，汉字常用的输入方法通常分为以下几种类型：

(1) 音码输入法：利用汉字的拼音来对汉字进行编码，如常用的全拼、简拼、双拼及智能拼音等。音码输入法的特点是简单易学，但由于汉字的同音字较多，并且在对汉字进行编码时不包含声调信息，因此音码输入法重码率高、输入速度慢。

(2) 形码输入法：利用汉字的字型结构来对汉字进行编码，如常用的五笔输入法、表形码输入法等。形码输入法的特点是重码率低、输入速度快，但需记忆大量的字根及复杂的编码规则，此输入法特别适用于汉语拼音不准或专业的文字录入人员。

(3) 音形码输入法：同时利用汉字的语音特征和字型特征编码，其特点介于音码和形码之间。

(4) 语音输入法：利用汉字的发音和现代计算机的语音识别技术来实现汉字的输入，其特点是输入速度快(200~300 字/分钟)、识别率高，但对普通话和计算机硬件系统要求较高。

(5) 手写输入：利用专用的手写传感器来实现汉字的输入，简单易用，但输入速度低。

(6) 图形输入：利用图形扫描仪将文字信息转换为图片，然后利用专用的 OCR(光学字符识别)识别软件将图片转换为文字，其输入速度快(1200~2000 字/分钟)、识别率高(99%以上)，但只能用于印刷体文字的输入。

2.8.3   智能 ABC 输入法

智能 ABC 输入法是音码输入法中常用的一种，由于其编码简单，因此在一些非专业汉字录入场合使用得较多，但它相对于下一节的五笔字型输入法来说，汉字的编码量大、重码率高，特别是对汉语拼音掌握不准确的用户，该输入法只能作为汉字输入的一种补充。

一、输入法启动及关闭

和其他中文输入法一样，智能 ABC 输入法的启动通常使用两种方法：

(1) 在语言栏或任务栏上单击 ![图标] 图标，再从弹出菜单中选择"智能 ABC 输入法"。

(2) 连续按下键盘上的 Ctrl + Shift 组合键，直到语言栏中显示 ![图标] 图标为止。

二、输入法状态条

在智能 ABC 输入法成功启动后，将在桌面显示中文输入法的状态条，如图 2-10 所示。

图 2-10   输入法状态条

(1) 中/英文切换按钮：使用鼠标单击该按钮可用于中/英文的转换。默认为中文状态。

(2) 标准/双打切换按钮：使用鼠标单击该按钮可在标准模式及双打模式间进行切换。

(3) 半角/全角切换按钮：使用鼠标单击该按钮可在半角字符及全角字符间进行切换。对于西文字符，在半角状态下只占半个汉字宽度，而在全角状态下占一个汉字宽度。

(4) 中/英文标点切换按钮：用鼠标单击该按钮可在中/英文标点符号间切换，和全角字符一样，中文标点符号也占一个汉字宽度，而英文标点符号只占半个汉字宽度。

(5) 软键盘开关：用于打开和关闭模拟键盘。

三、人工造词

在各种汉字输入法中，为了提高输入的速度，通常可以给汉语中使用频率高的词语甚至句子(字数低于 15 个)定义一个简短的编码，例如可以将"大学计算机应用基础上机及实验指导"的编码定义为"d"，这样，在要输入这些汉字时，只要输入"ud"即可。

(1) 用鼠标右击输入法状态条，从弹出的快捷菜单中选取"定义新词"选项，打开"定义新词"对话框，如图 2-11 所示。

图 2-11　"定义新词"对话框

(2) 在"新词"文本框中输入要定义的词的全部汉字。

(3) 在"外码"文本框中输入要定义的词的外码。

(4) 单击"添加"按钮，将新定义的词加入列表框。

(5) 单击"确定"按钮，完成词组定义。

注：在输入自定义词组时，应先输入字母"U"。

四、输入法光标属性设置

输入法光标属性的设置风格可以是固定在屏幕的某个位置，也可以是跟随在插入点的后面，具体操作步骤如下。

(1) 用鼠标右击输入法状态条，从弹出的快捷菜单中选取"属性设置"选项，打开"智能 ABC 输入法设置"对话框，如图 2-12 所示。

图 2-12　"智能 ABC 输入法设置"对话框

(2) 在对话框中的"风格"栏中勾选一个选项。一般应设置为光标"固定格式"，这样可以避免候选栏把编辑区遮盖。

(3) 单击"确定"按钮，完成设置。

五、词频调整

可以将用户使用频率高的字或词自动放置到首选栏中，然后直接使用空格键代替数字键输入，省去选字的操作，提高常用字的输入速度，具体操作步骤如下：

(1) 用鼠标右击输入法状态条，从弹出的快捷菜单中选取"属性设置"选项，打开"输入法设置"对话框，如图 2-12 所示。

(2) 在对话框中的"功能"栏中勾选"词频调整"选项。

(3) 单击"确定"按钮，完成设置，当某个汉字连续输入三次以后，该字将出现在首选栏上。

六、全拼输入

全拼输入就是在输入汉字或词组时，依次全部输入汉字或词组拼音字母组合，再使用空格键或数字键来选字，如果要输入的字不在当前候选栏中，还需要用"+"、"−"键翻页。

七、简拼输入

简拼输入就是在输入一些常用词组时，词组中的某些汉字可以只输入其声母而省略韵母。在智能 ABC 输入法中，如果要输入的信息可以组成词组，应尽可能按简拼的方法输入，以提高输入效率。

2.8.4　五笔字型输入法

五笔字型输入法属于形码输入法中的一种，是目前使用得最多也是编码最科学、输入速度最快的一种汉字输入方法。

一、五笔字型输入法的安装

由于五笔字型输入法不是 Windows 7 系统内置的输入法，因此在使用前需要单独安装。五笔字型输入法目前有很多不同的版本，其中最常用的是万能五笔输入法(安装包可从网络上免费下载)，其具体安装步骤为：

(1) 在百度中搜索并下载万能五笔输入法安装包。

(2) 在资源管理器中找到并双击安装文件，即可启动安装向导，然后在向导的提示下即可完成安装。

二、汉字的分析

(1) 汉字的笔画及分类：笔画就是不间断一次连续写成的一个线段。在五笔字型输入法中，笔画分成横、竖、撇、捺、折 5 类，为确定汉字的字根分区及交叉识别码，我们分别将这 5 类笔画依次定义为 1、2、3、4、5，同时为了方便汉字的分析，五笔字型输入法还对汉字中的一些特殊的笔画作了规定：提笔为横、点笔为捺、左竖勾为竖，其他所有带弯的笔画为折。

(2) 汉字的字形：即组成汉字各部分之间的位置关系，汉字的字形一般分为三种：左右形(包括左中右形)、上下形(包括上中下形)、杂合形，在五笔字型输入法中依次定义为1、2、3形，如表2-4所示。

表2-4 五笔字型输入法中字型分类

字型代号	字型	图 示	字 例	特 征
1	左右	⊥ ⊥⊥ ⊥ ⊥	地谢结款	字根间可有间距，总体左右排列
2	上下	⊟ ⊟ ⊟ ⊟	晃幕花华	字根间可有间距，总体上下排列
3	杂合	□ ⊠	因凶这司乘本	字根间虽有间距，但不分上下左右，浑然一体，不分块

三、字根及字根表

字根是由那些组字能力强，而且在日常用语中出现频率高的笔画结构组成。在五笔字型输入法里，总共归纳了200多个字根，根据字根的首笔画代号，把它们分成五类：横笔画为1类字根，竖笔画为2类字根，撇笔画为3类字根，捺笔画为4类字根，折笔画为5类字根，同时，我们还将键盘上的字母键也分成5个区域，分别如图2-13、图2-14所示。

图2-13 键盘分区　　　　　　　　图2-14 按键区位号

其中：G~A定义为1区，按键代号为"1X"；用来安排1类字根，H~M定义为2区，按键代号为"2X"，用来安排2类字根；T~Q定义为3区，按键代号为"3X"，用来安排3类字根；Y~P定义为4区，按键代号为"4X"，用来安排4类字根；N~X定义为5区，按键代号为"5X"，用来安排5类字根。这样就把200多个字根全部分配到25个按键上，形成五笔字型输入法的字根表，如图2-15所示。

图2-15 五笔字型字根的键位分布

另外，为了帮助大家快速记忆字根表，我们还编制了字根口诀，如表 2-5 所示。

表 2-5　字根口诀

	区位	口　诀		区位	口　诀
第一区	11	王 G 青头戈五一	第二区	21	目具上止卜 H 皮
	12	土 F 二干十寸雨		22	早两竖与虫 J
	13	大 D 三(羊)古石厂		23	口与川 K 字根稀
	14	木丁西 S 里		24	田甲方框四车力(L)
	15	工戈草 A 右框七		25	山由贝 M 下框几
	区位	口　诀		区位	口　诀
第三区	31	禾竹一撇双人立，反文条头共 TT	第四区	41	言文方广在 Y 里，高头一捺谁人去
	32	白手看头 R 斤		42	立 U 两点六门病(疒)
	33	月彡(衫)乃用家衣(E)底		43	水 I 兴头小倒立
	34	人和八，W 里		44	O 火业头四点米
	35	金勺缺点无尾鱼，犬旁 留儿一点夕，Q 氏无七(妻)		45	之宝盖，P 礻(示)衤(衣)
	区位	口　诀	字根表记忆技巧		(1) 首笔代号决定区号。 (2) 次笔代号决定位号。 (3) 字型相近的字根排列在同一键位上。 (4) 单笔画字根的种类及笔画数决定字根键号
第五区	51	已半巳满不出己			
	52	左框折尸心 N 羽			
	53	子耳了也框向上 B			
	54	女刀九臼山 V(彐)			
	55	又巴马 C 丢矢矣(厶)			
		慈母无心弓 X 匕 幼无力(幺)			

四、汉字字根间结构关系

(1) 单：本身就单独可作为汉字的字根，包括五种基本笔划(一、丨、丿、丶、乙)、25 个键名字和字根中的汉字，例如："言、虫、寸、米、夕"等。

(2) 散：构成汉字的多个字根之间互相保持一定的距离，上下型、左右型汉字的字根就属于这种关系，例如："划、字、构、汉"等。

(3) 连：指一个单笔画与一个字根连接或带点结构，例如："自、且、尺、正、下、勺、术、太、斗"等。

(4) 交：指两个或多个字根交叉重叠构成汉字，例如："本、里、申"等。

五、汉字的拆分原则

在拆分汉字时，先要注意按书写顺序来拆分汉字，然后对里面的一些复杂字根，按照它的自然界限进行拆分，对界线不明显的，就要按以下拆分原则进行拆分。

(1) 书写顺序：拆分合体字时，一定要按照正确的汉字书写顺序进行。例如："新"只能拆成"立、木、斤"，不能拆成"立、斤、木"；"中"只能拆成"口、丨"，不能拆成"丨、口"；"夷"只能拆成"一、弓、人"，不能拆成"大、弓"。

(2) 取大优先：按书写顺序拆分汉字时，应以"再添一个笔画便不能称其为字根"为限，每次都拆取一个"尽可能大"的，即尽可能笔画多的字根。例如："世"第一种拆法"一、凵、竖折"，第二种拆法"廿、竖折"，显然，前者是错误的，因为其第二个字根"凵"，完全可以向前凑到"一"上，形成一个更大的已知字根"廿"；例如："制"第一种拆法"丿、一、一、冂、丨、刂"，第二种拆法"ㅌ、冂、丨、刂(正)"，同样，第一种拆法是错误的，因为前三个笔画可以凑成一个更大一点的字根。总之，"取大优先"俗称"尽量往前凑"，是一个在汉字拆分中最常用到的基本原则。至于什么才算"大"，"大"到什么程度才到"边"，这要等熟悉了字根总表，便不会出错误了。

(3) 兼顾直观：在拆分汉字时，为了照顾汉字字根的完整性，有时不得不暂且牺牲一下"书写顺序"和"取大优先"的原则，形成个别例外的情况。例如："国"按"书写顺序"应拆成"冂、王、丶、一"，但这样便破坏了汉字构造的直观性，故只好违背"书写顺序"，拆作"囗、王、丶"了；例如："自"按"取大优先"应拆成"亻、乙、三"，但这样拆，不仅不直观，而且也有悖于"自"字的字源(这个字的字源是"一个手指指着鼻子")，故只能拆作"丿、目"，这叫作"兼顾直观"。

(4) 能连不交：在拆出的字根数目相同的情况下，按"连"的结构拆分比按"交"的结构拆分优先。例如："于"拆成"一、十"(二者是相连的)，而拆成"二、丨"(二者是相交的)；例如："丑""乙、土"(二者是相连的)，而拆成"刀、二"(二者是相交的)。当一个字既可拆成相连的几个部分，也可拆成相交的几个部分时，我们认为"相连"的拆法是正确的，因为一般来说，"连"比"交"更为"直观"。

(5) 能散不连：在拆出的字根数目相同的情况下，按"散"的结构拆分比按"连"的结构拆分优先。例如："天、于、开、占"等。

另外，在五笔字型输入法中，一些常用的汉字偏旁部首并没有直接列入基本字根，而是作为多个字的组合，例如："犭、衤、礻、牛、革、骨、黑"等，在输入时要注意。

六、单汉字的输入

在五笔字型输入法中，我们把汉字分成三类，即成字字根、键名字、键外字，其输入规则分别如下：

(1) 成字字根：成字字根是指字根表中独立就是一个汉字的字根，其输入规则为：键名码+首笔码+次笔码+末笔码，如：五(GGHG)、力(LTN)等。

(2) 键名字：键名字是指在字根表中位于口诀最前面的一个汉字，其输入方法为连击该键四次，如：大(DDDD)、口(KKKK)等。

(3) 键外字：汉字中除了成字字根和键名字以外的汉字，通常情况下，我们把键外字按组成字根数量的多少分成三类：

■ 字根数多于四个时，分别依次输入第一、二、三、末字根编码，如"键(QVFP)、输(LWGJ)"。

■ 字根数等于四个时，分别依次输入第一、二、三、四字根编码，如"量(JGJF)、型(GAJF)"。

■ 字根数少于四个时，由于编码少，信息量不足，会造成重码，如"叭"和"只"、

"洒"和"沐"、"汀"等，我们要分别输入汉字的所有字根编码，再补击末笔字型交叉识别码(以下简称识别码)。识别码由末笔画代号和汉字的字型组成，为一个二位数，其中第一位(十位)由末笔画代号决定，第二位(个位)由汉字的字型决定，这样，这个二位数就是识别码的键位代号。各汉字的识别码键位如表 2-6 所示。

表 2-6　汉字识别码键位对应表

末笔 ＼ 字型	左右型(1)	上下型(2)	杂合型(3)
横(1)	11　G	12　F	13　D
竖(2)	21　H	22　J	23　K
撇(3)	31　T	32　R	33　E
捺(4)	41　Y	42　U	43　I
折(5)	51　N	52　B	53　V

同时，五笔字型输入法还规定：

(1) 末笔字根为"刀、力、九、七"等时，末笔为折，如"分(WVB)、另(KVB)"等。

(2) 所有带包围和半包围结构汉字的末笔在包围内部，如"国(LGYI)、近(RPK)"等。

七、简码的输入

为了提高输入的速度，五笔字型输入法还将大量的汉字的编码进行了简化，我们称之为简码。经过简化后，只取汉字全码的前一个、两个、或三个字根编码输入，根据汉字的使用频率，简码汉字分为以下三种类型：

(1) 一级简码：一级简码共有 25 个，依次分布在 5 个区的 25 个键上，它们是汉字中使用频率最高的部分，其输入的方法为：所在键+空格，如"地(F)、我(Q)、主(Y)、民(N)"等。

(2) 二级简码：二级简码共有 625 个，它们是汉字中使用频率较高的部分，其输入的方法为：汉字前两位编码+空格，如"晴(HG)、原(DR)、巡(VP)、遥(ER)、半(UF)"等。

(3) 三级简码：三级简码即是只取汉字全部编码的前三个，而以空格键代替第四编码和末笔字型识别码，三级简码共有 4400 个汉字，其输入方法为：汉字前三位编码+空格，如"重(TGJ)等、输(LWG)、眶(HAG)、奔(DFA)"等。

八、词组的输入

(1) 二字词输入方法：取每个汉字编码中的前两位，如"输入(LWTY)、编码(XYDC)"等。

(2) 三字词输入方法：取前两汉字编码中的第一位再加上末汉字编码中的前两位，如"国防部(LBUK)、党中央(IKMD)、联合国(BWLG)"等。

(3) 四字词输入方法：取每个汉字编码中的第一位，如"中共中央(KAKM)、中央军委(KMPT)、了如指掌(BVRI)、好高骛远(VYCF)一筹莫展(GTAN)"等。

(4) 多字词输入方法：分别取第一、二、三及末汉字编码中的第一位，如"电子计算机(JBYS)、中华人民共和国(KWWL)、美利坚合众国(UTJL)、五笔型计算机汉字输入技术(GTPS)"等。

九、五笔字型输入法流程

五笔字型输入法的流程如图 2-16 所示。

图 2-16　五笔字型输入法的流程

2.9　计算机的组成结构及工作原理

2.9.1　计算机体系结构

在第一台计算机 ENIAC 推出的同时，著名美籍匈牙利数学家冯·诺依曼和他的同事们研制了人类历史上第二台离散变量自动电子计算机 EDVAC(Electronic Discrete Variable Automatic Computer)，并对计算机系统的组成模型和工作原理提出了以下三个观点，为计算机的体系结构和工作原理奠定了非常重要的基础。

(1) 计算机采用二进制数表示和处理信息。

(2) 计算机硬件组成模型由输入设备、输出设备、存储器、运算器和控制器五大部分组成。

(3) 把指令和数据按顺序编成程序，存储到计算机的内存中，并让它自动执行。

现在几乎所有的计算机，无论是功能强大的巨型机还是用途广泛的微型机，甚至各种嵌入式系统，均是按照这个理论构建起来的，因此，冯·诺依曼被尊称为"现代计算机之父"，现在使用的计算机也被称为"冯·诺依曼体系结构"计算机。

2.9.2　计算机的组成结构

一个完整的计算机系统应当由硬件系统和软件系统两部分组成。硬件系统是软件系统运行的物质基础，而软件系统则是硬件系统的功能得以实现和发挥的头脑、灵魂，二者相辅相成，缺一不可，具体结构如图 2-17 所示。

图 2-17　计算机的组成结构模型

一、软件系统

软件是为运行、管理和维护计算机而编制的各种程序及程序运行所需的数据、相关资料及文档的总和，是计算机硬件设备功能得以发挥的头脑和灵魂。在软件系统中，程序是最核心、最关键的部分，所有的硬件都是在它的控制之下完成工作的。一个大的软件一般包含若干个可以运行的程序，而程序又由一系列的指令组成，如图 2-18 所示。

图 2-18　软件系统的组成

1．计算机指令

指令是计算机所要执行的一种基本操作命令，是对计算机进行程序控制的最小单位。简单来说，指令就是给计算机下达的一道命令，告诉计算机每一步要做什么操作，参与此项操作的数据来自何处、操作结果又将送往哪里，所以，一条指令必须包括操作码和地址码(或操作数)两部分。例如：某条指令：sum=3+x，其中"+"为操作码，表明该指令完成操作的类型为"对两个数相加"，"3"为操作数，"sum"、"x"为地址码，指明参与操作的数及结果存放的位置。

在计算机中，一条指令能完成一个简单的动作，一个复杂的操作通常由许多简单的操作组合而成。

2．计算机程序

使用者根据解决某一问题的步骤，选用一条条指令，进行有序的排列，计算机执行了这一指令序列，便可完成预定的任务，这一指令系列就称为程序，例如：要计算"x+y=?"可用 C 语言编写以下程序：

```
main()
{ int x,y,sum;
  scanf("%d,%d",&x,&y);
  sum=x+y ;
  printf("%d,%d,%dn\",x,y,sum);
}
```

根据程序在计算机中完成的功能不同，程序又可分为系统软件和应用程序两大类。

(1) 系统软件：是指控制和协调计算机及外部设备，支持应用软件开发和运行的系统，是无需用户干预的各种程序的集合，主要功能是调度、监控和维护计算机系统、负责管理计算机系统中各种独立的硬件，使得它们可以协调工作，并充当硬件、用户、应用程序之间的桥梁和接口，为用户和应用软件提供控制、访问硬件的手段。系统软件使得计算机使用者和其他软件将计算机当作一个整体而不需要顾及到底层每个硬件是如何工作的。系统软件一般可分为操作系统、程序设计语言、辅助性程序三类。

① 操作系统。操作系统常用英文缩写 OS 表示，它是计算机系统中最重要、最核心的软件，其功能是管理和控制计算机中的所有硬件资源和软件资源，使它们能高效、协调地配合来完成各种工作，并提供一个友好的、用户与计算机交互的界面和手段。常用的操作系统有 UNIX、DOS、OS/2、Macintosh、Windows 等，其中 Windows 是当前在微型计算机中使用得最广泛的一种，我们将在下一章详细介绍。

② 程序设计语言。像人与人交往需要语言一样，人们与计算机交往也要使用相互理解的语言，以便人们把意图告诉计算机，也就是根据一定的语法规则和数据类型，采用特定的单词和数字、字符把解决问题的过程用一系列的语句组合描述成一个源程序，这种用于编写计算机程序的程序就称为程序设计语言。程序设计语言通常分为：机器语言(直接用二进制字符"0"和"1"来编写程序)、汇编语言(用助记符来编写程序)和高级语言(用接近自然语言和数学语言的方式来编写程序，如 Basic、C++、VC、VB、Delphi、JAVA 等)三类。

另外，用户编写的源程序都是用字符、符号和数字来表示的，计算机不能直接识别，源程序必须翻译成对应电子信号的"0"、"1"组合的形式，才能被计算机直接执行，因此，程序设计语言除了提供编写源程序的功能外，还负责源程序的编译和调试，将其连接转换成由二进制表示的可执行程序(即扩展名为 EXE、COM 等的文件)。

③ 辅助程序。辅助程序能为用户提供一些特殊的服务，通常都与计算机程序或设备的管理有关，如硬件的驱动程序、网络通信协议、系统诊断或调试程序等。

(2) 应用软件：是指人们为了达到某种目的或为实现某种特定的功能而用特定的计算机程序设计语言(如：C、VC++、VB、.NET、Delphi、JAVA 等)而编制的能在计算机上运行的各种程序的集合。例如：为了能在计算机上看电影而用 VC++ 语言编写一个名为"暴风影音"的程序，计算机运行了"暴风影音"程序后，就能播放存放在光盘或硬盘中的电影文件了。

常用的应用软件有用于制作如书信、报告之类的文档的文字处理软件，有处理表格数据、制作报表的表格处理软件，有用于存储、查找、更新、组织大量相关数据的数据库软件，有用于生成、编辑、处理图片的制图软件等，此外，还有教育软件、娱乐软件、出版软件、多媒体软件、网络通信软件、工具软件、游戏软件等。

二、硬件系统

硬件系统是指那些看得见、摸得着的物理器件实体，如显示器、鼠标、主板、硬盘、内存条等，它们是组成计算机系统的物质基础。硬件系统按照其在数据处理过程中的功能和用途不同，可分为输入设备、输出设备、控制器、运算器和存储器五大类。

1．输入设备

输入设备是指能将各种外界的信息(字符、字母、汉字、图形、图像、声音、视频、程序及控制命令等)输入到计算机，并转换成计算机能够识别和处理的二进制形式的设备，是用户和计算机系统之间进行交互的主要装置。常用的输入设备有键盘、鼠标、扫描仪、声卡、话筒、视频采集卡、软驱、光驱等，如图2-19所示。

图2-19 常用的输入设备

2．输出设备

输出设备是指能将计算机处理好的二进制信号转换成各种人或者其他机器设备能够识别的信息并输出的设备，如显示器、音箱、打印机、绘图仪、软驱、可读写光驱等，如图2-20所示。

图2-20 常用的输出设备

3．控制器

控制器是计算机的神经中枢和指挥中心，是控制计算机各个部件协调一致、有条不紊工作的电子装置。它主要由指令寄存器、译码器、时序节拍发生器、操作控制部件和指令计数器(也叫程序计数器)组成，其主要工作就是根据事先给定的命令不断地取指令、分析指令和执行指令，如图 2-21、图 2-22 所示。

图 2-21　取指令

图 2-22　分析、执行指令

(1) 取指令：从内存中取出一条指令，并指出下一条指令在内存中位置，为执行下一条指令做好准备。

(2) 分析指令：对取到的指令进行译码和分析，判断这条指令操作码的类型、操作数保存在内存中的地址等，并产生相应的操作控制信号，以便启动规定的动作。

(3) 执行指令：指挥并控制运算器、内存和输入/输出设备之间数据流动的方向。

4．运算器

运算器也称为算术逻辑单元(ALU)，主要完成数据的运算，它在控制器的控制之下，对取自内存(RAM)或内部寄存器(Cache)的数据进行算术运算和逻辑运算，如图 2-23 所示，再将结果返回到内部寄存器或内存，如图 2-24 所示。在计算机里各种复杂的运算，往往被分解为一系列算术运算与逻辑运算，然后再由 ALU 去执行。

图 2-23　将数据送到运算器运算

图 2-24　将运算结果返回内存

在计算机硬件系统中，由于运算器和控制器二者联系最为密切，数据交换最为频繁，因此在制造工艺上将二者与高速缓存(Cache)结合在一起，焊接在一块超大规模集成电路上，称为中央处理器(简称 CPU)，如图 2-25、图 2-26 所示。CPU 是整个电脑的核心，决定着电脑的性能。

图 2-25　Intel Celeron DCPU 的正面及反面

图 2-26　CPU 安装在主板后

5. 存储器

存储器(Memory)是计算机系统中的记忆设备，用来存放程序和数据。计算机中的全部信息，包括输入的原始数据、计算机程序、中间运行结果和最终运行结果都保存在存储器中。它根据控制器指定的位置存入和取出信息。一般情况下，我们根据存储功能的不同，将其分为内部存储器和外部存储器两大类。

(1) 内部存储器也简称内存，一般安装在主机板上，它一般由半导体集成电路做成，是 CPU 能直接访问的存储器，是计算机各种信息的存储和交流中心。它在控制器的控制之下，与输入设备、输出设备及运算器交换信息，起存储、缓冲和传递信息的作用。内存一般具有读写速度快，容量小等特点。

内存分为只读存储器(ROM)和随机存取存储器(RAM)。只读存储器(如图 2-27 所示)的特点是其里面的数据只能读出，不能够删除和修改，断电后信息仍然保存，因此它一般用来保存一些固定不变的程序和硬件配置信息(如 BIOS)。随机存取存储器一般也泛称为内存条(如图 2-28 所示)，是计算机中的主存储器和核心存储器，其中保存的数据既可读出，也可以删除和修改，计算机在运行时的各种临时原始数据、中间数据、运算结果保存在 RAM 里，其信息断电后将全部丢失。因此，我们在用计算机编辑文件或程序时应当定时存盘，也就是将 RAM 中的信息转移到计算机的外存中去，以防止因断电或死机而导致数据丢失。

图 2-27　BIOS 芯片

图 2-28　内存条

(2) 外部存储器简称外存或辅存，是内存的扩充和扩展。外存一般安装在主板之外，通过数据电缆与内存连接。CPU 不能够直接读取外存的数据，如果需要(比如运行一个保存在外存中的程序)，控制器先把外存的数据调入内存，然后送入 CPU 进行处理。外存的读写速度较内存慢，但外存里的数据既可读出也可写入，不论是否有电，其数据都可长期保存；同时它还具有容量大、成本低的优点，一般用来保存计算机运行时暂时不用的、容量较大的程序和数据。外存一般分为软磁盘、硬盘、光盘及闪存盘等，分别如图 2-29～图 2-32所示。

最古老的一种可移动外部存
储器，容量一般为 1.44 MB，由
于容量小、读写速度慢和可靠性
差，现已基本淘汰

图 2-29　软盘

它是现代计算机中最主要的也是读写速
度最快、容量最大的外存，安装在主机箱内，
容量一般为几十 GB 到几百 GB

图 2-30　硬盘

利用光学原理来实现数据的
存储，可分为只读、刻录光盘两
种，读写速度较快，容量一般为
740 MB(CD)、4.7 GB(DVD)

图 2-31　光盘

也称 U 盘，以集成电路为存储介质，
容量一般为几百 MB 到几十 GB，由于
其体积小、容量大，现已成为最主要的
移动外存

图 2-32　闪存盘

6. 总线(BUS)

　　计算机硬件系统由五大部件组成，在计算机的工作过程中，这五大部件相互都要传送信息，如果从每一个部件都引出一组线来连接其他四个部件，如图 2-33 所示，势必会造成计算机内部线路过于复杂，并且计算机硬件的扩展非常困难。为此，我们在计算机内部引入一条用于数据传输的公共通道即总线(BUS)，计算机的所有基本设备及扩展设备都以并联的方式连接到总线上，并通过总线相互传送信息，如图 2-34 所示，这样，不仅可以简化硬件电路和系统结构，而且给计算机硬件设备的扩展带来了方便。

图 2-33　引入总线前计算机系统结构

图 2-34　引入总线后计算机系统结构

在具体的硬件结构中，计算机总线的功能是通过主板来实现的。主板是微机主机箱中最大也是最重要的一块电路板，如图 2-35 所示。在主板上提供了很多的插槽、接口，并且还提供了对之进行控制的南/北桥芯片。计算机的五大部件及各种扩展设备均是通过这些插槽、接口直接或间接地连接在一起，并实现数据和指令的传输。

图 2-35　微机主板结构

按总线的功能(传递信息的内容)的不同，计算机中的总线分成三类，即传送数据信息的数据总线、传送地址信息的地址总线和传送各种控制信息的控制总线。

2.9.3　计算机的工作原理

微型计算机工作的过程本质上就是编写程序、存储程序、执行程序的过程。计算机能够完成一系列的工作就是根据指令功能来控制程序的执行实现的。现在我们以让计算机完成一个简单的加法运算为例来详细说明其工作过程，而其他更为复杂的操作过程则可以理解为这个基本过程的重复执行。

(1) 要让计算机工作，必需编写程序，如果直接在键盘上输入"5+6="，计算机是无法响应的，因此首先要用一种高级程序设计语言(如 C 语言)编写一个名为"加法示例.C"的源程序。假定源程序清单如表 2-7 所示。

表 2-7　源程序清单

行号	源程序代码	说　明
001	main()	C 语言主函数标识
002	{int x,y,sum;	定义三个整型变量
003	scanf("%d,%d",&x,&y);	输入整数 x、y 的值
004	sum=x+y;	求 x，y 的和并赋给 sum
005	printf("%d,%d,%dn\",x,y,sum);	显示 x，y、sum 的值
006	}	程序结束标识

(2) 经输入设备将"加法示例.C"输入计算机，然后用 C 语言编译程序对其编译，最

后连接转换成可执行的"加法示例.EXE"文件,并存放到计算机的硬盘中。

(3) 在 Windows 的资源管理器中双击"加法示例.EXE"文件图标,将"加法示例.EXE"程序调入内存中执行,即将上述源程序每行代码的二进制形式从第一行起依次存放到内存中编号为 001～006 的单元中。

(4) 执行时,机器指令依次按图 2-36 完成以下动作:

第一步:控制器先将存放在编号为 001 单元中的指令提取,通过分析得知这是在定义 C 语言的主函数,表示程序开始。此指令不执行任何操作,然后将程序指令计数器的指针放到下一个存储单元编号上。

第二步:控制器将存放在编号为 002 单元中的指令提取,通过分析得知这是在定义三个整形变量,于是控制器就控制内存储器在其内部创建出三个存储空间,并分别命名为 x、y 和 sum,然后将程序指令计数器的指针放到下一个存储单元编号上。

第三步:控制器将存放在编号为 003 单元中的指令提取,通过分析得知这是要从键盘接收数据,于是控制器就控制显示器按 C 语言中 scanf 函数的格式等待用户输入信息,当用户输入相应的信息(如本例中的"5"和"3")后,键盘就将其转换成相应的 00000101 和 00000011,并在控制器的控制之下,分别存储到由名字 x 和 y 所代表的存储单元中,然后将程序指令计数器的指针放到下一个存储单元编号上。

第四步:控制器将存放在编号为 004 单元中的指令提取,通过分析得知这是要对 x 和 y 进行相加操作,于是控制器就分别将存储在 x 和 y 存储单元中的 00000101 和 00000011 送入运算器,并控制运算器对其进行"加"的操作,将运算结果 00001000 送到由变量名字 sum 所代表的存储单元中保存,然后将程序指令计数器的指针放到下一个存储单元编号上。

第五步:控制器将存放在编号为 005 单元中的指令提取,通过分析得知这是要输出 x、y 和 sum,于是控制器就分别将存储在 x、y 和 sum 存储单元中的 00000101、00000011 及 00001000 送往输出设备,输出设备再分别将它们转换成字符"5"、"3"及"8",并按 C 语言中 printf 函数的格式显示出来,最后再将程序指令计数器的指针放到下一个存储单元编号上。

图 2-36　计算机工原理图

第六步：控制器将存放在编号为 006 单元中的指令提取，通过分析得知这是 C 程序结束的标识，退出程序执行。

由上述可知，计算机的基本工作原理可以概括如下：

(1) 计算机自动运行或处理的过程实际上是执行预先存储在机器内存中的程序的过程。

(2) 计算机程序是人用程序设计语言编写的，其实质是指令的有序序列，程序的执行过程实际上是依次执行其中各条指令的过程。

指令的执行是计算机硬件实现的，硬件提供的机制对每条指令都能够进行：取出指令、分析指令、执行指令，并为取出下一条指令做好准备，直到该程序的指令全部执行完毕。

第 3 章　Windows 7 操作系统

随着计算机现代化进程的推进,计算机已经广泛应用到人类社会的各个领域,并逐步走进家庭,似乎从成人到儿童,人人都能使用计算机。但在操作系统出现之前,只有极少数专业人士才懂得怎样使用计算机,因为在没有操作系统支持的情况下,用户除了要直接用机器语言编写各种程序以外,程序和数据如何输入到计算机中去进行计算,计算结果又如何显示或打印出来,这些都需要用户自己去编写有关输入/输出设备(如显示器、键盘、鼠标等)驱动程序,没有驱动程序,这些设备是不会工作的,但编写驱动程序对一般用户来说实在太困难了,这不仅需要了解有关硬件的许多工作细节,更要掌握相当丰富的编程技巧,而在操作系统出现之后,人们就可以抛开这些复杂的过程,只要经过简单的培训就能很容易地利用操作系统提供的界面、接口和工具来操作计算机。

操作系统的功能就像家里电视机的遥控器,我们只要知道遥控器提供多少个按钮,每个按钮的作用是什么,我们就可以通过遥控器来使用电视机了,至于按下遥控器的某个按钮后,遥控器如何对其编码,如何通过红外线发射出去,电视机又如何接收,如何解码,如何控制放大电路、扫描电路及显像管工作,这些复杂的过程对我们来说是不需要了解的。因此,有了操作系统之后,我们就不直接和计算机的硬件打交道,不直接对这些硬件发号施令,而把这部分对于普通用户来说最复杂、最困难的工作交给操作系统来完成,我们只要把要做的事情告诉操作系统,操作系统再把事情安排给具体的计算机硬件去做,等计算机做完之后,操作系统再把结果反馈给我们就可以了。

3.1　操作系统基础知识

计算机系统由硬件系统和软件系统来组成,简单结构模型如图 3-1 所示。

图 3-1　计算机系统结构模型

在结构模型中，最内层为裸机，它是计算机系统的物质基础，但是没有安装软件的裸机是不能完成任何工作的。

包含在裸机外的第一层软件是操作系统，这是计算机核心的软件，由它控制和管理整个硬件系统及软件系统(包括操作系统本身)，并将应用软件发送过来的指令转换成二进制信息及硬件能够识别的电信号，同时还负责把硬件产生的电信号转换成软件所需的各种信息，充当硬件和软件联系的桥梁。

安装了操作系统后的硬件只提供了计算机运行的最基础的平台，但要让计算机完成更多的工作，充分发挥计算机的功能，还需要在操作系统之上安装各种应用软件，如文字处理软件、图像处理软件、游戏程序等，这些软件利用操作系统提供的接口来使用硬件，并接收从硬件返回的运算结果和信息。

通俗来说，这个模型就好比一个教学系统，裸机相当于多媒体教室，而教室管理人员相当于操作系统，多媒体教室和管理人员提供了上课的平台，至于学生可以在这个教室中学习什么东西，则是由在这个教室上课的老师和内容来决定，也就是说，裸机再加上操作系统就构成了计算机运行的平台，至于计算机具体能完成什么功能，则是由运行什么应用软件来决定。

3.1.1　操作系统的概念

操作系统是计算机系统里面对计算机的所有硬件资源和软件资源进行控制和管理的程序的集合，是使计算机硬件和软件能自动、协调、有效工作的系统软件。

引入操作系统的目的有两方面：一方面是通过对计算机系统中的资源进行管理，合理的去组织计算机的工作流程，使系统资源能为多个用户共享，最大限度的提高计算机的工作效率，例如：它能替人们管理日益增多的文件，使人们能很方便地找到和使用这些文件；它替人们管理磁盘，随时报告磁盘的使用情况；它替计算机管理内存，使计算机能更高效而安全地工作；它还负责管理各种外部设备，如打印机等，有了它的管理，这些外设就能有效地为用户服务。另一方面是为用户使用计算机提供一个良好的界面，使用户能方便、灵活并更加容易地使用计算机，从而提高工作效率。

3.1.2　操作系统的功能

操作系统的主要功能总的来说就是管理计算机里的所有资源，具体可由以下几个方面来体现：

(1) 处理器管理：指对 CPU 的管理，首先是对于请求占用 CPU 资源的多个应用程序进行排队，例如在 Windows 中，用户同时打开了 IE、Word、画图及计算器程序窗口，从表面上来看，这四个程序是同时在运行的，都需要占用 CPU 资源，但在计算机内部，CPU在某一个时刻只能完成一个程序中一条指令的运算，在这种情况下，就应当由操作系统来将 CPU 的运行时间分成若干个片段，再根据某种法则来决定什么时候该让哪个程序占用CPU 资源、占用多长时间、占用完成后如何回收、又如何分配给哪个程序等。另外，操作系统对处理器的管理还包括处理硬件系统产生的中断请求等方面。

(2) 存储器管理：指合理地把计算机里的主存储器分配给各个应用程序。虽然 RAM 芯片的容量不断提高，但计算机中各应用程序的规模也越来越大，且 CPU 寻址能力有限，能管理和使用的内存容量也有限，因此，当多个程序共享内存资源时，如何为它们分配内存空间，使它们既彼此隔离、互不干扰，又能在一定条件下互相调用，尤其是当内存不足时，如何转移当前程序、数据及在系统中创建虚拟存储区域等，这些工作都是由操作系统来完成。

(3) 设备管理：使计算机硬件系统里各种名目繁多、功能差异的外部设备(CPU 和内存以外的输入设备、输出设备都称为外部设备)可以和 CPU 有效配合并运行。设备管理的首要任务是为这些设备提供驱动程序或控制程序，使用户不必详细了解设备及接口的技术细节，就可方便地对这些设备进行操作。另一个任务就是利用中断技术、DMA 技术和通道技术，使外围设备尽可能与 CPU 并行工作，以提高设备的使用效率并提高整个系统的运行速度。

(4) 文件管理：文件管理是操作系统最基本的功能。文件是指存储在计算机中的所有程序和数据，是对计算机进行组织和管理的最基本的单位，在计算机中往往存在着数以千万计的文件，操作系统借助表、队列等数据结构来实施各种文件信息的物理存储空间的组织和分配，负责文件的建立、存储、删除、读写及保护等操作，以使用户方便、安全地使用它们。

(5) 作业管理：作业就是用户在一次事务处理中，要求计算机系统所做工作的集合。操作系统对作业的管理主要表现为作业的控制和作业的调度两部分，即用户应该如何向系统提交作业，操作系统又如何组织和调度作业来提高整个系统的运行效率，使用户的各个作业能顺利地在系统中吞吐进出，合理、高效地利用系统资源等。

(6) 提供用户界面：指操作系统为用户实现上述五项管理提供的操作方式。一个操作系统的优劣，除与其功能是否强大有关外，还与其工作界面是否友好有关。例如：同样都是微机操作系统，但 Windows 提供的图形操作界面就要比 DOS 提供的字符界面直观、易用。

3.1.3　操作系统的分类

目前在计算机上使用的操作系统种类繁多，功能各异，且分类标准千差万别，一般情况下，我们可以按以下方法来区分操作系统。

一、按同时支持用户的数目分

按同时支持用户的数目，可分为单用户和多用户系统：

(1) 单用户操作系统：一次只能支持一个用户进程的运行，如 MS-DOS 就是一个典型的单用户操作系统。

(2) 多用户操作系统：可以支持多个用户同时登录，允许运行多个用户的进程，比如 Windows 7、Windows 8 就是典型的多用户操作系统，不管是在本地还是远程都允许多个用户同时处于登录状态。

二、按操作系统提供给用户的工作环境分

按操作系统提供给用户的工作环境，可分为字符操作系统及图形操作系统：

(1) 基于字符界面的操作系统只能显示文本字符，要与计算机进行交互，就必须键入一组命令或指令，操作计算机非常困难，如 MS-DOS 等。

(2) 基于图形界面的操作系统则是将计算机中的各种元素(如图标、菜单、窗口、对话框等)显示在屏幕上，可以使用鼠标单击、双击、拖动等方式来操作这些元素，其界面友好、操作方便、学习容易，如 Windows 系列就是最典型的基于图形界面的操作系统。

三、按作业处理方式分

按作业处理方式，可分为批处理操作系统、分时操作系统、实时操作系统、单机操作系统、网络操作系统和分布式操作系统等。

(1) 批处理操作系统：是每次把一批经过合理搭配的作业通过输入设备提交给操作系统，并暂时存入外存，并等待运行。当系统需要调入新的作业时，根据当时的运行情况和用户要求，按某种调配原则，从外存中挑选一个或几个作业装入内存运行。因此，在批处理系统运行过程中不允许用户与其作业交互作用，即用户不能直接干预自己作业的运行，直到作业运行完毕。

(2) 分时操作系统：就是一台计算机连接多个终端，用户通过各自的终端把作业送入计算机，系统把 CPU 的运行时间划分成一个个长短相等(或基本相等)的时间片，并把这些时间片依次轮流地分配给各终端用户程序，处理完成后系统又通过终端向各用户报告其作业的运行情况。计算机分时轮流地为各终端用户交互服务并能及时对用户服务请求予以响应。

(3) 实时操作系统：指计算机对特定输入做出快速反应，以控制发出实时信号的对象，即计算机及时响应外部事件的请求，在规定的短时间内完成该事件的处理，并控制所有实时设备和实时任务协调、有序地运行。例如，导弹飞行控制、工业过程控制和各种订票业务等场合，要求计算机系统对用户的请求立即做出响应，实时系统是专门适合这类环境的操作系统。它分为实时过程控制系统和实时信息处理系统两种。

(4) 单机操作系统：也称为通用操作系统或个人计算机操作系统，兼有批处理、分时处理和实时处理的功能。单机操作系统面对单一用户，所有资源均提供给单一用户使用，它是针对一台机器、一个用户的操作系统，用户对系统有绝对的控制权。单机操作系统是从早期的系统监控程序发展起来的，进而成为系统管理程序，再进一步发展为独立的操作系统。典型的单机操作系统有 MS-DOS、Windows 95、Windows 98 等。

(5) 网络操作系统：是向网络计算机提供网络通信和网络资源共享功能的操作系统，它除了具有一般单机操作系统的全部功能外，还应该满足用户使用网络的需要，尤其要提供数据在网上的安全传输，管理网络中的共享资源，实现用户通信以及方便用户使用网络，由于网络操作系统是运行在服务器之上的，所以有时也把它称之为服务器操作系统。典型的网络操作系统有 Windows NT、Windows 2000 Server、NetWare、UNIX 等。

(6) 分布式操作系统：就是在分布式计算机网络中，通过通信网络将独立功能的数据处理系统或计算机系统互连起来，可实现信息交换、资源共享和协作完成任务等。

3.1.4　微机操作系统的发展

目前，在微机上使用的操作系统主要是由美国的微软公司开发的，因此，可以说微软产品的发展过程就是微机操作系统的演变过程。

微软公司(Microsoft)是目前全球最大的电脑软件提供商,总部设在华盛顿州的雷德蒙市,公司于 1975 年由比尔·盖茨和保罗·艾伦成立。公司最初以"Micro-soft"的名称(意思为"微型软件")发展和销售 BASIC 解释器,经过 40 多年的发展,现在其产品除了垄断微机操作系统以外,还几乎囊括了办公自动化软件、可视化程序语言、数据库系统及其他行业。

　　根据微软公司推出不同版本的操作系统的时间,一般将操作系统分为以下几个发展阶段:

　　(1) DOS 阶段:1981 年 8 月 12 日 Microsoft 为配合世界上第一台个人计算机系统(IBM PC)的推出,发布了第一代 16 位的微机操作系统 MS-DOS。MS-DOS 是 Microsoft Disk Operating System 的简称,意为由美国微软公司提供的磁盘操作系统。MS-DOS 是基于字符界面与用户交互的,用户要记住很多命令和它们的用法及英文提示,使用起来非常困难,所以,这时的计算机还是不太好用,操作系统也处于发展的初级阶段。MS-DOS 的字符工作界面如图 3-2 所示。

```
C:\>dir
 Volume in drive C is AP
 Volume Serial Number is 3841-17F0
 Directory of C:\

DOS          <DIR>        08-01-96   4:37p
WINDOWS      <DIR>        08-18-96   3:50p
GAMES        <DIR>        08-09-96   9:49a
AAA          <DIR>        08-18-96   3:54p
WPS          <DIR>        08-18-96   5:54p
COMMAND      COM   54,645 05-31-94   6:22a
CONFIG       SYS      321 11-30-96   7:05p
AUTOEXEC     BAT      352 11-30-96   7:07p
WINA20       386    9,349 05-31-94   6:22a
ABC                    25 12-01-96  11:50p
          10 file(s)    64,692 bytes
                   215,735,513 bytes

C:\>
```

图 3-2　MS-DOS 的字符工作界面

　　(2) Windows 3.2 阶段:1990 年微软推出了 3.1 版本的 Windows,如图 3-3 所示。它是建立在 DOS 基础上的系统软件,是后续 Windows 系列操作系统的雏形。它基于 DOS 内核,虽然只是简单地将 DOS 命令图形化,但却开创了图形操作系统的先河。它对计算机的硬件系统要求较低(一般为 2 MB RAM、20 MB 硬盘、80386 CPU),因此广泛应用于早期的低档计算机。1994 年 Windows 3.2 的中文版本发布,国内不少用户就是从这个版本开始接触Windows 系统。由于消除了语言障碍,降低了学习门槛,因此 Windows 很快在中国流行起来。

图 3-3　Windows 3.1 的启动界面

（3）Windows 95 阶段：在继 Windows 3.X 之后，微软又于 1995 年推出了 Windows 95 系统软件，如图 3-4、图 3-5 所示。它是一个脱离了 DOS 环境的多任务、多线程 32 位操作系统，它比 Win 32 运行更快、更可靠，弥补了 Win 32 的许多不足，加入了很多的新特性，使之成为一个全新的主流微机操作系统。

　　图 3-4　Windows 95 的启动界面　　　　　　　　图 3-5　Windows 95 的桌面

（4）Windows 98 阶段：1998 年 6 月 25 日微软又推出了更新的 Windows 98，如图 3-6、图 3-7 所示。同样，Windows 98 也是在 Windows 95 基础上作了很大的改进，特别是在对软、硬件及多媒体的支持方面更是突出，另外它还将浏览器(Internet Explorer)集成到操作系统中，使 Windows 98 成为一个功能强大的操作系统。

　　图 3-6　Windows 98 的启动界面　　　　　　　图 3-7　Windows 98 的桌面

（5）Windows 2000 阶段：2000 年微软发布了新一代 Windows 2000 系列操作系统，如图 3-8 所示。Windows 2000 是在 Windows NT 4.0 的基础上发展起来的，它基于 NT 5.0 内核，包含了全新的 NTFS 文件系统、EFS 文件加密、增强硬件支持等新特性，向一直被 UNIX 系统垄断的服务器市场发起了强有力的冲击。Windows 2000 共有四个版本，分别针对不同的用户平台：

■　Windows 2000 Professional：即专业版，用于工作站及笔记本电脑。它的原名就是 Windows NT 5.0 WorkStation，最高可以支持两个处理器和 2 GB 内存。

■　Windows 2000 Server：即服务器版，面向小型企业的服务器领域。它的原名就是

Windows NT 5.0 Server，最高可以支持 4 个处理器和 4 GB 内存。

■　Windows 2000 Advanced Server：即高级服务器版，面向大、中型企业的服务器领域。它的原名就是 Windows NT 5.0 Server Enterprise Edition，最高可以支持 8 个处理器和 8 GB 内存。

■　Windows 2000 Data Center Server：即数据中心服务器版，面向最高级别的可伸缩性、可用性与可靠性的大型企业或国家机构的服务器领域，最高可以支持 32 个处理器和 64 GB 内存。

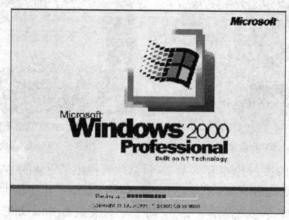

图 3-8　Windows 2000 的启动界面

(6) Windows XP 阶段：2001 年 10 月 25 日 Windows XP 发布，如图 3-9、图 3-10 所示。这是微软把所有用户要求合成一个操作系统的尝试，和以前的 Windows 系统相比，稳定性有所提高，但是取消了对基于 DOS 程序的支持。同时微软还把很多以前是由第三方提供的软件(如：防火墙、媒体播放器、即时通讯软件等)整合到操作系统中。

XP 最初发布时只包含家庭版(Windows XP Home Edition 消费对象是家庭用户，用于一般个人电脑以及笔记本电脑，只支持单处理器和低于 1 GB 的内存)和专业版(Windows XP Professional 除了包含家庭版的功能，还添加了为面向商业用户的网络认证和对双处理器及最高 2 GB 的内存的支持，主要用于工作站、高端个人电脑以及笔记本电脑)两个版本，后来又增加了媒体中心版(Media Center Edition)和平板电脑版(Tablet PC Edition)等。

图 3-9　Windows XP 的启动　　　　　　　图 3-10　Windows XP 的桌面

(7) Windows Vista 阶段：2007 年 Windows Vista 正式发布，如图 3-11 所示。Windows Vista

是微软公司开发代号为 Longhorn 的下一个版本操作系统的正式名称，它是继 Windows XP 和 Windows Server 2003 之后的又一个重要的操作系统。该系统带有许多新的特性和技术，特别是 Vista 第一次引入了"Life Immersion"概念，即在系统中集成许多人性的因素，一切以人为本，使得操作系统尽最大可能贴近用户，了解用户的感受，从而方便用户，但其对计算机硬件系统的要求较高，因此普及率不是很高。

图 3-11　Windows Vista 的桌面

(8) Windows 7 阶段：2009 年 Windows 7 正式发布，如图 3-12 所示。Windows 7 可供家庭及商业工作环境、笔记本电脑、平板电脑、多媒体中心等使用。Windows 7 延续了 Windows Vista 的 Aero 风格，并且更胜一筹。Microsoft 公司根据用户需求的不同发售了多个版本，常见的版本有家庭普通版、家庭高级版、专业版、旗舰版以及企业版。

图 3-12　Windows 7 的桌面

(9) Windows 8 阶段：2012 年 10 月 26 日由微软公司开发的具有革命性变化的操作系统 Windows 8 正式推出。Windows 8 是继 Windows 7 之后的新一代操作系统，它支持来自

Intel、AMD 和 ARM 的芯片架构，由微软剑桥研究院和苏黎世理工学院联合开发。该系统具有更好的续航能力，且启动速度更快、占用内存更少，并兼容 Windows 7 所支持的软件和硬件。

　　Windows 8 系统还采用了独特的 metro 开始界面(见图 3-13)和触控式交互系统，可以在大部分运行 Windows 7 的电脑上平稳运行，不但支持个人电脑(X64 构架、X86 构架)，而且还支持平板电脑(ARM 构架)。Windows 8 大幅改变以往的操作逻辑，提供更佳的屏幕触控支持。新系统画面与操作方式变化极大，采用全新的 Modern UI(新 Windows UI)风格用户界面，各种应用程序、快捷方式等能以动态方块的样式呈现在屏幕上，用户可自行将常用的浏览器、社交网络、游戏、操作界面融入。

图 3-13　Windows 8 的 metro 开始界面

　　2013 年 10 月 17 日，微软公司又发布 Windows 8.1 正式版，其中具有多个重要更新来区别 Windows 8。在代号为"Blue"的项目中，微软将实现操作系统升级标准化，以便向用户提供更常规的升级。Windows 8.1 具有承上启下的作用，为未来的 Windows 10 铺好道路。

3.2　Windows 7 的组成及基本操作

　　虽然 Windows 7 推出时间较早，但相对于 Windows 8 来说，其对硬件要求更低，运行更可靠、更稳定而且更易用，能为用户提供更安全、高效的运行保障，因此在家用、办公、游戏、娱乐及商业等领域，Windows 7 仍然是主流的操作系统。现在我们先来了解 Windows 7 的界面组成及基本操作。

3.2.1　桌面

　　桌面是 Windows 启动成功后出现在显示屏上的整个有效区域，它是用户处理各项工作和完成任务的平台。桌面一般由桌面快捷图标、任务栏和桌面工作区组成，如图 3-14 所示。通过桌面，用户可以有效地管理自己的计算机。与以往任何版本的 Windows 相比，Windows 7 桌面有着更加漂亮的画面、更富个性的设置和更为强大的管理功能。

桌面工作区

桌面快捷图标

任务栏

图 3-14　Windows 7 桌面

　　另外，当用户安装好 Windows 7 并第一次登录系统后，系统默认进入传统桌面，用户可以看到一个非常简洁的画面，在桌面的左上角只有一个回收站的图标，并在右下角标明了 Windows 7 的标志及版本号。如果用户想恢复桌面快捷图标，可执行以下操作：

　　(1) 右键单击桌面，在弹出的快捷菜单中选择"个性化"命令。

　　(2) 在打开的"个性化"窗口中单击左侧的"更改桌面图标"链接，这时会打开"桌面图标设置"对话框。

　　(3) 在"桌面图标"选项组中选中"计算机"、"用户的文件"等复选框，单击"确定"按钮返回到"个性化"窗口中，然后关闭该窗口，这时用户就可以看到系统默认的图标了。

3.2.2　图标

　　图标是 Windows 里各种对象(如应用程序、文档、文件夹、硬件设备等)的图形标识，图标一般由图形和说明两部分组成，其中图形由操作系统和对象的属性决定，它反映对象的性质，而说明则是对象的名字，反映对象的内容，一般情况下用户可以修改和重命名。Windows 里的图标一般分为以下几类。

1．桌面快捷图标

　　桌面快捷图标即放置在 Windows 桌面上的图标，可以快速执行某项操作。

　　用户如果经常要访问或打开某个对象，为简化操作步骤，可为这些对象在桌面上或其他位置建立快捷图标，具体操作如下：

　　(1) 桌面空白处单击右键。

　　(2) 依次在弹出菜单中选取"新建"—"新建快捷方式"命令。

　　(3) 单击"浏览"按钮，在资源管理器中找到要创建快捷方式的对象。

（4）单击"完成"按钮完成操作。

也可以采用以下步骤建立快捷图标：

（1）先在资源管理器或"计算机"窗口中找到要创建快捷方式的对象。

（2）在对象上右击。

（3）依次在弹出菜单中选取"发送到"—"桌面快捷方式"命令。

注：在桌面上创建的快捷图标左下角一般都带有箭头标志，是计算机中某个对象的链接，而不是对象本身，双击快捷图标便可以打开该项目。如果删除快捷图标，则只会删除这个快捷方式，而不会删除原始项目。如 便是 的快捷图标。

除了用户根据自己的需要在桌面上设置的不同种类和数量的快捷图标外，一般还应包括以下几个系统快捷图标：

■　"计算机" ：包括了计算机中安装的所有磁盘盘符和共享文件夹，可以查看或打开保存在计算机中的文件夹或文件。

■　"用户的文件" ：对应着"计算机\C:\Users\(登录用户名)"文件夹，在默认情况下，绝大多数应用程序创建的数据文件或用户下载的文本、图形、声音及其他文档都是保存在此文件夹中。

■　"网络" ：用于配置本机网络参数和查看网络中的共享资源。

■　"回收站" ：用来暂时保存用户从本机硬盘上删除的各种对象，用鼠标右击可在快捷菜单中选择"属性"命令来设置回收站的属性。

2．磁盘图标

磁盘图标代表计算机中的某个外部存储设备，如 。

3．文件夹图标

文件夹图标代表计算机中的某个文件夹，如 。

4．文件图标

文件图标代表计算机中的某个文件，如 。

5．设备图标

设备图标代表计算机中的某个设备，如 。

3.2.3　任务栏

Windows 7 成功启动后，出现在桌面最下方的对象称为任务栏。它通常由以下五个部分来组成，如图 3-15 所示。

　"开始"按钮　任务栏固定程序　　　　　　任务栏　　　　任务栏通知区域　　"显示桌面"按钮

图 3-15　Windows 7 任务栏

(1) 最左侧的部分称为"开始"按钮，用鼠标单击可打开"开始"菜单。

(2) "开始"按钮右边的部分称为任务栏固定程序，用于快速打开指定任务。在默认情况下包含"IE"、"Windows 资源管理器"及"Media Player"按钮，其他按钮用户可以根据自己需要添加(拖动图标到任务栏上，如图 3-16 所示)或删除(在要删除的图标上单击右键，选取"将此程序从任务栏解锁"命令)。

图 3-16　将图标附到任务栏

(3) 位于任务栏中间的大部分区域称为任务栏，用来显示正在运行的应用程序和打开的窗口。当用户同时打开了多个窗口和运行多个应用程序时，通常只有一个窗口或程序处于激活状态，其他都处于后台运行状态，可以通过单击图标(或使用 Alt+Tab 组合键)来切换活动窗口。

(4) 任务栏右边第二部分称为任务栏通知区域，它通常包括时钟按钮、语言栏、音量按钮等。

(5) 任务栏的最右端部分称为"显示桌面"按钮，使用的是 Aero Peek 预览桌面。当鼠标移动到任务栏最右端的"显示桌面"按钮时，会暂时查看桌面，单击鼠标左键则直接跳转到桌面。

任务栏的操作主要包括以下内容：

(1) 锁定任务栏：禁止调整任务栏任何属性。

(2) 调整位置：当任务栏位于桌面的下方妨碍了用户的操作时，可以把任务栏拖动到桌面的任意边缘。如要移动任务栏，应先确定任务栏处于非锁定状态，然后在任务栏上的非按钮区按下鼠标左键并拖动到桌面的其他边缘上，这样就会改变任务栏位置。

(3) 调整大小：当用户打开的窗口比较多时，在任务栏上显示的窗口图标会变得很小，用户观察会很不方便，这时，可以通过改变任务栏的高度来显示所有的窗口图标，其操作是将鼠标光标移动到任务栏的边缘，当出现双箭头指示时，按下鼠标左键不放拖动到合适位置再松开，任务栏中即可显示窗口图标的名称。

(4) 使用工具栏：在任务栏中使用不同的工具栏，可以方便而快捷地完成一般的任务。在任务栏的非按钮区域右击，在弹出的快捷菜单中指向"工具栏"，可以看到在其子菜单中列出的常用工具栏，当选择其中的一项时，任务栏上会出现相应的工具栏。

(5) 属性设置：在任务栏的非按钮区域右击，在弹出的快捷菜单中选取"属性"命令，打开"任务栏和「开始」菜单属性"设置对话框，如图 3-17 所示。

图 3-17　Windows 7 任务栏属性

(6) 锁定任务栏：锁定任务栏当前的位置、大小和比例，不允许对任务栏进行更改。

(7) 自动隐藏任务栏：任务栏在不使用时自动隐藏，若将鼠标移动到屏幕底部，任务将自动显示。如果要确保指向任务栏时任务栏立即显示，可选中"将任务栏保持在其他窗口的前端"复选框，并同时选择"自动隐藏任务栏"复选框。

(8) 使用小图标：任务栏的所有图标将会缩小，任务栏的高度也会降低。

(9) 屏幕上的任务栏位置：可以选择任务栏在显示器屏幕上显示的位置。

(10) 任务栏按钮：设置当在计算机中打开多个同类别窗口(或程序)时，其图标在任务栏上的显示方式。

(11) 自定义：单击"自定义"按钮后会弹出通知区域图标设置对话框(如图 3-18 所示)，可以对区域图标的显示形式进行设置，选中"始终在任务栏上显示所有图标和通知"后，任务栏通知区域的图标和通知将会全部显示和提示；单击"打开或关闭系统图标"可以对系统的时钟、音量、网络、电源、操作中心系统图标是否在通知区域显示进行设置。

(12) 使用 Aero Peek 预览桌面：Aero Peek 是 Windows 7 中 Aero 桌面提升的一部分，是 Windows 7 中崭新的一个功能。Aero Peek 提供了显示两个基本功能：

① 通过 Aero Peek 用户可以透过所有窗口查看桌面。

② 用户可以快速切换到任意打开的窗口，因为这些窗口可以随时隐藏或可见。选中"使用 Aero Peek 预览桌面"后，当将鼠标移动到任务栏末端的"显示桌面"按钮时，会暂时显示桌面。

图 3-18　通知区域图标设置

3.2.4　窗口

窗口是一个出现在桌面上的一个有效的矩形区域，它通常是一个打开的文件夹对象(如图 3-19 所示)或应用程序的界面(如图 3-20 所示)。Windows 7 的窗口一般由以下几个部分组成。

图 3-19　Windows 7 文件夹窗口　　　　图 3-20　Word 2013 工作窗口

一、标题栏

标题栏显示当前窗口的名字或应用程序名称及在程序中打开的文档名，标题栏通常包含控制框、最大化、最小化、恢复按钮和关闭按钮。

二、菜单栏

菜单栏包含了对窗口及窗口内各对象进行操作的一系列命令，用户只需用鼠标单击就可执行相应的命令，而不必像在 DOS 的命令行方式下，每个命令都要由用户来记忆并键入，这样既减少了用户记忆命令的不便，又提高了工作效率。不同的应用程序和窗口菜单栏的项目略有不同，但通常都包含文件、编辑、查看、格式、帮助几项。

在 Windows 7 中，菜单通常可分为下拉菜单、层叠菜单和快捷菜单等三项。

1. 下拉菜单

通常在窗口的菜单栏中出现的都是下拉式菜单，它是一系列子菜单及命令的集合，单击菜单名就可将该菜单打开，用户可从下拉出菜单中用鼠标单击要执行的菜单项即可执行相应的操作，如图 3-21 所示。

图 3-21　Windows 7 文件夹窗口中的下拉菜单

2. 层叠菜单

层叠菜单通常也称子菜单。在下拉式菜单中，有些菜单项的右端带有一个黑色的三角形箭头，则表示该菜单选项本身也是一个菜单，它下面还包含了多个可供选择的选项，如图 3-22 所示。层叠菜单将相似的命令或菜单项组织在一起放在某个菜单下，可以使程序的界面简洁并方便用户快速地找到所需的命令。

图 3-22　Windows 7 文件夹窗口中的层叠菜单

3．快捷菜单

在 Windows 中，用鼠标在对象上右击，通常会在屏幕上弹出一个菜单，即快捷菜单。快捷菜单提供了对当前对象最可能执行的操作命令，因此可大幅度提高工作效率，如图 3-23 所示。右键单击的对象不同，则快捷菜单的内容及项目将不同，例如：右键单击桌面的空白处，则弹出的是有关桌面操作的一系列命令，而右键单击桌面上"计算机"图标，则弹出的是对"计算机"进行操作的一系列命令。

图 3-23　Windows 窗口中的快捷菜单

4．菜单中的特殊指示符与标记

(1) 复选标记(√)：出现在菜单命令前的复选标记(√)表明用户已选中了该命令或该命令所代表的选项已经打开，如图 3-24 所示。所谓"复选"是指用户可以从系统提供的多个菜单选项中选择零到全部选项，即可以一个都不选，可以选取其中的几个，也可选取全部功能。这种命令是一种开关式的切换命令，单击该菜单项一次，其前面出现复选标记，功能生效，再单击一次，复选标记消失，相应功能取消。

图 3-24　菜单中的特殊标记

(2) 单选标记(●)：出现在菜单项前的单选标记表明用户只能从系统提供的多个菜单选项中只能选择一个，不能多选，也不能不选。当用户选择一个新的选项后，原来的选项功能将被新的取代。

(3) 对话框标记(…)：在菜单命令后面的省略号表示当选择了这个菜单项后，将在屏幕上显示一个对话框要求输入必需的信息。

(4) 子菜单标记(▶)：在菜单命令右边的三角形表示该选项带有附加的子选项，这就是子菜单。其操作方式与普通菜单相同。

(5) 呈灰色显示的菜单项：当菜单中的命令以灰色或暗淡的形式出现时，表明该选项当前不可使用，也就是没有该命令使用的环境或前提条件，如图 3-25 所示。命令变成灰色的原因很多，例如，在浏览窗口中，在用户没有选中任何对象之前"编辑"菜单中的"剪切"和"复制"命令都将呈灰色显示。

(6) 热键：在打开的菜单项的后面一般都有一个带有下划线的字母，这个字母就称为热键，表明我们可以用键盘上相应的按键来代替鼠标单击执行这个菜单项。

(7) 快捷键：在某些菜单项的后面还有一组"Ctrl+字母"的标记，我们将其称为快捷键。表明可以直接使用键盘上的"Ctrl"键加上字母键来代替鼠标单击执行这个菜单项，和热键不同，快捷键即便在该菜单项不显示时也可使用。

图 3-25　菜单中的特殊标记

三、地址栏

地址栏用于显示当前窗口(文件夹)在磁盘上的路径或打开的网页地址。地址栏是一个下拉列表框，通过单击其右端的下拉列表框可以在不同的路径或网页间快速进行切换，如图 3-26 所示。

图 3-26　Windows 窗口的地址栏

四、编辑区

编辑区也称为工作区，它是用户进行对象选取、文本编辑或数据处理等工作的场所。

五、垂直滚动条

垂直滚动条位于编辑区的右侧，当编辑区内对象的长度超过窗口高度时，可以通过单击方向控制键或直接拖动垂直滚动条，在窗体中上、下移动来浏览对象。

六、水平滚动条

水平滚动条位于编辑区的下侧，当编辑区内的对象宽度超过窗口宽度时，可以通过单击方向控制键或直接拖动水平滚动条，在窗体中左、右移动来浏览对象。

七、细节窗格

细节窗格位于窗口下方，用于显示选定对象的详细信息。

八、状态栏

状态栏位于窗口的最下面，用于显示操作过程中的一些帮助信息，如图 3-27 所示，当用户在窗口内选取多个对象后，在状态栏上将提示选取了多少个对象等信息。

图 3-27　Windows 窗口的细节窗格和状态栏

九、边框与边角

边框与边角围绕在窗口四周，用于在窗口不处于最大化及最小化时调整窗口的宽度和高度。当将鼠标移动到窗口的边框上或四个角上时，鼠标光标将变成双向的箭头。

十、导航窗格

为用户提供常用的操作命令，其名称和内容随打开窗口的内容而变化，当选择一个对象后，在该选项下会出现可能用到的各种操作命令，可以在此直接进行操作，而不必在菜单栏或工具栏中进行，这样会提高工作效率，其内容有"收藏夹"、"库"、"计算机"等。

窗口操作是使用 Windows 系统的基础，具体包括以下几个方面：

(1) 打开窗口：用鼠标双击要打开的窗口图标。

(2) 移动窗口：按住鼠标左键拖动窗口的标题栏，将其移动到合适的位置后再松开。

(3) 缩放窗口：将鼠标放置到窗口的边框或边角上，当鼠标指针变成双向的箭头时拖动鼠标。

(4) 最大化、最小化及还原窗口：用鼠标单击窗口标题栏上的最大化、最小化及还原按钮或单击窗口标题栏不放，拖曳到桌面顶端，然后放开进行最大化。

(5) 切换窗口：在任务栏上使用 Aero Peek 功能预览所要操作的窗口或用 Alt+Tab 组合键来完成切换。

(6) 关闭窗口：单击标题栏上"关闭"按钮或使用 Alt+F4 组合键。

3.2.5　对话框

在菜单中执行了带有对话框标记(…)的菜单项后，将打开一个对话框，如图 3-28 和图 3-29 所示。在 Windows 中，对话框是一种用户与计算机交互的基本手段，用户可通过对话框确认将要进行的操作、设定某些选项、输入一些信息或从一个列表选项中做出选择等。

对话框的外形与窗口接近，但对话框没有菜单栏，也没有最大化与最小化按钮，不能改变其大小。Windows 7 的对话框通常包括以下几个部分：

(1) 标题栏：即对话框的名称，位于对话框的顶部。一般用来移动对话框或关闭对话框。

(2) 选项卡：选项卡也称为页框，一般位于标题栏的下面。可将不同的图标和命令组织到不同的选项卡中，就像图书馆中的书目卡片一样。单击选项卡名可在各个选项卡之间切换。

图 3-28　对话框的组成-1

图 3-29　对话框的组成-2

(3) 文本框：用于输入及编辑文字，如图 3-30 所示。一般在其右侧会带有向下的箭头，可以单击箭头在展开的下拉列表中查看或选择最近曾经输入过的内容。

图 3-30　对话框中的文本框

(4) 复选按钮：复选框是小的方形框，功能与菜单中的复选标记类似。

(5) 单选按钮：单选框通常是圆形的，功能与菜单中的单选标记类似。

(6) 列表框：它可显示一个选项可能设置的值，用户可用鼠标单击从中选取一个列表或项目。

(7) 下拉列表框：下拉列表框的设置值是隐藏的，并且在其右边有一个向下的小三角形按钮，单击按钮就会打开一个列表，再从列表中选择一个值。

(8) 数字增减按钮：由一个文本框和两个增减按钮组成，可直接在文本框中输入数字或单击增减按钮来微调数值，通常用于改变某些数值参数的大小。

(9) 滑动按钮：一种形象化的按钮，如图 3-31 所示，多用于鼠标、键盘、音量及显示器等硬件特性的设置。

图 3-31　对话框中的滑动按钮

(10) 命令按钮：在对话框中具有圆角矩形并且带有文字的按钮，常用的有"确定"、"应用"、"取消"等，在更改了对话框的某些选项后，可通过命令按钮来确认或取消设置。

3.2.6　"开始"菜单

"开始"菜单是 Windows 7 的一个重要组成部分，用户对计算机所进行的各种操作，基本上都是通过开始菜单来进行的，如运行程序、打开文档、设置项目、获取帮助、搜索对象、关闭系统或注销用户等。

一、"开始"菜单的组成及功能

在任务栏上单击"开始"按钮即可以打开"开始"菜单，它的结构和操作与普通菜单类似，如图 3-32 所示。

图 3-32　Windows 7 的 "开始" 菜单

　　"开始" 菜单通常由左、右两部分组成，左侧与经常使用的程序相关，右侧与系统功能及设置相关，从左往右主要有以下功能：

　　(1) 固定程序图标列表：如果定期使用程序，可以通过将程序图标锁定到开始菜单以创建程序的快捷方式。

　　(2) 最近打开程序列表：显示最近打开的程序，一般默认最多显示 10 个经常使用的程序快捷方式。

　　(3) 所有程序：通常用来运行一些所有的程序和工具，例如：Office 系列程序、Windows 的附件程序、游戏程序、管理程序等。一般来说，只要符合 Windows 风格的应用程序在安装完成后，都会在 "程序" 子菜单中创建一个快捷图标，单击这个图标即可启动相应的程序。

　　(4) 搜索文本框：用来查找计算机里的各种程序和文件。

　　(5) 当前用户图标：显示当前用户，单击后可以直接进入用户账户管理窗口。

　　(6) Administrator、文档、图片、音乐：单击后，相应的打开计算机当前用户的个人文件夹以及计算机库中的文档、图片、音乐等文件夹。

　　(7) 游戏、计算机：可以打开游戏的列表窗口或计算机资源管理器。

　　(8) 控制面板：用来对计算机里的软件、硬件等进行设置。

　　(9) 设备和打印机：用于管理计算机的外接设备。

　　(10) 默认程序：设置可以打开所有文件类型和协议的程序。

　　(11) 帮助和支持：提供 Windows 的各种操作帮助。

　　(12) "关机" 按钮：用于对计算机关闭、重启、注销等操作。

二、"开始" 菜单的操作

1. 自定义 "开始" 菜单

(1) 将程序图标锁定到开始菜单。

如果经常使用某个程序，可以通过将程序图标锁定到"开始"菜单以创建程序的快捷方式，锁定的程序图标将出现在"开始"菜单的左侧，操作方法是右键单击想要锁定到"开始"菜单中的程序图标，然后单击"锁定到开始菜单"。

注意：

- 若要解锁程序图标，则右键单击它，然后单击"从开始菜单解锁"。
- 若要更改固定的项目的顺序，可将程序图标拖动到列表中的新位置。

(2) 从"开始"菜单删除程序图标。

右键单击要从"开始"菜单中删除的程序图标，然后单击"从列表中删除"。从"开始"菜单删除程序图标不会将它从"所有程序"列表中删除或卸载该程序。

(3) 移动"开始"按钮。

"开始"按钮位于任务栏上，尽管不能从任务栏删除"开始"按钮，但可以移动任务栏及与任务栏在一起的"开始"按钮，具体操作如下：

① 右键单击任务栏上的空白区域，如果其旁边的"锁定任务栏"有复选标记，单击它以删除复选标记。

② 单击任务栏上的空白区域，然后按下鼠标左键，并拖动任务栏到桌面的四个边缘之一，当任务栏出现在所需的位置时，释放鼠标按钮。

注意：若要将任务栏锁定回去，则右键单击任务栏上的空白空间，然后单击"锁定任务栏"，就会出现复选标记。锁定任务栏可帮助防止无意中移动任务栏或调整任务栏大小。

(4) 清除"开始"菜单中最近打开的文件或程序。

清除"开始"菜单中最近打开的文件或程序不会将它们从计算机中删除。

① 单击打开"任务栏和开始菜单属性"。

② 单击"开始菜单"选项卡。若要清除最近打开的程序，则取消"存储并显示最近在开始菜单中打开的程序"复选框；若要清除最近打开的文件，则取消"存储并显示最近在开始菜单和任务栏中打开的项目"复选框，然后单击"确定"按钮。

(5) 调整频繁使用的程序的快捷方式的数目。

开始菜单显示最频繁使用的程序的快捷方式，可以更改显示的程序快捷方式的数量(这可能会影响开始菜单的高度)。

① 单击打开"任务栏和开始菜单属性"。

② 单击"开始菜单"选项卡，然后单击"自定义"按钮。

③ 在"自定义开始菜单"对话框的"要显示的最近打开过的程序的数目"框中，输入想在开始菜单中显示的程序数目，单击"确定"按钮，然后再次单击"确定"按钮。

(6) 自定义"开始"菜单的右窗格。

可以添加或删除出现在"开始"菜单右侧的项目，如计算机、控制面板和图片。还可以更改一些项目以使它们显示，如链接或菜单。

① 单击打开"任务栏和开始菜单属性"。

② 单击"开始菜单"选项卡，然后单击"自定义"按钮。

③ 在"自定义开始菜单"对话框中，从列表中选择所需选项，单击"确定"按钮，然后再次单击"确定"按钮。

(7) 还原"开始"菜单默认设置。

可以将"开始"菜单还原为其最初的默认设置。

① 单击打开"任务栏和开始菜单属性"。

② 单击"开始菜单"选项卡，然后单击"自定义"按钮。

③ 在"自定义开始菜单"对话框中，单击"使用默认设置"，单击"确定"按钮，然后再次单击"确定"按钮。

(8) 从"开始"菜单搜索程序。

单击"开始"按钮，然后在搜索框中键入单词或短语。

(9) 将"运行"命令添加到"开始"菜单中。

① 单击打开"任务栏和开始菜单属性"。

② 单击"开始菜单"选项卡，然后单击"自定义"按钮。

③ 在"自定义开始菜单"对话框中，选中"运行命令"复选框，单击"确定"按钮，然后再次单击"确定"按钮。

(10) 将"最近使用的项目"添加至"开始"菜单。

① 单击打开"任务栏和开始菜单属性"。

② 单击"开始菜单"选项卡。在"隐私"下，选中"存储并显示最近在开始菜单和任务栏中打开的项目"复选框。

③ 单击"自定义"按钮。在"自定义开始菜单"对话框中，选中"最近使用的项目"复选框，单击"确定"按钮，然后再次单击"确定"按钮。

3.2.7　剪贴板

剪贴板和前面介绍的几个对象不同，一般是不可见的，它是 Windows 操作系统在计算机物理存储器中临时开辟的一个区域，用来暂时保存用户最后一次从磁盘上复制或剪切下来的内容，它就相当于一个中转站，如图 3-33 所示，在系统中复制或剪切的项目先放入剪贴板，当用户执行粘贴操作后，再将剪贴板中的内容粘贴到目标位置上去。

注意：如果用户以复制的方式将项目放入剪贴板，则可以在多个目标位置粘贴多次，而如果项目以剪切(或移动)的方式放入剪贴板，则项目只能粘贴一次。

图 3-33　剪贴板的功能

3.3　Windows 7 对文件及文件夹的管理

文件是存储在计算机磁盘上一系列完整的、有名称的信息集合，例如，程序及程序所使用的一组数据、用户创建的各种文档(如一段文字、一幅图片、一段动画等)。文件是操作系统对计算机进行组织和管理的最基本单位，它一般分为程序文件和数据文件两大类，而若干文件的集合则称为文件夹。

对文件和文件夹的管理是操作系统的一个基本功能。在 Windows 中提供了丰富的操作手段，用户不仅可以通过传统的命令、菜单方式来实现，而且还可以使用更加方便的快捷菜单、快捷键、任务窗格甚至鼠标拖动来完成。

3.3.1　文件及文件夹的命名规则

操作系统规定计算机里的每一个文件(文件夹)必须有一个名字，然后操作系统才能根据这些名字来完成对文件(文件夹)的各种操作和管理(如检索、更改、删除、保存或发送等)，就像社会组织以人名来完成人员的管理一样。计算机里的文件名由文件的主文件名和扩展名组成，其间用".."分开，一般情况下，主文件名用来说明文件的内容，而扩展名用来说明文件的类型或属性，例如："课表.wps"、"BG.txt"等。一个文件可以没有扩展名，但是必须有主文件名。

文件(文件夹)名可以包含 255 个西文字符或 127 个汉字，但不能包含以下字符："<"、">"、"\"、"/"、":"、"*"、"?"、"|"，因为这些字符为保留字符，在操作系统中有特殊用途，如果在给文件(文件夹)命名时使用了这些字符，系统将会给出错误提示，如图 3-34 所示。另外，在给文件(文件夹)命名时，所用的字符不是越多越好，太长的名字不便书写和记忆，也不是字符越少越好，太短的名字不便反映文件的内容，还容易造成重名，应当以使用尽可能少的字符但又尽可能全面的反映文件(文件夹)的内容为原则。当用英文字符给文件命名时，不区分大、小写，例如：在 Windows 中，"WORD.EXE" 和 "word.exe" 会被当成同一个文件。

图 3-34　文件命名错误

在查找和表示文件时，如果用户不知道具体文件名或者不想键入完整名称时，常常使用通配符来代替。文件名的通配符由"? "和"*"组成，"? "可以代表一个任意字符，而"*"则可以代表任意多个字符。例如：

■　A?.exe：表示主文件名由两个字母组成，第一个字母为 A，而第二个字符不确定，并且扩展名为 exe 的文件。

■　*.docx：表示所有主文件名为任意字符，而扩展名为 docx 的文件，即所有的 Word 文档。

■　课程表.*：表示主文件名为"课程表"，而扩展名为任意字符的所有文件。

3.3.2　树型目录

在 Windows 7 中，为了快速、准确地管理文件(文件夹)，一般采用了树型目录管理结构，即 Windows 把每个磁盘称为总目录、根目录或盘符，如 C: 盘根目录等，然后根据需要可以在根目录下建立不同的多个目录(也称为子目录)或文件，子目录下还可有再下一级子目录或文件，整个磁盘的结构就好比一棵倒立的树，如图 3-35 及图 3-36 所示。

图 3-35　C 盘的树型目录结构

图 3-36　D 盘的树型目录结构

　　同时 Windows 操作系统还规定：在同一磁盘上的同一子目录中(即磁盘上的同一位置)不允许出现主文件名和扩展名都完全相同的两个文件。例如：在 Windows 的桌面上已经有了一个"课表.docx"文件，那么我们就不能再建立另一个"课表.docx"文件，否则系统将会显示出错信息。当然也不能将另外一个"课表.docx"文件复制到桌面，否则当前的文件内容将会被新的文件所替代，如图 3-37 所示。

图 3-37　文件重名提示

3.3.3　文件的类型及图标

　　计算机系统里的文件类型通常是多种多样的，Windows 7 对扩展名和图标作了一个约定：除应用程序和未知类型文件之外，只要文件的扩展名相同，则它们的文件类型就相同，并且在 Windows 窗口显示中的图标就相同，反之亦然。常用的文件类型及图标如图 3-38 所示。

　　(1) *.exe：可执行文件，即应用程序，这种文件是用程序设计语言编程产生。

　　(2) *.bmp：Windows 位图文件，可用附件中的画图程序打开和编辑。

　　(3) *.docx：Word 文档文件，可用 Word 文字处理程序打开和编辑。

　　(4) *.xlsx：电子表格文档，可用 Excel 电子表格处理程序打开和编辑。

(5) *.pptx：电子演示文稿文件，可用 PowerPoint 程序打开和编辑。

(6) *.avi：视频文件，可用 Windows 媒体播放机程序打开。

(7) *.txt：纯文本文件，即不带控制符的文本文件，可用 Windows 记事本程序打开。

(8) *.jpg：一种采用 JPEG 压缩算法压缩后的图形文件，可用 Windows 画图程序打开。

(9) *.sys：系统文件，为计算机系统专用，用户一般不能直接使用。

图 3-38　文件的扩展名、类型及图标

另外，在一般情况下，Windows 操作系统是不显示上述已知文件的扩展名的，如果想显示，可在窗口中执行"工具"菜单下的"文件夹选项"—"查看"—"隐藏已知文件的扩展名"命令选项来设定。

3.3.4　文件的属性

在 Windows 操作系统里中，每一个文件都有区别于其他文件的属性，就好比现实生活的每个人都有自己的姓名、性别、民族、身高及体重等属性一样。用鼠标右击文件图标，从弹出的快捷菜单中选取"属性"选项，则可以打开文件的属性对话框界面，如图 3-39 所示。

图 3-39　文件的常规属性

(1) 文件类型：说明该文件是何种类型的文件。

(2) 打开方式：说明该文件采用何种应用程序打开或编辑。

(3) 位置：该文件存储在磁盘上的位置。

(4) 大小：表明该文件由多少个二进制组成。

(5) 占用空间：该文件存储在磁盘上所占用的空间，由磁盘的文件系统特性决定，一般略大于文件大小。

(6) 时间：表明该文件创建、最后一次修改或最后一次访问的时间。

(7) 只读：表明该文件只能被读出而不能被修改或删除。

(8) 隐藏：表明该文件不能正常显示在 Windows 的窗口里。一个文件是否隐藏，除了文件本身是否具有隐藏属性外，还与文件夹选项设置有关，可通过窗口中的"工具"菜单—"文件夹选项"—"查看"—"隐藏文件的文件夹"来设定。

(9) 高级：可以设置该文件或文件夹是否需要存档、压缩和加密，有些程序用此选项来确定哪些文件需做备份。

文件的以上属性均可根据用户的需要进行修改，如：文件类型可通过更改文件的扩展名实现(一般不提倡，可能会导致文件不可用)；打开方式可单击其后的"更改"按钮来选择与之关联的其他应用程序；位置可通过文件的复制或移动来实现；大小和时间可通过编辑使内容增加或减少来实现；只读、隐藏可通过"属性"复选选项来更改。

3.3.5　文件的排列及查看

对于 Windows 窗口里的多个文件，我们可以根据需要来设定其图标的显示方式和排列方式。例如：如果窗口中包含图形或电子演示文稿文件时，我们可以将查看方式设置为"缩略图"，这样就可以不用打开文件而观察到其大致内容；如果想详细了解每个文件的大小、类型、时间等属性，可以将文件图标的查看方式设置为"详细信息"；如果想按照创建时间的先后来排列文件，可以将排列方式设置为"时间"等。在窗口中空白位置单击鼠标右键，在弹出菜单中可选择不同的查看方式和排列方式，如图 3-40 及图 3-41 所示。

图 3-40　文件的查看方式　　　　　　　图 3-41　文件的排列方式

3.3.6　文件及文件夹的选定

在对文件或文件夹进行进一步管理之前应当选定操作对象，在 Windows 中选定对象通常分为如表 3-1 所示的几种情况。

表 3-1　在 Windows 中选定对象的操作步骤

选择对象	操作步骤
选择单个对象	将鼠标指针指向欲选择的对象，单击左键
选择连续多个对象	单击第一个对象，按住 Shift 键不放，再单击最后一个对象
选择多个不连续对象	先按住 Ctrl 键，再用鼠标分别单击欲选对象
选择全部对象	按 Ctrl + A 组合键
选择特定字符开头的对象	打开对象所在窗口，直接按下开头的字符键
取消选择	在选定对象之外单击

3.3.7　文件及文件夹的创建

一、文件的创建

通过前面的学习我们已经知道，计算机中的文件可分为系统程序文件和数据文档两大类，由于程序文件的建立需要用到计算机程序设计语言，已经超过本课程学习的范围，因此这里我们只讨论数据文件创建的情况。在 Windows 里，数据文件的创建通常有两种方法：

(1) 先打开能创建数据文件的应用程序(如 Word、Excel、画图、录音机、记事本等)，在默认情况下应用程序会自动创建一个空文档，然后根据需要对空文档进行相应的编辑，再在其"文件"菜单中选取"保存"或"另存为"命令，在打开的对话框中依次输入新文档的文件名、类型及保存位置，单击"保存"按钮即可创建一个文档，如图 3-42 及图 3-43 所示。

图 3-42　打开记事本的"另存为"命令　　　　图 3-43　记事本中的"另存为"对话框

(2) 对于常见的文档文件，在计算机中安装了相应的应用程序后，Windows 都会在文件夹的窗口快捷菜单中增加"新建"项，此时就可直接打开要创建新文档文件的文件夹，在其窗口空白处单击鼠标右键，在弹出菜单的"新建"命令选取一个项目，然后输入文件名即可(注意，在系统设置为"显示已知文件的扩展名后"，必须输入文档的扩展名，否则系统会提示"更改文件扩展名将导致文件不可用"提示)，如图 3-44 及图 3-45 所示。

图 3-44　通过快捷菜单创建文件

图 3-45　输入新文档的文件名

二、文件夹的建立

先打开要建立子文件夹的磁盘或子目录，在磁盘或子目录窗口空白处单击鼠标右键，在弹出菜单的"新建"项选取"文件夹"命令，最后输入新文件夹的名称并按下回车键即可。

3.3.8　文件及文件夹的复制与移动

文件及文件夹的复制就是将其复制一个副本保存到其他位置，通常用于数据的备份操作，而移动则是将文件或文件夹从原位置删除后放到新的位置，通常用于数据的转移，二者除使用的命令不同之外(复制使用"复制"命令而移动使用"剪切"命令)其他操作步骤相同，具体操作步骤如下：

(1) 打开源文件或文件夹所在的目录窗口。

(2) 选定准备复制或移动的对象。

(3) 在选定的对象上单击鼠标右键，从快捷菜单中选取"复制"或"剪切"命令，或者按下键盘上的 Ctrl + C 或 Ctrl + X 快捷键，这时，系统自动将对象放入系统剪贴板。

(4) 打开目标文件夹窗口。

(5) 在目标文件夹窗口空白处单击鼠标右键，从快捷菜单中选取"粘贴"命令或按下键盘上的 Ctrl + V 快捷键，将源对象从剪贴板粘贴到当前位置。

或者：

(1) 在桌面上同时打开源文件或文件夹所在的目录窗口及目标文件夹窗口。

(2) 调整两个窗口的大小并将其处于平铺状态。

(3) 在源文件或文件夹窗口中选定要复制/移动的对象，并将其拖动到目标窗口。

注：如源窗口和目标窗口位于同一磁盘，直接拖动完成移动操作，如要实现复制则要先按下键盘上的 Ctrl 键再拖动。

3.3.9　文件及文件夹的删除与恢复

一、文件及文件夹的删除

当文件或文件夹不再需要时，用户可将其删除掉，以便节约磁盘空间，同时有利于操作系统对文件或文件夹进行管理，具体操作步骤如下：

(1) 打开源文件或文件夹所在的目录窗口。

(2) 选定准备删除的对象。

(3) 在选定的对象上单击鼠标右键，从快捷菜单中选取"删除"命令，或者按下键盘上的 Del(Delete)键。

(4) 在弹出"确认文件|文件夹删除"对话框中单击"是"按钮。

或者：

(1) 打开源文件或文件夹所在的目录窗口。

(2) 选定准备删除的对象。

(3) 将对象直接拖动到桌面上的"回收站"图标上。

(4) 在弹出"确认文件|文件夹删除"对话框中单击"是"按钮。

注意：从网络位置删除的项目、从可移动媒体(如 U 盘等)删除的项目或超过"回收站"存储容量的项目将不被放到"回收站"中，而被彻底删除，不能还原。

二、删除或还原"回收站"中的文件或文件夹

"回收站"为用户提供了一个安全的删除文件或文件夹的解决方案，用户从硬盘中删除文件或文件夹时，Windows 7 会将其自动放入"回收站"中，直到用户将其清空或还原到原位置。当回收站充满后，Windows 自动清除"回收站"中的空间以存放最近删除的文件和文件夹。删除或还原"回收站"中文件或文件夹的操作步骤如下：

(1) 双击桌面上的"回收站" 图标，打开"回收站"。

(2) 在"回收站"选定要清除或还原的对象，右击选定的对象，从快捷菜单选取"删除"或"还原"命令。

(3) 若要删除"回收站"中所有对象，可单击"回收站任务"窗格中的"清空回收站"命令；若要还原所有对象，则可单击"回收站任务"窗格中的"恢复所有项目"命令。

注意：删除"回收站"中的文件或文件夹，意味着将该文件或文件夹彻底删除，无法再还原；若还原已删除文件夹中的文件，则该文件夹将在原来的位置重建，然后在此文件夹中还原文件。若想直接删除文件或文件夹，而不将其放入"回收站"中，可在拖到"回收站"时按住 Shift 键，或选中该文件或文件夹，按 Shift + Delete 键删除。

3.3.10　文件及文件夹的更名

重命名文件或文件夹就是给文件或文件夹重新定义一个新的名称，使其可以更符合用户的要求。重命名文件或文件夹的具体操作步骤如下：

(1) 打开要重命名的文件或文件夹所在的目录窗口，选择要重命名的一个对象。

(2) 在对象上单击右键，在弹出的快捷菜单中选择"重命名"命令，或直接用鼠标单击其名字区域，这时文件或文件夹的名称将处于编辑状态(蓝色反白显示)，用户可直接键入新的名称进行重命名操作。

注意：若文件处于打开或其他应用程序占用状态，则不能执行重命名操作。并且在系统设置为"显示已知文件的扩展名"后，只能更改文件的主文件名，而不能更改其扩展名，

否则系统会提示"更改文件扩展名将导致文件不可用"信息。

3.3.11　文件及文件夹的查找

有时候用户需要操作某个文件或文件夹，但却忘记了该文件或文件夹存放的具体的位置或具体名称，这时候 Windows 7 提供的搜索文件或文件夹功能就可以帮用户查找该文件或文件夹。相对于 Windows XP 建立在计算机性能上的搜索，Windows 7 有了很大的改进，不仅在"开始"菜单可以进行快速的搜索，而且对于硬盘文件搜索推出了索引功能。

一、"开始"菜单搜索功能

当用户需要进行内容查找时，可以在桌面上单击"开始"按钮，在打开的"开始"菜单中的搜索文本框中输入需要搜索的内容进行简单的自动搜索。例如：输入"windows"，搜索结果会立即显示在搜索框上方的开始菜单中，并且会按照项目种类进行分门别类，如图 3-46 所示。

图 3-46　通过"开始"菜单搜索对象

搜索的结果会随着输入的关键字的变化而变化，当搜索结果充满了"开始"菜单空间时，还可以单击"查看更多结果"，就可以在资源管理器中看到更多的搜索结果，以及搜索到的对象的数量，如图 3-47 所示。

图 3-47　在 Windows 7 资源管理器中显示搜索结果

Windows 7 还设计了在首次搜索出的内容中进行再次搜索的功能。当进行首次搜索后，搜索出的结果太多时，就可以进行再次搜索，可以选择系统提示的搜索范围，如库、计算机、网络、文件内容等，也可以单击自定义搜索范围，如图 3-48 所示。

图 3-48　自定义搜索位置

二、使用索引功能快速搜索

相对于传统搜索方式，Windows 7 中通过索引的方式进行搜索，只对被加入到索引选项中的文件进行搜索，大大缩小了搜索的范围，并且加快了搜索的速度。

首先需要在"文件夹选项"对话框中的"搜索"选项卡进行相应的设置，如图 3-49 所示。

图 3-49　"搜索"选项卡

在 Windows 7 资源管理器窗口中搜索对象时，系统会提示用户"添加到索引"，单击"添加到索引"后，会提示用户确认对此位置进行索引，如图 3-50 和图 3-51 所示。

图 3-50　添加到索引　　　　　　　　　　　　图 3-51　确认添加索引

　　一般情况，用户不需要手动添加索引，Windows 7 系统会根据用户使用计算机的习惯自动为用户使用频繁的文件和文件夹建立索引。用户也可以单击"修改索引位置"，打开"索引选项"对话框，手动将一些文件夹添加到索引选项中，如图 3-52 所示。

图 3-52　修改索引位置

　　在搜索内容时，还可以进一步缩小搜索范围，针对搜索内容添加搜索筛选器，如选择种类、修改日期、类型、大小、名称、文件夹路径等，并可以进行多个组合，提升搜索的效率和速度，如图 3-53 所示。

图 3-53　修改搜索日期

3.4　Windows 7 对磁盘的管理

磁盘是计算机中各种外部存储器的简称，计算机里的各种文件包括 Windows 本身都是保存在磁盘上。通过第 2 章的学习我们知道，计算机中的磁盘可分为光盘、软盘、硬盘和可移动磁盘四类，但由于光盘一般是只读的，软盘已经淘汰，而可移动磁盘一般是由半导体集成电路做成，其管理与硬盘类似，因此在这里，我们仅以硬盘为例来说明 Windows 对磁盘的管理。

盘符是计算机硬件系统中一个外部物理存储设备在软件系统里的标识和反映，用户对磁盘的操作往往是通过盘符来实现的。根据外存类型的不同，盘符又可分为硬盘盘符、软盘盘符、光盘符及可移动磁盘盘符等，它们分别用一个英文字母加 “:” 来表示。例如：A:、B:表示软磁盘(注：因软磁盘已基本淘汰，现一般计算机中都不显示 A: 或 B: 盘符)；C:～Z:表示硬盘、光盘及可移动磁盘等。

一般情况下，硬盘盘符从 C: 开始定义，如硬盘分成 3 个区，则计算机中硬盘的盘符分别为：C:、D:、E:，光盘的盘符紧跟在最后一个硬盘盘符的后面，其他可移动磁盘的盘符又跟在光盘盘符的后面，当然，盘符的名称也可以根据需要在 Windows 的磁盘管理器中更改，具体操作将在后面介绍。

双击桌面上的 “计算机” 图标，即可以查看计算机中的盘符，如图 3-54 所示。

图 3-54　磁盘图标

3.4.1　磁盘的分区及格式化

一、硬盘的分区管理

所谓分区(卷)就是将一块物理硬盘分为若干个逻辑区域(逻辑盘)。随着计算机硬件技术的不断发展，硬盘的容量也不断扩大，由最初的几十兆字节发展到现在的几千吉字节，这么大的存储空间如果不分区，不仅远远超过了操作系统的管理范围，而且给文件的管理和安全带来极大的不便，因此，在使用新硬盘之前，首先需要对硬盘进行分区，如图 3-55 所示，这就是为什么虽然计算机只安装一块硬盘但却有若干个硬盘盘符的原因。

物理硬盘　　　　　　分区后的硬盘

图 3-55　硬盘的分区

　　硬盘的分区操作一般在安装操作系统和软件之前完成，我们可以使用 Windows 的安装光盘或其他专用工具软件(如：PQ、PM 等)来完成。当然，在 Windows 系统里，我们也可以通过"磁盘管理"工具来实现分区(除主分区外)的管理及盘符的调整等操作，具体步骤如下：

　　(1) 右击"计算机"，从快捷菜单中选取"管理"命令，在"计算机管理"窗口中单击"磁盘管理"，打开如图 3-56 所示的窗口。从图 3-56 可知，在计算机中总共安装了两块物理硬盘，其中硬盘 0 的大小为 60 GB，分为一个逻辑盘，盘符为 C:；硬盘 1 的大小为 20 GB，分为两个区，盘符为 D: 和 E:。

图 3-56　Windows 的磁盘管理

　　在 Windows 中，要更改某个磁盘的分区，一般情况下，应当先删除原有的所有逻辑盘，然后再根据需要创建新的逻辑盘(除安装操作系统的硬盘外)。例如：要将磁盘 1 上原有的两个分区重新调整为三个分区(容量分别为 10 GB、5 GB、5 GB)，在 Windows 7 中可以使用压缩卷和扩展卷的功能来改变现有分区的大小。

　　(2) 分别在"(D:)"及"(E:)"上单击右键，选取"删除卷"的命令。当该硬盘上的所有逻辑盘都删除后，操作系统会自动将这些被删除的驱动器可用空间合并到一起，并且整个硬盘将变成"未分配"状态，如图 3-57 所示。

　　注意：删除硬盘分区后，硬盘上原有的数据将全部删除，因此在进行分区的调整、删除之前，应将涉及到的所有分区中的数据备份到安全的地方(如其他硬盘、刻录到光盘等)。

图 3-57　删除磁盘分区后的效果

(3) 右击未指派区域，选择"新建简单卷"，打开"新建简单卷向导"对话框，单击"下一步"按钮进入"指定卷大小"对话框中，根据的需要输入分区的大小。在本例中，可输入 20000 MB，单击"下一步"按钮，进入"分配驱动器号和路径"窗口，如图 3-58 所示。

图 3-58　"分配驱动器号和路径"窗口

(4) 选中"分配以下驱动器号"的单选框后，再从其下拉列表中为该分区指派一个驱动器号，然后单击"下一步"按钮，打开如图 3-59 所示的"格式化分区"窗口。

图 3-59　"格式化分区"窗口

(5) 在"按下列设置格式化这个卷"栏中指定一种"文件系统"格式，一般选择 FAT32

或 NTFS，"分配单位大小"可采用"默认值"；用户可以自己随意定义"卷标"。当然，为了加快分区的格式化速度，还应该选中"执行快速格式化"选项前的复选框。

(6) 单击"下一步"按钮，系统会显示"正在完成新建简单卷向导"对话框，告诉用户"您已经成功完成新建简单卷向导"，我们可以在这里查看相关的设置信息。

(7) 单击"完成"按钮关闭向导，系统会对刚刚创建的卷进行格式化。使用同样的方法，根据需要将剩余的空间再划分成几个不同的分区。

另外，如果用户觉得自己的各个分区所对应的驱动器(即盘符)不太合理，也可以在 Windows 7 下手动进行修改或调换：在"计算机管理"窗口中用鼠标右键单击要修改驱动器号的逻辑驱动器，选择"更改驱动器号和路径"选项，进入"更改驱动器号和路径"对话框。单击"更改"按钮，进入"更改驱动器号和路径"对话框，在"分配以下驱动器号"下拉列表中选择一个驱动器号即可。当然，我们不能选择已经被系统占用了的驱动器符号。选好一个驱动器号后单击"确定"按钮，进入"确认"对话框，确认关闭了该分区中所有运行的程序后单击"是"按钮，就可以改变驱动器符号了。

二、硬盘的格式化

对于刚分区出来的逻辑盘是不能直接用来存放数据的，必需对其进行格式化操作；另外，当硬盘出现逻辑错误、碎片过多、感染病毒等情况或想快速彻底清除磁盘上的数据时，也需要对硬盘进行格式化。简单地说，格式化就是把一张刚分区后空白的磁盘划分成一个个小的区域(一般称为"扇区"或"簇"，它是操作系统存放数据的基本单元，其大小由磁盘的总空间及文件系统类型决定，如：在 NTFS 系统中一般为 4 KB 等)，并根据操作系统的规定给每个扇区添加一个地址编号，然后操作系统才能根据这个地址在相应的存储区域上读/写数据。

在 Windows 里，硬盘的格式化分为"完全格式化"和"快速格式化"两类。完全格式化是指删除硬盘上的文件分配表，并重建扇区、扇区地址、文件分配表及检查并标记物理坏道，需要较长的时间；而快速格式化仅重建硬盘的文件分配表，速度较快。

硬盘的格式化工作可以在硬盘分区时完成，也可直接在 Windows 的"计算机"窗口中来进行。例如：

(1) 打开"计算机"窗口，在要格式化的盘符上右击，从快捷菜单中选取"格式化"命令，打开"格式化 新加卷"对话框，如图 3-60 所示。

(2) 在对话框中根据用户需要设定各种参数：

① 容量：指定该分区能容纳多少数据，一般在分区时决定。

② 文件系统：即数据在硬盘上存储和读写的格式及参数。

图 3-60　"格式化 新加卷"对话框

Windows 7 支持以下三种文件系统：

■　FAT16：是一种较老的文件系统格式，它采用 16 位的文件分配表，能支持的最大分区为 2 GB，是目前应用得最早和获得操作系统支持最多的一种磁盘分区格式，几乎所有的操作系统都支持这一种格式。但其缺点是硬盘的利用效率低(在操作系统中，文件存储空间的分配是以簇或扇区为单位的，一个簇只分配给一个文件使用，不管这个文件占用整个簇容量的多少。例如 FAT16 每簇的大小为 32 KB，即使一个文件只有 1 B，存储时也要占 32 KB 的硬盘空间，剩余的空间便全部闲置，这样就导致了磁盘空间的极大浪费)。

　　■　FAT32：这种格式是 Windows 98 系统中广泛采用的文件系统，它采用 32 位的文件分配表，突破了 FAT16 对每一个分区的容量只有 2 GB 的限制，用户可以将一个不超过 32 GB 的硬盘定义成一个分区，并且可以极大地减少硬盘空间的浪费，提高了硬盘利用效率。但 FAT32 由于文件分配表的扩大，运行速度比采用 FAT16 格式分区的硬盘要慢，单个文件不能超过 4 GB，并且 DOS 系统和某些早期的应用软件不支持这种分区格式。

　　■　NTFS：它是基于 Windows NT 核心的一种新型文件系统格式，每个簇容量减少为 4 KB，并引入了"磁盘配额"、"磁盘压缩"、"文件加密"及"活动目录"等新特性，使得其具有出色的安全性和稳定性，在使用中不易产生文件碎片，对硬盘的空间利用及软件的运行速度都有好处。并且它能对用户的操作进行记录，通过对用户权限进行非常严格的限制，充分保证了网络系统与数据的安全。但 NTFS 只能在 Windows NT、Windows 2000 及 Windows XP 之后的操作系统中使用。

　　③　分配单元大小：指定磁盘分配单元的大小或簇的大小。如果是常规使用，极力推荐使用默认设置。

　　④　还原设备的默认值：将容量、文件系统、分配单元大小的参数恢复成默认值。

　　⑤　卷标：磁盘的名称，可便于识别该卷。NTFS 格式的卷标至多可包含 32 个字符。

　　⑥　快速格式化：指定是否通过删除磁盘中的文件但不扫描坏扇区来执行快速格式化。只有在该磁盘已被完全格式化后，并且确保其未被破坏的情况下才能使用该选项。

　　⑦　创建一个 MS-DOS 启动盘：创建一张用于启动 MS-DOS 系统的启动盘。

　　(3)　设置完以上参数后单击"开始"按钮，即可进行磁盘的格式化操作，并且在对话框的下部有一个进度条，指示格式化完成的百分比。

　　注意：

　　(1)　在对硬盘进行分区调整和格式化操作时，将会删除分区上原有的全部数据。

　　(2)　在对硬盘进行分区调整和格式化操作前，应先把在该分区上打开的文件及运行的程序关闭，并且中途也不能打开文件及运行程序。

　　(3)　在对硬盘进行分区调整和格式化操作的过程中，不能重启计算机，更不能强行关闭计算机电源，否则将可能导致硬盘的损坏。

3.4.2　磁盘的扫描及查错

　　硬盘是计算机中使用最频繁也是最精密的设备之一，在使用一段时间后，可能会由于各种各样的原因产生一些错误。硬盘的错误一般可分为两种：一种是由于硬盘本身质量问题或硬盘在工作时机箱发生剧烈振动，及用户在硬盘正在读写数据时非法关闭计算机电源导致整个硬盘损坏或硬盘上的某个(些)区域永久失去存储数据的能力的物理错误；另一种是由于用户非法操作导致文件读写失败或病毒把某个存储区域包裹起来导致这个区域暂时失去存储数据能力的逻辑错误。在计算机中，硬盘的物理错误一般是不可修复的，而逻辑错误可以通过 Windows 的硬盘管理工具来检查并修正。

　　如果硬盘出现了错误，可能会导致系统运行速度变慢，严重的会导致文件读写失败，甚至系统不能启动。我们应当定期对硬盘进行扫描，及时发现并修正硬盘错误，具体操作步骤如下：

(1) 双击"计算机"图标，打开"计算机"窗口。

(2) 在"计算机"窗口中右击要查错的硬盘图标，从快捷菜单中选取"属性"命令，并在"本地磁盘(D:) 属性"对话框中选取"工具"选项卡，如图 3-61 所示。

图 3-61 "工具"选项卡

(3) 在"工具"选项卡的"查错"选项中单击"开始检查"命令按钮，打开如图 3-62 所示的"检查磁盘 本地磁盘(D:)"对话框，这里可以设置磁盘检查选项。

图 3-62 磁盘检查选项的设置

(4) 在对话框中勾选相应的参数，其中：

■ 自动修复文件系统错误：指定在磁盘检查过程中是否修复发现的文件系统错误。如果未选中这项，则仅扫描错误并显示报告，由用户来决定是否修正。如果驱动器当前正在使用，则系统会显示一条消息，询问是否在下次重新启动计算机时重新计划磁盘检查。

■ 扫描并尝试恢复坏扇区：对硬盘中的每一个扇区进行读写测试，检查是否存在物理错误，并试图恢复可读的信息以及定位坏的扇区(注意，如果不是很必要，请不要选中此项，否则将会消耗很长时间)。同样，如果驱动器当前正在使用，则系统会显示一条消息，询问是否在下次重新启动计算机时重新计划磁盘检查。

(5) 设置完成后，单击"开始"进行硬盘查错，并且在对话框的下部有一个进度条，指示查错完成的阶段及百分比。

3.4.3　磁盘的碎片整理

当硬盘使用一段时间后，由于系统频繁地进行文件的复制、移动、删除和保存等操作，磁盘文件的存储空间变得越来越零碎，就会出现一个文件被分成多个部分分别存放在不同的磁盘空间中，这样在访问该文件时系统就需要到不同的磁盘空间中去寻找该文件的不同部分，从而影响了运行的速度，特别是当碎片达到一定数量后，会导致计算机把文件的某个部分放错地方，造成文件无法读取，进而导致应用程序和操作系统无法启动。

使用磁盘碎片整理程序可以重新安排文件在磁盘中的存储位置，将文件的存储位置整理到一起，同时合并可用空间。因此我们也应当定期对硬盘进行磁盘碎片整理，可以减少或消除碎片，提高计算机运行速度，具体步骤如下：

(1) 在"本地磁盘(D:) 属性"对话框(如图 3-61 所示)的"工具"选项卡中单击"立即进行碎片整理"按钮，打开如图 3-63 所示的"磁盘碎片整理程序"对话框。

图 3-63　　"磁盘碎片整理程序"对话框

(2) 在"磁盘碎片整理程序"对话框中选择相应的磁盘分区，然后单击"磁盘碎片整理"按钮即可。

(3) 在 Windows 7 中还提供了自动进行磁盘碎片整理，单击图 3-63 所示对话框中的"配置计划"按钮，打开"磁盘碎片整理程序：修改计划"对话框，如图 3-64 所示，然后设置相应的参数后单击"确定"按钮即可。

注意：

(1) 在对硬盘进行查错及碎片整理前，请将在该硬盘上打开的文件及运行的程序关闭，并且中途也不能打开文件及运行程序。

(2) 在对硬盘进行查错及碎片整理需要一定时间，其间不能重启计算机，更不能强行关闭计算机电源，否则将可能导致硬盘的损坏。

图 3-64　磁盘碎片整理程序修改计划的配置

3.4.4　磁盘的清理

计算机在运行各种程序特别是网络浏览器(IE)的过程中，会产生大量的临时文件和垃圾文件，这些文件一般数量众多、体积庞大，并且在计算机中没有任何用途，不仅占用了大量的硬盘空间，而且还增加了操作系统的管理负担。使用磁盘清理程序可以帮助用户释放硬盘驱动器空间，删除临时文件、Internet 缓存文件和可以安全删除不需要的文件，以提高系统性能。

(1) 双击"计算机"图标，在打开的"计算机"窗口右击要清理的硬盘图标，从快捷菜单中选取"属性"命令，打开"本地磁盘(C:)属性"对话框，如图 3-65 所示。

图 3-65　"本地磁盘(C:)属性"对话框

图 3-66　"磁盘清理"窗口

(2) 在对话框中单击"磁盘清理"按钮，打开如图 3-66 所示的对话框。在该对话框中的"要删除的文件"列表框中列出了可删除的文件类型及其所占用的磁盘空间大小，选中某文件类型前的复选框，在进行清理时即可将其删除；在"占用磁盘空间总数"中显示了若删除所有选中的文件类型后，可得到的磁盘空间总数；在"描述"框中显示了当前选择的文件类型的描述信息，单击"查看文件"按钮，可查看该文件类型中包含文件的具体信息。

(3) 在"磁盘清理"窗口中勾选相应的项目，单击"确定"按钮，或单击"其他选项"选项卡，打开如图 3-67 所示的窗口来删除用户的应用程序及系统备份文件等，以释放更多的磁盘空间。

图 3-67 "其他选项"窗口

3.4.5 磁盘的属性

与文件及文件夹一样，计算机中的磁盘也有自己的属性，查看磁盘属性的具体步骤如下：

(1) 双击"计算机"图标，打开"计算机"窗口。

(2) 在"计算机"窗口中右击要查看属性的磁盘图标，从快捷菜单中选取"属性"命令，打开如图 3-68 所示的对话框。由图 3-68 可知，硬盘主要有以下属性：

① 磁盘卷标：盘符名称，在默认情况下为"新加卷"，用户可以在文本框中修改。

② 类型：显示所选磁盘的类型，具体有：

■ 本地磁盘：指直接安装在本机上的硬盘。

■ 网络映射盘：用户所连接的其他计算机上的共享文件夹或磁盘。

■ 软盘驱动器：可以插入软盘的驱动器。

■ CD-ROM 驱动器：指光驱。

■ 可拆卸驱动器：指可移动磁盘。

③ 文件系统：指明该盘上的文件组织方式是否为 FAT、FAT32、NTFS 或其他格式，该属性可以在对磁盘格式化时指定。

④ 已用空间：该分区上已经使用了的空间容量。

⑤ 可用空间：该分区上未使用的空间容量。

⑥ 容量：该分区上总的空间容量。

图 3-68　Windows 磁盘的常规属性

3.4.6　文件加密系统和 BitLocker 驱动器加密

加密是 Windows 所提供的保护信息安全的最强措施。

加密文件系统(EFS)是 Windows 的一项功能，用于将个人文件和文件夹信息以逐个加密格式存储在硬盘上，它不对某个驱动器的整个内容进行加密，并且不需要管理员身份运行和任何特殊硬件支持。EFS 将根据与其关联的用户帐户来加密文件，如果计算机具有多个用户或组，则每个用户或组都可以单独加密各自的文件。

EFS 的一些重要功能：

(1) 加密方法十分简单，只需选中文件或文件夹属性中的复选框即可启用加密，如图 3-69 所示。

图 3-69　文件夹加密

(2) 用户可以控制哪些人能够读取这些文件。

(3) 在关闭文件时文件即被加密，但是当打开这些文件时，文件将会自动处于备用状态。

(4) 如果不再希望对某个文件实施加密，清除该文件的属性中的复选框即可。

相对于 EFS 来说，BitLocker 驱动器加密主要用于对操作系统驱动器、固定数据驱动器和可移动数据驱动器上的所有个人文件和系统文件进行加密。BitLocker 使用的时候需要管理员权限和使用受信任的平台模块(TPM，该模块是许多计算机中一种支持高级安全功能的特殊微芯片)支持。BitLocker 不依赖于与文件相关联的各个用户帐户，适用于所有用户或组。如果使用了 BitLocker 加密，即使用户的计算机被盗或者未经授权的用户试图访问计算机，都无法查看计算机中加密的内容。

一、BitLocker 加密的步骤

(1) 双击桌面的上"计算机"图标，打开计算机资源管理器窗口。

(2) 右键单击需要加密的磁盘，在弹出的快捷菜单中选择"启用 BitLocker"，如图 3-70 所示。

图 3-70　启动 BitLocker

(3) 打开 BitLocker 驱动器加密对话框，如图 3-71 所示。

图 3-71　BitLocker 加密方式

(4) 一般情况选择使用密码解锁驱动器，在输入密码的时候要注意密码应该包含大小写字母、数字、空格以及符号，且密码不能少于 8 位。如果使用智能卡解锁驱动器，则需要插入一张含有计算机芯片的小型塑料卡，在智能卡中将会存储 BitLocker 证书。这里我们选择使用密码解锁驱动器，输入密码后单击"下一步"，弹出存储恢复密钥的对话框，如图 3-72 所示。

图 3-72　恢复密钥保存位置

(5) 这里我们选择将恢复密钥保存到文件，单击"将恢复密钥保存到文件"后，弹出保存文件对话框，按照提示保存密钥文件。为了安全起见，请将密钥恢复文件保存到其他计算机中。文件保存完成后单击"下一步"，打开"是否准备加密该驱动器？"界面，如图 3-73 所示。

图 3-73　加密驱动器

(6) 单击"启动加密"按钮，弹出正在加密进度对话框，如图 3-74 所示。

图 3-74 正在加密

(7) 完成后，弹出加密完成对话框，单击"关闭"按钮即可，如图 3-75 所示。加密的磁盘如图 3-76 所示。

图 3-75 完成加密磁盘 D 盘

图 3-76 加密磁盘 D 盘后的效果

二、使用 BitLocker 加密的磁盘

(1) 双击加密的磁盘，弹出输入密码对话框，如图 3-77 所示。

图 3-77 解锁磁盘 D 盘

(2) 输入 BitLocker 解锁密码，如果希望在同一台计算机上不需要重复输入密码，则选择"从现在开始在此计算机上自动解锁"的复选框，完成后单击"解锁"按钮，磁盘图标变成解锁状态，如图 3-78 所示。

图 3-78　已解锁磁盘

3.5　Windows 7 附件程序的使用

尽管 Windows 的主要功能是管理计算机的各种资源，但它仍然提供了很多简单、实用的工具和程序来帮助用户在要求不高的场合处理一些文字、图形、声音数据和日常事务，如系统工具、通信、辅助工具、计算器、写字板等，这些程序都放在"开始菜单"—"所有程序"—"附件"里。

3.5.1　写字板程序

Windows 中的写字板是一个用于文字处理的编辑器，可用它来创建信件、备忘录、报告、列表、新闻稿等文档，同时还可以将图片、电子表格信息、图表、声频和视频信息插入到文本中，并可提供各种格式和不同风格的打印输出功能。但是在文字详细的编辑和排版方面，写字板的功能远不如 WORD 丰富。有关文字处理的知识将在第 5 章详细介绍，所以写字板程序这里就从简讨论。

一、启动写字板

在桌面上单击"开始"按钮，在打开的"开始"菜单中依次选择"所有程序"—"附件"—"写字板"命令，就可以打开写字板程序的工作界面，如图 3-79 所示。

图 3-79　写字板程序窗口

二、在写字板中输入文字

在启动写字板后，系统就会建立一个空文档，我们先在任务栏的语言栏上选择一种汉字输入法，就可以在其编辑区中输入文字了。在输入的过程中，如果输入的文字超过一行，写字板会自动换行，当一个段落输入完成后，可使用回车键分段。

三、使用插入选项组

在创建文档的过程中，常常要进行时间的输入，使用"插入"选项组中的"日期和时间"命令可以方便地插入系统当前的时间而不用逐条输入。移动插入点到要插入的位置，然后执行"插入"选项组的"日期和时间"命令，在打开的对话框中选择一种合适的格式，如图 3-80 所示。

图 3-80　在写字板程序中插入日期和时间

也可以在写字板中插入图片或其他多种对象。执行"插入"选项组中的"插入对象"命令，即可打开"插入对象"对话框，如图 3-81 所示，用户可以根据需要从中选择一个项目。

图 3-81　在写字板程序中插入其他对象

四、编辑文档

编辑功能是写字板程序的灵魂，通过各种方法，比如复制、剪切、粘贴等操作，使文档内容能符合用户的需要，下面简单介绍几种常用的操作：

(1) 选择文字：按下鼠标左键不放，在所需要操作的文字上拖动，当文字呈反色显示时，表明已经选中对象。当需要选择全文时，可执行"编辑"选项组中的"全选"命令，或者使用 Ctrl + A 快捷键。

(2) 删除文字：当用户选定不再需要的文字后，可以在键盘上按下"Delete"键，也可以在"剪贴板"选项组中执行"剪切"命令即可。

(3) 移动文字：先选中要移动的文字，再用鼠标拖到所需要的位置即可。

(4) 复制文字：先选中要复制的文字，再按住 Ctrl 键用鼠标拖到所需要的位置即可。

(5) 查找和替换：有时需要在文档中寻找一些相关的字词，如果全靠手动查找，会浪费很多时间，利用写字板程序的"查找"功能就能快速、准确地找到所需内容，提高工作效率。执行"编辑"选项组中的"查找"命令，在弹出"查找"对话框中输入要查找的内容，单击"查找下一个"按钮即可，如图 3-82 所示。

图 3-82　在写字板程序中查找内容

执行"编辑"选项组中的"替换"命令，即可打开"替换"对话框，如图 3-83 所示。

图 3-83　在写字板程序中替换内容

在"查找内容"中输入要被替换掉的内容，在"替换为"输入要替换后的内容，输入完成后，单击"查找下一处"按钮，即可查找到相关内容，单击"替换"只替换一处的内容，单击"全部替换"则在全文中进行替换。

五、字体及段落格式

当输入完文档的内容后，就可以进行字体及段落格式的编辑了，比如文件用于正式的场合，要选择庄重的字体，反之，可以选择一些轻松活泼的字体。用户可以直接在"字体"

选项组中进行字体、字形、字号和字体颜色的设置。

(1) 在"字体"的下拉列表框中有多种中、英文字体可供选择，默认为"宋体"；在"字形"中可以选择常规、斜体等；在字体的大小中，字号用阿拉伯数字标识的，字号越大，字体就越大，而用汉语标识的，字号越大，字体反而越小。用户可以在"颜色"的下拉列表框中选择自己需要的字体颜色。

(2) 执行"段落"选项组中的"段落"命令，即可打开"段落"对话框，如图 3-84 所示。

图 3-84　写字板程序的段落设置

缩进是指用户输入段落的边缘离已设置好的页边距的距离，可以分为三种：

■ 左缩进：指输入的文本段落的左侧边缘离左页边距的距离。
■ 右缩进：指输入的文本段落的右侧边缘离右页边距的距离。
■ 首行缩进：指输入的文本段落的第一行左侧边缘离左缩进的距离。

行距是指设置文本行与行之间的距离。

在"段落"中，有三种对齐方式：左对齐、右对齐和居中对齐。当然，也可以直接在"段落"选项组单击左对齐、居中对齐或右对齐按钮来进行文本的对齐。

有时，用户会编写一些属于并列关系的内容，这时，如果要加上项目符号，可以使全文简洁明了，更加富有条理性。可以先选中所要操作的对象，然后执行"段落"选项卡的项目符号按钮来添加项目符号。

六、文件的保存和打印

在文档编辑完成后，就可以将文档打印出来，但在正式打印之前，一般要先进行页面设置。执行"写字板"功能选项卡下的"页面设置"命令，打开"页面设置"对话框，在其中用户可以选择纸张的大小、来源及使用方向，还可以进行页边距的调整，如图 3-85 所示。

图 3-85　写字板程序的页面设置

设置完成后，执行"写字板"功能选项卡下的"打印"命令，在打开的"打印"对话框中分别设置打印机、打印范围、打印份数，最后单击"打印"按钮，即可完成文件的打印。

另外，还可以将文档保存起来。执行"写字板"功能选项卡下的"保存"或"另存为"命令，打开"另存为"对话框，如图 3-86 所示，然后分别输入文件的文件名、保存类型及保存位置，单击"保存"按钮，即可完成文件的保存。

图 3-86　保存写字板文档

3.5.2　记事本程序

Windows 附件下的"记事本"程序是一个纯文本文件(即不包含字体、字号、颜色等字符控制信息的文本)的编辑器，适于编写一些篇幅短小的文件，如备忘录、便条、源程序、软件说明等，其功能虽比不上写字板及专业的文字处理软件(如 Word、WPS 等)，但是它运行速度快、占用空间小、通用性强，几乎所有的文字处理都可以打开和使用记事本文档。

记事本的启动、界面及具体操作与写字板的基本一样。在这里不再过多讲述，用户可参照上节关于写字板的介绍来使用。

3.5.3　画图程序

画图程序是一个简单的位图编辑器，可以对各种位图格式的图形文件(扩展名为.bmp)进行编辑。也可以利用其功能区提供的工具和命令来绘制自己的图形。在编辑完成后，还可以以 .bmp、.jpg、.gif 等格式存档，或发送到桌面及其他文档中。

一、画图程序的启动和界面的构成

执行"开始"菜单中的"所有程序"—"附件"—"画图"命令，就可以启动"画图"程序，并在桌面上显示"画图"的工作界面，如图 3-87 所示。

图 3-87　画图程序窗口组成

- 标题栏：在这里标明了用户正在使用的程序和正在编辑的文件。
- 快速工具栏：用于放置命令按钮，使用户快速启动经常使用的命令。
- "画图"按钮：包含新建、打开、保存、打印等对图像、图形文件进行操作的命令。
- 功能区：此区域提供了用户在操作时要用到的各种命令。
- 绘图区：处于整个界面的中间，为用户提供画布。
- 状态栏：它的内容随光标的移动而改变，标明了当前鼠标所处位置的信息，也可用于改变图片的显示比例(不是实际大小)。

二、映像属性

在使用画图程序之前，首先要根据自己的实际需要进行画布的选择，确定所要绘制的图画大小以及各种具体的格式。用户可以通过执行"画图"按钮中的"属性"命令来实现，如图 3-88 所示。

当设置好相关的参数后，就可以进行绘画的工作了。

图 3-88　画图程序的映像属性

三、功能区的使用

在功能区中，为用户提供了多种常用的工具，当每选择一种工具时，在下面的辅助选择框中会出现相应的信息，例如当选择"放大镜"工具时，会显示放大的比例，当选择"刷子"工具时，会出现刷子大小及显示方式的选项，用户可自行选择。功能区由剪贴板、图像、工具、形状和颜色五大部分组成。

(1) "剪贴板"功能区：包含"粘贴"、"剪切"和"复制"三个按钮，可将用户已放入剪贴板中的图形粘贴到当前图形中，或将当前在图形中选择的全部或部分区域剪切复制到剪贴板。当新建画图时，"剪切"和"复制"按钮默认为灰色。

(2) "图像"功能区：使用图像功能区中的命令可以对图像进行简单的编辑。

■　单击"选择"的下拉菜单按钮，在下拉菜单中即可以选择"矩形选择"和"自由图形选择"来选择图像内容，也可以使用"选择选项"中的"全选"、反向选择、删除和透明选择。

■　选择相应的图像内容后，可以单击"裁剪"按钮，此时画布中只保留被裁剪的内容。

■　单击"重新调整大小"，弹出"调整大小和扭曲"对话框，如图 3-89 所示。

图 3-89　"调整大小和扭曲"对话框

在对话框中，可以对图像的大小和倾斜的角度进行调整。

■　单击"旋转"按钮，弹出旋转的下拉菜单，在菜单中我们可以选择"向右选择 90 度"、"向左旋转 90 度"、"旋转 180 度"、"垂直翻转"和"水平翻转"来对图像的角度进行更改。

(3)　"工具"功能区：主要用来对图像的内容进行编辑。

■　铅笔工具：用于不规则线条的绘制，可通过改变颜色来改变线条的颜色。

■　填充工具：可将图像中与光标所在位置颜色相同的连续区域替换成填充工具的颜色，其用法是先在颜料盒中选择填充颜色，再在图像中单击。

■　文本工具 A：可采用文本工具在图画中加入文字，单击此按钮，在画布中单击后，将跳转出"文本选项卡"，在文字输入框内输完文字并且选择后，可以设置文字的字体、字号，给文字加粗、倾斜、加下划线，改变文字的显示方向等。

■　橡皮擦工具：用于擦除绘图中不需要的部分，可根据要擦除的对象范围大小来选择合适的橡皮擦。

■　颜色选取器工具：在图像的某个位置上单击，将该点的颜色作为颜料盒中的颜色。

■　放大镜工具：当用户需要对某一区域进行详细观察时，可以使用放大镜进行放大，选择此工具按钮，绘图区会出现一个矩形选区，选择所要观察的对象，单击即可放大，再次单击回到原来的状态，可以在状态栏中选择放大的比例。

■　刷子工具：单击刷子工具下拉菜单按钮弹出刷子下拉菜单，在菜单中刷子有"刷子"、"书法笔刷 1"、"书法笔刷 2"、"喷枪"、"颜料刷"、"蜡笔"、"记号笔"、"普通铅笔"和"水彩笔刷"等 9 种模式，使用此工具可绘制不规则的图形，可以根据需要选择不同的笔刷粗细及形状、颜色。

(4)　"形状"功能区：可以绘制各种各样的图形，这里主要介绍几种常用的图形。

■　直线工具：此工具用于直线线条的绘制，在拖动的过程中同时按 Shift 键，可起到约束的作用，这样可以画出水平线、垂直线或与水平线成 45°的线条。

■　曲线工具：此工具用于曲线线条的绘制，先选择好线条的颜色及宽度，然后单击曲线按钮，拖动鼠标至所需要的位置再松开，然后在线条上选择一点，移动鼠标则线条会随之变化，调整至合适的弧度即可。

■　矩形工具、椭圆工具、圆角矩形工具：这三种工具的应用基本相同，当单击工具按钮后，在绘图区直接拖动即可拉出相应的图形，在其辅助选择框中有三种选项，包括以颜色 1 为边框的图形、以颜色 1 为边框颜色 2 填充的图形、以颜色 1 填充没有边框的图形，在拉动鼠标的同时按 Shift 键，可以分别得到正方形、正圆、正圆角矩形工具。

■　多边形工具：利用此工具可以绘制多边形，选定颜色后，单击工具按钮，在绘图区拖动鼠标左键，当需要弯曲时松开，如此反复，到最后时双击鼠标，即可得到相应的多边形。

■　轮廓按钮：可以设置绘制图形的轮廓，也可以选择无轮廓线。

■　填充按钮：可以选择设置对象的填充颜色。

■　画笔粗细按钮：在选择画笔或者绘制图形时，先要单击此按钮，选择画笔的粗细，然后再进行绘制。

(5)"颜色"功能区：绘图时提供颜色选择，使得图像更加丰富多彩。

如果在颜料盒中提供的色彩不能满足用户的需要，可执行"编辑颜色"命令，弹出"编辑颜色"对话框，在"基本颜色"选项组中进行其他色彩的选择，也可以自定义颜色，然后单击"添加到自定义颜色"按钮，可将颜色添加到"自定义颜色"选项组中。

四、图像的保存和打印

在文档编辑完成后，用户可选择将文档保存和打印。

(1)在"画图"功能选项卡中选取"保存"或"另存为"命令，打开"另存为"对话框，然后分别输入文件的文件名、保存类型及保存位置，单击"保存"按钮，即可完成文件的保存。

(2)在"画图"功能选项卡中选取"打印"命令，打开"打印"对话框，然后分别设置打印机、打印范围、打印份数，最后单击"打印"按钮，即可完成文件的打印。

3.5.4　命令提示符

命令提示符是 Windows 系统提供的一个运行 MS-DOS 程序的窗口。MS-DOS 是微软公司在 20 世纪 70 年代为 IBM PC 及其兼容机开发的微机磁盘操作系统，广泛应用于早期的 X86 计算机中，曾经是世界上最为流行的微机操作系统之一。和 Windows 一样，它也属于系统软件，也具有操作系统的五大功能，只不过它们的界面形式和使用方法完全不同。随着 Windows 系统图形界面的不断发展，DOS 也逐渐退出历史舞台，但 DOS 仍以强大、快捷的功能，广泛应用在一些特殊场合，以弥补 Windows 的不足，因此，尽管 Windows 7 已完全脱离 DOS 内核，但仍然以"命令提示符"窗口的方式提供 DOS 功能，以完成 DOS 命令和程序的执行。

一、命令提示符窗口的打开、关闭和设置

1. 打开命令提示符窗口

依次打开"开始菜单"—"所有程序"—"附件"—"命令提示符"命令即可，或直接在"开始"菜单的搜索框中运行"CMD"命令，也可打开窗口，如图 3-90 所示。

图 3-90　命令提示符窗口

2．关闭命令提示符窗口

可在提示符后输入 exit 命令，再按 Enter 键，或者直接单击窗口右上角的关闭按钮。

3．设置命令提示符窗口

在窗口标题栏上任一处右击，然后在快捷菜单中选择"属性"选项。在"属性对话框"中有"字体"、"布局"和"颜色"选项卡，用户可以根据自己的需要对各个属性进行设置。

二、DOS 命令的组成

一条完整的 DOS 命令通常由命令及命令的参数两部分组成，二者之间用间隔符(常用空格)隔开。输入命令参数时必须严格遵循规定格式，否则会得到出错信息。DOS 命令输入完成后，可按下回车键执行。

三、常用 DOS 命令举例

(1) 盘符切换命令：用于在不同的磁盘间切换，相当于在 Windows 的"计算机"窗口中双击打开不同的磁盘。其用法是：在光标提示符后输入相应的盘符(如 C:、D: 等)并按下回车键。

(2) 显示/改变当前目录命令 CD：该命令用来显示当前目录(不带命令参数)或改变当前目录(带命令参数)。例如：

CD C:\Windows\System32：表示进入到 C:\Windows\System32 目录中，相当于依次在 Windows 中双击"计算机"—"C:"盘符—"Windows"文件夹图标—"System32"文件夹图标。

CD\：表示退到根目录，而 CD..表示退到父目录(上一级目录)，相当于在 Windows 的窗口中单击"后退"按钮。

(3) 显示文件、目录命令 DIR：用于显示目录中的文件(文件夹)列表。其用法是：先用 CD 命令进入某个子目录，再在光标提示符后输入 DIR 并按下回车键。

(4) 建立子目录命令 MD：用于在指定的驱动器和目录下建立新的目录。如 MDIBM，表示在当前目录下创建一个名为 IBM 的子目录。

3.5.5　计算器程序

计算器可以帮助用户完成纯数值的运算，它分为"标准型计算器"、"科学型计算器"、"程序员计算器"和"统计信息计算器"四种模式。"标准计算器"可以完成日常工作中简单的算术运算，"科学计算器"可以完成较为复杂的科学运算，比如函数运算等。运算的结果不能直接保存，而是将结果存储在内存中，以供粘贴到别的应用程序和其他文档中，它的使用方法与日常生活中所使用的计算器的方法一样，可以通过鼠标单击计算器上的按钮来取值，也可以通过从键盘上输入来操作。

一、标准计算器

单击"开始"按钮，在打开的"开始"菜单中依次执行"所有程序"—"附件"—"计算器"命令，可打开计算器窗口，系统默认为"标准计算器"，如图 3-91 所示。

图 3-91　标准计算器

　　计算器窗口包括标题栏、菜单栏、数字显示区和工作区几部分。工作区由数字按钮、运算符按钮、存储按钮和操作按钮组成，使用时可以先输入所要运算的第一个数，在数字显示区内会显示相应的数，然后选择运算符，再输入第二个数，最后选择"="按钮，即可得到运算后的数值。在键盘上输入时，也是按照同样的方法，到最后敲回车键即可得到运算结果。

　　当用户在进行数值输入过程中出现错误时，可以单击 Backspace 键逐个进行删除；当需要全部清除时，可以单击"CE"按钮；当一次运算完成后，单击"C"按钮即可清除当前的运算结果，再次输入时可开始新的运算。

　　运算完成后，可以执行"编辑"菜单下的"复制"命令把运算结果导出到其他的应用程序中，也可以从别的地方复制好运算算式后，选择"编辑"菜单下的"粘贴"命令，在计算器中进行运算。

二、科学型计算器

　　当用户要进行较为复杂的科学运算时，可以执行"查看"菜单下的"科学型"命令，打开科学型计算器窗口，如图 3-92 所示。

图 3-92　科学型计算器

此窗口增加了单位选项及一些函数运算符号。

科学计算器可以进行一些函数的运算，使用时要先确定运算的单位，在数字区输入数值，然后选择函数运算符，再单击"="按钮，即可得到结果。在科学型模式下，计算器会精确到 32 位数。以科学型模式进行计算时，计算器采用运算符优先级。

三、程序员计算器

当使用计算器的用户为程序员时，可以单击"查看"菜单，然后单击"程序员"，即可打开程序员计算器窗口，如图 3-93 所示。

图 3-93　程序员计算器

系统默认的是十进制，当改变其数制时，单位选项、数字区、运算符区的可选项将发生相应的改变。用户在工作过程中，也许需要进行数制的转换，这时可以直接在数字显示区输入所要转换的数值，也可以利用运算结果进行转换，选择所需要的数制，在数字显示区会出现转换后的结果。

在程序员模式下，计算器最多可精确到 64 位数，这取决于所选的字大小；进行计算时，计算器采用运算符优先级；程序员模式只是整数模式，小数部分将被舍弃。

四、统计信息计算器

使用统计信息模式时，可以输入要进行统计计算的数据，然后进行计算；输入数据时，数据将显示在历史记录区域中，所输入数据的值将显示在计算区域中。单击"查看"菜单，然后单击"统计信息"，即可打开统计信息计算器窗口，如图 3-94 所示。

在计算器中，还提供了"单位转换"、"日期计算"和"计算燃料经济性、租金或抵押额"的功能，具体操作可单击"查看"菜单，然后单击相应的选项，输入相应的数据进行计算。

图 3-94　统计信息计算器

3.5.6　截图工具程序

使用截图工具可以捕获屏幕上任何对象的屏幕快照或截图，然后对其添加注释、保存或共享该图像。单击"开始"按钮，在打开的"开始"菜单中依次执行"所有程序"—"附件"—"截图工具"命令，即可打开"截图工具"窗口，如图 3-95 所示。

图 3-95　"截图工具"窗口

- 单击"新建"按钮旁边的箭头，从列表中可以选择"任意格式截图"、"矩形截图"、"窗口截图"或"全屏幕截图"四种截图方式。
- 单击"取消"按钮可以取消截图。
- 单击"选项"按钮，可以打开"截图工具选项"对话框，如图 3-96 所示。

图 3-96　"截图工具选项"对话框

选择截图区域后，"截图工具"对话框自动跳转到截图工具的编辑窗口，如图 3-97 所示。

图 3-97　截图工具的编辑窗口

在编辑窗口中，可以使用工具栏上的"笔"、"荧光笔"和"橡皮擦"按钮对截图进行书写或绘图，单击"新建"按钮，可以重新进行截图，单击"保存"按钮，可以弹出文件保存对话框，单击"发送截图"按钮上的箭头，然后从列表中选择一个选项就可以对截图进行共享。

3.6　Windows 7 控制面板的使用

在 Windows 中，控制面板提供了对计算机软件、硬件系统进行个性化配置的功能。用户在使用计算机时，可通过控制面板对计算机系统环境进行调整和设置、添加(或删除)新的硬件和软件。例如：可以通过"鼠标"将标准鼠标指针替换为可以在屏幕上移动的动画图标，可以通过"个性化"将桌面换成自己喜欢的图片，或通过"声音"将标准的系统事件声音替换为自己选择的声音等。

控制面板一般可在"开始"菜单的右侧打开，也可在任何文件夹窗口地址栏中单击根目录下拉菜单按钮，选择"控制面板"来打开。

首次打开"控制面板"时，将显示控制面板的分类视图，如图 3-98 所示。此时控制面板中的项目按照分类进行组织，用鼠标指针指向某一图标，即可获得该类别的详细信息，用鼠标单击即可打开该类别。

图 3-98　控制面板的分类视图

如果用户不习惯 Windows 的分类视图，可单击"查看方式"的下拉菜单按钮，选择大图标或者小图标，这时将在控制面板窗口中显示其包含的全部项目，如图 3-99 所示。

图 3-99　控制面板的小图标视图

3.6.1 系统属性

系统属性可用于查看和更改计算机的基本硬件和操作系统信息。通过这个项目，我们可以在不拆开计算机主机箱的情况下了解到计算机内部各主要部件，如 CPU、内存、显示卡、声卡、网卡等硬件的性能和参数，还可以查看操作系统的类型、版本、注册信息及计算机在网络中的标识等信息。

在"控制面板"中双击"系统"图标，即可打开"系统"窗口，如图 3-100 所示。

图 3-100 "系统"窗口

"系统"窗口中的内容主要分为两部分：右侧为计算机的基本信息，左侧为链接区。在右侧区域可以查看此计算机中操作系统的版本、CPU 类型、内存大小、计算机名以及系统激活情况等信息。左侧内容为上、下两部分，单击上面部分"高级系统设置"链接，可以打开"系统属性"对话框，如图 3-101 所示。单击下面部分链接，可以打开系统漏洞更新、性能评估工具等窗口。下面我们主要讲解"系统属性"对话框中的内容。

在"系统属性"对话框中共显示了五个选项卡，其基本功能是：

(1) 计算机名：用于显示及更改计算机描述、名称、工作组及网络 ID 等。

(2) 硬件：用于打开"设备管理器"窗口，显示硬件的信息，如图 3-102 所示。

(3) 高级：用于计算机性能、用户配置及启动和故障的恢复设置。

(4) 系统保护：用于跟踪并更正用户对计算机进行的错误更改。

(5) 远程：用于设置远程协助及远程桌面。

图 3-101　"系统属性"对话框　　　　　　　　　图 3-102　"设备管理器"窗口

3.6.2　日期和时间设置

日期和时间是用于记录计算机中各种操作和行为的一个重要参数，例如：Windows 中用于记录用户或系统在什么时候在计算机中进行了什么操作的"日志"文件，用户创建文件或文件夹的时间等。另外，我们还可以使用日期和时间来设定计算机的计划任务、定时开关机等功能。为了计算机使用的方便，用户应当为计算机设置正确的日期和时间。

(1) 在控制面板中双击"日期和时间"图标，或在任务栏上单击"系统时钟"图标，在弹出的时间对话框中单击"更改日期和时间设置"，打开"日期和时间"对话框，如图 3-103 所示。

图 3-103　"日期和时间"对话框

(2) 单击"日期和时间"对话框中的"更改日期和时间"按钮，打开"日期和时间设置"对话框，如图 3-104 所示。在"日期"栏中单击年份修改年份、单击月份修改月份、单击日历列表框中的数字即可修改日期。

图 3-104　"日期和时间设置"对话框

(3) 分别在"时间"栏中双击"时"、"分"、"秒"区域，并输入新的数字来更改时间。

(4) 完成后单击"确定"按钮，可在任务栏通知区域显示新的时间，用鼠标指向可显示日期。

(5) 如果计算机已正确连入网络，还可使用"Internet 时间"选项卡通过网络上的服务器来自动更改系统日期和时间。

3.6.3　设置 Windows 文件夹选项

文件夹选项是系统提供给用户设置文件夹的常规属性、显示属性、文件的关联及打开方式的地方。在控制面板中双击"文件夹选项"图标，或在任一文件夹窗口中执行"组织"菜单下的"文件夹和搜索选项"命令，均可打开"文件夹选项"对话框，如图 3-105 所示。

图 3-1105　"文件夹选项"对话框

1．"常规"选项卡

该选项卡用来设置文件夹的常规属性。

■　浏览文件夹：用于设置在打开多个文件夹时是在同一窗口中还是在不同的窗口中打开。

■　打开项目的方式：用来设置项目是通过单击打开还是通过双击打开。

■　导航窗格：用于设置在文件夹窗口的"任务窗格"中是否显示所有文件夹。

2．"查看"选项卡

该选项卡用来设置文件夹的显示方式，如图 3-106 所示。在该选项卡的"文件夹视图"栏中有"应用到文件夹"和"重置文件夹"两个按钮。单击"应用到文件夹"按钮可使所有文件夹应用当前文件夹的视图设置，单击"重置文件夹"按钮可将所有文件夹还原为默认视图设置。在"高级设置"列表框中显示了有关文件和文件夹的一些高级设置选项，用户可根据需要选择需要的选项，单击"应用"按钮即可应用所选设置。单击"还原为默认值"按钮，可还原为默认的选项设置。

3．"搜索"选项卡

该选项卡用来对系统的搜索功能进行设置，如图 3-107 所示。

在该选项卡中的"搜索内容"栏中，可以选择搜索文件或文件夹的时候是否包括文件的内容，为了提高搜索的性能，一般我们选择在已经建立了索引的位置进行文件名和内容的搜索，其他位置不搜索文件的内容。"搜索方式"栏中可以对搜索过程进行更加详细的设置。设置完成后，单击"应用"按钮对设置进行生效。

图 3-106　文件夹"查看"选项卡　　　　　图 3-107　文件夹"搜索"选项卡

3.6.4　显示设置

在 Windows 7 系统中，用户可通过"显示"使屏幕上的文本或其他项目(如图标)变得更大且更易于查看，而无需更改监视器或便携式计算机屏幕的屏幕分辨率即可实现该操作，这样便允许在保持监视器或便携式计算机设置为其最佳分辨率的同时增加或减小屏幕上文本和其他项目的大小。同时用户单击"调整分辨率",就可以打开"屏幕分辨率"窗口来更改显示器设置和调整分辨率。

　　在"控制面板"中双击"显示"图标,或在桌面空白处右击并选择"屏幕分辨率"命令,在弹出的"屏幕分辨率"窗口中单击"放大或缩小文本和其他项目",都会打开"显示"窗口,如图 3-108 所示。

图 3-108　　"显示"窗口

　　在"显示"窗口中单击"调整分辨率",会弹出屏幕分辨率窗口,用户可以根据自己显示器的大小来调整分辨率,使得桌面上的图标和文字显示得更加清晰,如图 3-109 所示。

图 3-109　　"屏幕分辨率"窗口

3.6.5　个性化设置

　　用户可通过"个性化"来设置计算机主题,主题包含个性化桌面背景、窗口颜色、声音和屏幕保护程序,某些主题也可能包括桌面图标和鼠标指针。Windows 7 提供了多个主题，可以选择 Aero 主题使计算机个性化；如果计算机运行缓慢，可以选择 Windows 7 基本主题；如果希望屏幕更易于查看，可以选择高对比度主题。当然用户也可以根据自己的爱好来更改主题的各个元素。

在"控制面板"中双击"个性化"图标，或在桌面空白处右击并选择"个性化"命令，都会打开"个性化"窗口，如图 3-110 所示。

图 3-110　　"个性化"窗口

一、"主题"库

在主题库中默认有"我的主题"、"Aero 主题"和"基本和高对比度主题"等 3 组主题，其中"我的主题"为用户自定义主题；当用户计算机性能较好时，可以选择系统内的"Aero 主题"；当用户计算机性能较差时，可以选择"基本和高对比度主题"，这时计算机可以保持较好的运行速度。

二、自定义主题

用户可以根据自己的爱好设置桌面背景、窗口颜色、系统提示声音、屏幕保护程序、桌面图标、鼠标指针以及帐户图片。

(1) 桌面背景：单击"个性化"窗口中下方的"桌面背景"链接，打开"桌面背景"窗口，如图 3-111 所示。

■ 在"Windows 桌面背景"列表框中，提供了多种风格的图片，用户可根据自己的喜好来选择单张或者多张背景图片，也可以通过浏览的方式从已保存的文件中调入自己喜爱的图片。

■ 在"桌面背景"列表框下方单击"图片位置(P)"的下拉列表框可以选择图片在桌面上的显示位置，有填充、适应、拉伸、平铺和居中等 5 种模式。

■ 当选择的图片为多张时，系统将自动根据用户设定的"更改图片时间间隔"来变换桌面背景，用户可以选择随机更换也可以选择按照一定的图片顺序来更换桌面背景图片。

图 3-111　"桌面背景"窗口

■　当用户想将桌面背景设置成纯色时，可以单击"图片位置"的下拉列表框，然后选择"纯色"，这时用户可以选择一种颜色作为桌面背景。

■　桌面背景设置完成后单击保存修改按钮即可。

(2) 窗口颜色：单击"个性化"窗口中下方的"窗口颜色"链接，打开"窗口颜色和外观"窗口，如图 3-112 所示。

图 3-112　"窗口颜色和外观"窗口

■　用户单击颜色列表中的颜色即可更改窗口边框、开始菜单和任务栏的颜色，勾选"启用透明效果"选项，这时窗口则显示出半透明的效果。

■　当用户需要更加个性化的窗口设置时，可以单击"窗口颜色和外观"窗口下方的"高级外观设置"，这时打开"窗口颜色和外观"的对话框，如图 3-113 所示。在这个对话框中可以对 Windows 的每一个可视组件的大小、颜色、显示字体等属性进行更改。

图 3-113 "窗口颜色和外观"对话框

(3) 声音：声音主题是应用于 Windows 和程序事件中的一组声音，用户可以选择现有的方案或保存修改后的方案。用户单击"个性化"窗口中下方的"声音"链接，即可打开"声音"对话框，如图 3-114 所示。

图 3-114 "声音"对话框

(4) 屏幕保护程序：可以设置当用户暂时不对计算机进行任何操作时，启用"屏幕保护程序"，将屏幕显示的信息屏蔽掉，这样既可以节省电能，有效地保护显示器，还可以防止其他人在计算机上进行任意的操作，从而保证数据的安全，如图 3-115 所示。

图 3-115　屏幕保护程序设置

在"屏幕保护程序"下拉列表框中提供了各种静止和活动的样式，当用户选择了一种活动的程序后，如果对系统默认的参数不满意，可以根据自己的喜爱来进一步设置。如果用户要调整监视器的电源设置来节省电能，单击"更改电源设置"链接，可打开"电源选项"窗口，可以在其中制定适合自己的节能方案。

(5) 桌面图标：可以设置桌面上显示或隐藏系统定义的桌面图标，用户也可以更改图标的样式。单击"个性化"窗口中左侧的"更改桌面图标"链接，即可打开"桌面图标设置"对话框，如图 3-116 所示。

图 3-116　"桌面图标设置"对话框

(6) 鼠标指针：单击"个性化"窗口中左侧的"更改鼠标指针"链接，即可打开"鼠标 属性"对话框，如图 3-117 所示，用户可以选择鼠标指针在系统中显示的方案。

图 3-117　"鼠标 属性"对话框

（7）账户图片：用户选择的图片将会显示在欢迎屏幕和开始菜单上。单击"个性化"窗口中左侧的"更改账户图片"链接，即可打开"更改图片"窗口，如图 3-118 所示，用户可以选择列表框中的图片，也可以浏览自己喜欢的图片作为账户图片。

图 3-118　"更改图片"窗口

当用户将所有个性化的元素设置好之后，可以单击保存主题，然后输入主题名称单击"保存"按钮即可。

3.6.6　鼠标属性设置

鼠标和键盘是操作计算机过程中使用最频繁的设备之一，在安装 Windows 7 时系统已自动对鼠标和键盘进行过设置，但这种默认的设置可能并不符合用户个人的使用习惯，这时用户可以按个人的喜好对其进行一些调整。在"控制面板"中双击"鼠标"图标，在打开的"鼠标属性"对话框中选择"鼠标键"选项卡，如图 3-119 所示。

图 3-119 　"鼠标键"选项卡

1."鼠标键"选项卡

在"鼠标键配置"选项组，系统默认左键为主要键，若选中"切换主要和次要的按钮"复选框，则设置右键为主要键；在"双击速度"选项组中拖动滑块可调整鼠标的双击速度，双击旁边的文件夹可检验设置的速度；在"单击锁定"选项组中，若选中"启用单击锁定"复选框，则可以在移动项目时不用一直按着鼠标键就可实现，单击"设置"按钮，在弹出的"单击锁定的设置"对话框中可调整实现单击锁定需要按鼠标键或轨迹球按钮的时间等。

2."指针选项"选项卡

如图 3-120 所示，在"移动"选项组中可拖动滑块调整鼠标指针的移动速度；在"对齐"选项组中，选中"自动将指针移动到对话框中的默认按钮"复选框，则在打开对话框时，鼠标指针会自动放在默认按钮上；在"可见性"选项组中，若选中"显示指针轨迹"复选框，则在移动鼠标指针时会显示指针的移动轨迹，拖动滑块可调整轨迹的长短，若选中"在打字时隐藏指针"复选框，则在输入文字时将隐藏鼠标指针，若选中"当按 Ctrl 键时显示指针的位置"复选框，则按 Ctrl 键时会以同心圆的方式显示指针的位置。

图 3-120 　鼠标的指针选项

3．"滑轮"选项卡

如图 3-121 所示，在该选项卡中，可以设置当滚动滚轮时，屏幕是以预设行数的方式滚动还是以整个屏幕的方式滚动。

图 3-121　设置鼠标轮的属性

4．"硬件"选项卡

在该选项卡中，显示了设备的名称、类型及属性。单击"属性"按钮，可打开"鼠标设备属性"对话框，显示当前鼠标的常规属性、高级设置和驱动程序等信息。

3.6.7　设置打印机

在用户使用计算机的过程中，有时需要将一些文件以纸质的形式输出，如果用户安装了打印机就可以打印各种文档和图片，为用户的工作和学习提供极大的方便。在 Windows 7 中，用户不但可以在本地计算机上安装打印机，如果用户是连入网络中的，也可以安装网络打印机，使用网络中的共享打印机来完成打印作业。

1．安装本地打印机

在安装本地打印机之前首先要进行打印机的连接。用户可在关机的情况下，把打印机的信号线与计算机的 LPT1 端口或 USB 端口相连，并且接通打印机电源，连接好之后，就可以开机启动操作系统，准备安装其驱动程序了。

由于 Windows 7 自带了很多硬件的驱动程序，在启动计算机的过程中，系统会自动搜索新硬件并加载其驱动程序，在任务栏上会提示其安装的过程，如"查找新硬件"、"发现新硬件"、"已经安装好并可以使用了"等信息。如果用户所连接的打印机的驱动程序没有在系统的硬件列表中显示，就需要用户使用打印机厂商所附带的光盘进行手动的安装，其具体操作步骤为：

(1) 在"控制面板"窗口中双击"设备和打印机"图标，打开"设备和打印机"窗口。

(2) 在窗口地址栏下面单击"添加打印机"图标，即可启动"添加打印机"对话框。

(3) 单击"添加本地打印机"，打开如图 3-122 所示的"选择打印机端口"窗口。

图 3-122　设置打印机端口

(4) 在对话框的"使用现有的端口"下拉列表框中提供了多种端口，系统推荐的打印机端口是 LPT1，大多数的计算机也是使用 LPT1 端口与本地计算机通讯，如果用户使用的端口不在列表中，可以选择"创建新端口"单选项来创建新的通讯端口，然后单击"下一步"按钮，打开"安装打印机驱动程序"窗口，如图 3-123 所示。

图 3-123　选择打印机型号

(5) 在对话框左侧的"厂商"列表中显示了世界各国打印机的知名生产厂商，当选择某制造商后，在右侧的"打印机"列表中会显示该生产厂相应的产品型号，如果用户的所安装的打印机制造商和型号未在列表中显示，可以使用打印机所附带的安装光盘进行安装，单击"从磁盘安装"按钮，打开"从磁盘安装"对话框，用户要插入厂商的安装盘，然后在"厂商文件复制来源"文本框中输入驱动程序文件的正确路径，或者单击"浏览"按钮，在打开的窗口中选择所需的文件，然后单击"确定"按钮，可返回到"安装打印机"对话框。

(6) 确定驱动程序的文件的位置后，单击"下一步"按钮，打开"键入打印机名称"对话框，用户可以在"打印机名称"文本框中为自己安装的打印机命名，并提醒用户有些程序不支持超过 31 个英文字符或 15 个中文字符的服务器和打印机名称组合，最好取个短一点的打印机名称，如图 3-124 所示。

图 3-124　设置打印机名称

　　(7) 用户为所安装的打印机命好名称后，单击"下一步"按钮，打开"打印机共享"对话框，该项设置主要适用于连入网络的用户，如果用户将安装的打印机设置为共享打印机，网络中的其他用户就可以使用这台打印机进行作业打印，用户可以使用系统提供的名称，也可以在"共享名"文本框中重新键入一个其他网络用户易于识别的共享名，如图 3-125 所示。如果用户个人使用这台打印机，可以选择"不共享这台打印机"单选项。在"位置"和"注释"文本框中，用户可以为这台打印机加入描述性的内容，比如它的位置、功能以及其他注释，这个信息对用户以后的使用很有帮助。

图 3-125　设置打印机共享

　　(8) 单击"下一步"按钮，打开成功添加打印机的对话框，用户可以选择"打印测试页"按钮来测试打印机是否安装成功。并且用户可以将此计算机设置为默认的打印机，如图 3-126 所示，单击"完成"按钮，结束程序的安装。

图 3-126　完成打印机安装

2. 安装网络打印机

在 Windows 7 中，用户不仅可以添加本地打印机，在本地打印机上打印输出，如果用户是处于网络中的，而网络中存在已共享的打印机，那么用户也可以添加网络打印机驱动程序来使用网络中的共享打印机进行作业打印。网络打印机的安装与本地打印机的安装过程是大同小异的，具体的操作步骤如下：

(1) 用户在安装前首先要确认是处于网络中的，并且该网络中有共享的打印机。

(2) 在"控制面板"窗口中双击"设备和打印机"图标，打开"设备和打印机"窗口。

(3) 在窗口地址栏下面单击"添加打印机"图标，即可启动"添加打印机"对话框。

(4) 单击"添加网络、无线或 Bluetooth 打印机"，打开如图 3-127 所示的"添加打印机"对话框。

图 3-127　添加网络打印机

(5) 系统会自动搜索出网络上共享的打印机，如果需要的打印机不在列表中，则可以单击下面的"我需要的打印机不在列表中"，打开"按名称或 TCP/IP 地址查找打印机"对话框。如果用户不清楚网络中共享打印机的位置等相关信息,可以选择"浏览打印机"单选项,让系统搜索网络中可用的共享打印机,单击"下一步"按钮继续,这时会打开"浏览打印机"对话框,在"共享打印机"列表中将显示目前可用的打印机,当选择一台共享打印机后,在"打印机"文本框中将出现所选择的打印机名称。

(6) 当用户选定所要使用的共享打印机后,单击"下一步"按钮所出现的对话框提示已成功添加打印机,并且需要重新设置新的打印机名称。

(7) 单击"下一步"按钮,可提示用户打印测试页,单击"完成"按钮。

这时,用户已经完成了添加网络打印机的全过程,网络共享打印机可启动打印测试页,在"打印机和传真"窗口中会出现新添加的网络打印机,在其图标下会有电缆的标志,用户以后就可以使用网络共享打印机进行作业打印了。

3. 设置默认打印机

右击要设置为默认值的打印机,从菜单中选取"设置为默认打印机"即可。

4. 删除打印机

右击要删除的打印机,从菜单中选取"删除"命令即可。

3.6.8　程序和功能

安装或删除各种应用程序是在用户使用计算机过程中经常进行的操作。Windows 7 系统提供的"程序和功能"可以帮助用户正确、快速地管理计算机上的程序。在"控制面板"中双击"程序和功能"图标,可打开"程序和功能"窗口,如图 3-128 所示。

图 3-128　"程序和功能"窗口

1. 更改或卸载程序

该程序用于重新配置应用程序的组件或将应用程序从计算机中删除掉。

(1) 更改:现在很多的应用程序都是以程序组的方式构成,即在一个大的程序包中包含若干个子功能,最典型的如 Microsoft 公司的 Office 办公自动化系统就是由 Excel(处理电子表格)、Word(处理文字编辑排版)、Outlook(处理电子邮件)、PowerPoint(处理电子演示文稿)、Access(数据库编辑)等部分组成。用户在第一次安装时可能会根据当时的需要只安装其中的一部分，但在使用过程中可能又会根据新的需要来增加或删除部分功能等。

(2) 删除：对于计算机中那些长期不用的应用程序，我们应当将其删除，以减少系统开销、节约硬盘空间，或对于发生故障的应用程序，在重新安装之前应当先将其删除。但应用程序的删除与文件的删除不同，不是把程序目录从硬盘上删除就可以了，因为这些程序在安装过程中不仅在硬盘上建立相应的目录和复制相关文件，而且还修改了 Windows 的系统注册表或系统数据库，因此如果在删除程序时仅直接删除相应文件夹，但文件安装时的注册信息仍在注册表中，也并不能真正实现程序的删除，严重的还会导致操作系统损坏或者不能正常启动。

因此，在 Windows 7 中，用户要更改或删除应用程序，一般应在"程序和功能"窗口的当前安装的程序列表中找到相应的图标，并单击上面的"卸载/更改"按钮来进行。

2．添加新程序

系统自动在光盘上搜索并运行 SETUP 程序，并打开安装应用程序向导来启动安装程序。一般情况下，在计算机中安装应用程序时，更多的是直接双击安装盘或安装目录中的 SETUP.EXE 图标或安装压缩包来执行。

3．打开或关闭 Windows 功能

在这里我们可以把在安装系统时没安装的 Windows 组件再安装上，也可以把已经安装的 Windows 组件卸载掉。在"程序和功能"窗口中选择"打开或关闭 Windows 功能"选项，即可打开"Windows 功能"对话框，如图 3-129 所示。

图 3-129　"Windows 功能"对话框

在图中有一个组件列表，列出了所有 Windows 组件，组件名称左边有一个反映该组件安装情况的小方框，方框为空表示没有安装，带"√"表示已全部安装，阴影表示部分安装，通过单击操作可以改变小方框的状态。如果要安装或删除某一组件的部分内容，可以展开选项进行选择。如果有新增组件，单击"确定"按钮后，向导可能会提示用户插入 Windows 安装盘，然后进行组件安装。

3.6.9　设置字体

Windows 7 支持多种字体，利用不同的字体可以美化文档的外观或者突出文章的重点。尽管 Windows 提供了很多常用的字体(如楷体、宋体、仿宋体、黑体等)，但在实际文字排版中，用户仍然可以根据需要，安装系统中没有的其他艺术字体(如草体、花体等)。在"控制面板"窗口中双击"字体"图标，即可打开"字体"窗口，如图 3-130 所示。

图 3-130　"字体"窗口

1. 显示字体属性

在"字体"窗口中选定某种字体，执行"文件"—"预览"命令(或直接双击某种字体的图标)，即可打开该字体信息的显示窗口，如图 3-131 所示，其中包括字体名、字体文件大小、版本号以及不同大小规格的汉字、字母及数字样例。

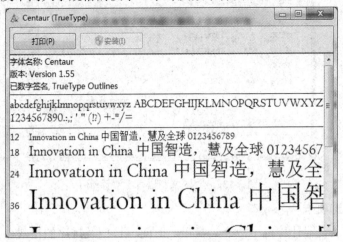

图 3-131　Windows 7 的字体属性

2. 安装新字体

(1) 下载新字体。可以从软件程序、Internet 或相关网络下载字体。

(2) 右键单击要安装的字体，然后单击"安装"按钮，还可以通过将字体拖动到"字体"的控制面板来安装字体。

3. 删除字体

如果用户不再使用某种字体，可以将它删除，以便为应用程序释放一些内存空间。在"字体"窗口中选定要删除的字体图标，在工具栏中单击"删除"，即可完成删除字体的操作。

3.6.10　设置区域和语言选项

Windows 7 充分考虑到用户使用计算机的地域环境，使用户可以更改 Windows 的日期、时间、金额、大数字和带小数点数字的显示格式，以便符合当地的日常习惯，也可以从多种输入语言和文字服务中选择不同的键盘布局、输入法编辑器以及语音和手写识别程序等。在"控制面板"窗口中双击"区域和语言"图标，可打开"区域和语言"对话框，如图 3-132 所示。

图 3-132　"区域和语言"对话框

1. "格式"选项卡

该选项卡可以设置计算机中数字、货币、时间、日期及排序的格式，用户可以采用系统默认格式，也可单击"其他设置"按钮，打开"自定义格式"对话框进行设置，如图 3-133 所示。

图 3-133　"自定义格式"对话框

2. "键盘和语言"选项卡

该选项卡可添加和删除输入语言和文字服务。在此对话框中单击"更改键盘"按钮，可打开"文本服务和输入语言"对话框，如图 3-134 所示。在此对话框中，用户可以设置以下参数内容：

■　指定默认输入语言：即每次启动或登录计算机时都将使用默认语言。例如：如果用户大多数时候使用"五笔字型"插入文本，但同时也添加了英语作为输入语言，则可以选择"五笔字型"作为默认语言，当要插入英语文本时，再切换到该语言。

■　添加输入法：单击"添加"按钮，在打开的"添加输入语言"对话框中选择要添

图 3-134　"文本服务和输入语言"对话框

加的输入法并单击"确定"按钮。用户所选择的输入法即被添加到"已安装的服务"列表中。

■　删除输入法：在"已安装的服务"列表中选定要删除的某种输入法，再单击"删除"按钮即可。

■　调整输入法属性：在"已安装的服务"列表中选定某种输入法，单击"属性"按钮，再在弹出的"输入法设置"对话框中进行输入法功能和界面设置等操作。

■　打开/关闭任务栏上的语言栏：在"语言栏"选项卡中可以设置语言栏的位置，也可以设置在任务栏中是否显示其他语言栏图标，如图 3-135 所示。

图 3-135　语言栏设置

■　设置输入法的热键：在"高级键设置"选项卡的"输入语言的热键"栏中单击要为其更改按键顺序的项目，如图 3-136 所示；然后单击"更改按键顺序"按钮，或直接双击相应输入法，打开"更改按键顺序"对话框，对输入法的热键进行配置，如图 3-137 所示，最后就可以使用指定的组合键来切换到相应的输入法。

图 3-136　"高级键设置"选项卡

图 3-137　"更改按键顺序"对话框

3.6.11　用户账户

在 Windows 7 中，我们可以为计算机创建多个用户或账户，并可以为每个用户独立定义使用计算机的风格习惯(如左右手习惯、音量大小、不同的显示器分辨率、经常访问的网络站点等)、界面(如不同的桌面、背景、窗口外观、开始菜单项目、程序图标等)、可使用的资源(如文档、磁盘、打印机、文件及文件夹等)及可操作的权限(更改控制面板中的项目、程序和功能等)。使用多用户设置后，不同用户用不同身份登录时，系统就会应用该用户身份的设置，而不会影响到其他用户，并可方便地在不同的用户间进行切换而不必重新启动计算机。

Windows 7 允许在计算机上创建两种类型的用户账户：管理员账户和标准用户。在计算机上没有账户的用户可以使用来宾账户(来宾账户没有密码)，具体权限如表 3-2 所示。

表 3-2　用户类别与操作权限对应表

可进行的操作项目	管理员	标准账户	来宾账户
安装软件或硬件	允许	不允许，但可以访问	不允许，但可以访问
进行全系统更改	允许	不允许	不允许
访问和读取非私人的文件	允许	不允许	不允许
创建和删除计算机上的用户	允许	不允许	不允许
更改其他人的用户账户	允许	不允许	不允许
更改自己的账户名或类型	允许	不允许	不允许
更改自己的图片	允许	允许	允许
创建、更改或删除自己的密码	允许	允许	没有密码

要管理计算机中的用户，必须先以管理员或 Administrators 组的成员进行登录，然后在"控制面板"中双击"用户账户"图标，打开"用户账户"窗口，如图 3-148 所示。

图 3-138　"用户账户"窗口

当用户需要管理其他账户的时候需要单击窗口中的"管理其他账户",打开"管理账户"窗口,如图 3-139 所示。

图 3-139　"管理帐户"窗口

1．创建新用户

在窗口中单击"创建一个新账户",打开"用户账户"对话框并输入新用户的名称,挑选新用户的类型,再单击"创建账户"按钮即可。

2．更改用户

在窗口的账户列表框中选择要更换的账户图标,打开"更改账户"窗口,如图 3-140 所示,再选择一个项目做更改。

图 3-140　"更改帐户"窗口

3．切换登录用户

(1) 在"开始"菜单中单击"关机"按钮右侧的列表框,单击"切换用户"命令。

(2) 在 Windows 7 的登录界面中选择其他用户。

3.7　Windows 7 操作系统的安装

掌握了操作系统的基础知识和操作，接着操作系统的安装、备份及还原也是大家需要掌握的技能。刚组装好的计算机，只是满足了计算机运行的硬件要求，还不能运行我们需要的软件；另外，当用户非法操作或中病毒导致操作系统崩溃时，计算机也无法工作，此时就需要安装操作系统。在这里主要讲解 Windows 7 操作系统的安装，其他 Windows 操作系统的安装方法也大致相同。操作系统安装完成后，用户最好能够对操作系统进行一次备份，以备日后操作系统出问题时，可以快速地还原操作系统。

操作系统的安装方法有很多，例如全新安装、升级安装、在操作系统内安装新的操作系统等，这里我们主要讲解计算机操作系统全新安装的方法。在安装操作系统之前，我们需要做一些准备工作：

(1) 备份硬盘上的所有数据，安装操作系统时会覆盖硬盘上原有的数据。

(2) 准备一张 Windows 7 操作系统的原装光盘。

(3) 装备一个操作系统的激活序列号。

(4) 保存或下载当前计算机的驱动程序。

(5) 保存或下载当前计算机所需安装的软件。

(6) 如果是笔记本电脑安装操作系统需要保证电池有足够的电量或插上电源。

准备工作完成后，就可以开始安装操作系统了。

(1) 在计算机启动的时候按 Delete 键(部分主板是按 F2 键或 F10 键)进入 BIOS，设置从光驱启动为第一启动项(有些计算机启动时 F9 键、F11 键或 F12 键即可选择启动项)，如图 3-141 所示，按 F10 键保存并退出。

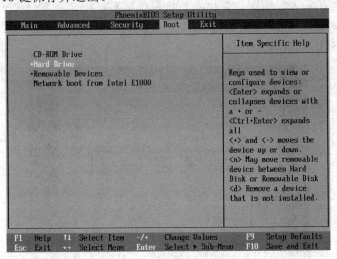

图 3-141　BIOS 设置第一启动项

(2) 在光驱放入准备好的系统光盘，并重启计算机，当屏幕上方显示"Press any key to boot from CD or DVD"的时候，在键盘上任意敲一个键，如图 3-142 所示。

图 3-142　从光驱启动

(3) 操作系统安装程序进入安装状态，如图 3-143 所示，选择符合自己要求的显示语言、时间格式、键盘输入法后，单击"下一步"按钮，跳转至如图 3-144 所示的界面。

图 3-143　选择语言等参数项　　　　　　　　　　　　图 3-144　安装进程

(4) 单击"现在安装"按钮，弹出安装许可条款对话框。在对话框中主要包含了用户使用此系统的权利和义务，一般用户需要勾选"我接受许可条款"，否则无法单击"下一步"按钮，如图 3-145 所示。

图 3-145　安装条款

(5) 勾选"我接受许可条款",单击"下一步"按钮,进入安装类型选择。由于是全新安装,所以这里选择"自定义(高级)"安装,如图 3-146 所示。

图 3-146 安装类型选择

(6) 单击"自定义"安装后,可设置系统安装的位置。在这里用户可以对磁盘进行分区格式化。将磁盘分区格式化后选择将系统安装在磁盘 0 分区 1 上,如图 3-147 所示。

图 3-147 选择系统安装位置

(7) 单击"下一步"按钮,屏幕上将会显示"正在安装 Windows…",此时计算机将会复制 Windows 文件到硬盘上,并展开 Windows 文件进行安装,如图 3-148 所示。安装完成后,系统提示自动重启计算机。

图 3-148　系统正在安装

(8) 等待计算机重启后，计算机接着对注册表、系统程序进行安装，安装完成后计算机接着对操作系统的硬件性能进行检测，检测完成后，安装程序跳转到创建用户对话框，如图 3-149 所示。在这里用户可以创建一个用户名，并为自己的计算机命名，注意用户名和计算机名不能相同。

图 3-149　设置用户名及计算机名

(9) 用户名和计算机名设置完成后，单击"下一步"按钮，跳转到为账户设置密码的窗口，如图 3-150 所示。

图 3-150　设置账户密码

(10) 账户密码设置完成后,单击"下一步"按钮,跳转至输入 Windows 产品密钥对话框,在对话框中输入准备好的密钥,并单击"下一步"按钮。用户也可以选择"跳过"按钮,等待进入操作系统后再安装密钥,如图 3-151 所示。

图 3-151　输入产品密钥

(11) 完成密钥输入后,可跳转到选择系统更新设置界面,这里选择"以后询问我",如图 3-152 所示。

图 3-152　选择系统更新设置

(12) 单击"以后询问我"链接后,接着设置时间和日期,如图 3-153 所示。

图 3-153　查看时间和日期设置

(13) 确认时间和日期没有问题后，单击"下一步"按钮，选择计算机当前的网络位置，网络位置分为三种：家庭网络、工作网络、公用网络。如果我们的计算机是在办公室，需要共享文件和设备等操作，就选择工作网络。这里我们选择"工作网络"，如图 3-154 所示。

图 3-154　选择"工作网络"选项

(14) 单击"工作网络"链接，这个时候系统安装程序会根据用户的配置对操作系统进行最后的配置，配置完成后，操作系统就会跳转到桌面，如图 3-155 所示。

图 3-155　Windows 7 桌面

(15) 用户继续安装下载好的驱动程序及常用软件。

第 4 章　计算机网络及信息安全基础

　　计算机网络是计算机技术、现代通讯技术与信息处理技术相互渗透、紧密结合而形成的一门新兴交叉学科，也是当今计算机科学中发展最为迅速、应用最为广泛的领域。目前，网络技术已广泛应用于办公自动化系统(OA 系统)、信息管理系统(MIS 系统)、生产过程控制、金融与商业电子化、军事、科研、教育信息服务、医疗卫生等领域。随着 Internet 技术迅速发展，计算机网络正在改变着人们的工作方式、学习方式与生活方式，网络与通信技术已成为影响一个国家与地区经济、科学与文化发展的重要因素。

4.1　计算机网络概述

4.1.1　计算机网络的概念及功能

　　计算机网络是将计算机技术和现代通讯技术相结合，按照一定的网络通讯协议把多台分布在不同区域的自主计算机通过相关的设备和线路连接起来，以实现资源共享和相互通讯及远程控制的目的。这样，可以使得我们的计算机不仅能独立于网络处理本机事务，而且还能通过计算机网络，共享到网络上无穷无尽的硬件资源和软件资源。它综合应用了现代信息处理技术、计算机技术、通信技术的研究成果，把分散在广泛领域中的大量信息及信息处理系统连接在一起，组成一个规模更大、功能更强、可靠性更高的信息综合处理系统。计算机网络发展十分迅速，应用领域逐步扩大，其功能主要体现在以下几个方面：

　　(1) 资源共享：接入计算机网络的用户可以共享网络中的各种硬件资源及软件资源。例如：在网络的某些结点处配置高性能主机系统、高速打印机或图像处理设备等，那么，其他结点就可以通过网络很方便地使用这些设备，以及很方便地调用存放在高性能主机上的大型软件包和数据资源，这样既大大节约了设备投资，又为用户应用提供了极大的方便。

　　(2) 信息服务：网络中的用户不仅可以从浩如烟海的 Internet 中搜索、浏览、下载各种信息，而且还可以建立自己的 Web 站点，将自己的信息在 Internet 上发布。现在，基本上各大公司、学校、企业、政府机关甚至个人都拥有专业的网站。网站已经成为对外宣传和发布信息的一种重要工具。

　　(3) 快速通信：在不同的计算机之间通信是网络最基本的功能之一。计算机网络为分布在不同地点的计算机用户提供了快速的传送数据(如文字、图形、图像、音频、视频、程序、文件等)和交换信息的手段，为人类提供了前所未有的方便，例如：电子邮件服务、即时通讯服务(QQ、MSN)等。

(4) 信息管理与数据传输：通过计算机网络可以将分散在不同地域的信息收集起来传送到网络中的一台或多台服务器上，并由服务器来完成这些信息的合并、加工、分析和处理。它不仅可以为管理者迅速地提供决策依据，还可在客户之间实现信息沟通，大大提高工作效率。例如：当前最为流行的各种管理信息系统、决策支持系统、办公自动化系统、电子商务系统等都是在计算机网络的支持下得以发展起来的。

(5) 分布处理：随着计算机应用领域的不断拓展，计算机处理的数据模型也日趋复杂，数据量也迅速增加，因此，将分布在不同位置的多台计算机通过网络连接起来，构成一个高性能的计算机系统或集群，再将一个复杂的大任务分解成若干个子任务，由网上的计算机分别承担其中的一个子任务，共同协作来解决在单机上不易实现的问题，这样不仅可以降低总投入的费用，同时也大大提高了计算机的利用率。

(6) 提高计算机应用的可靠性：在一个较大的系统中，个别部件或计算机出现故障是不可避免的。计算机网络中的各台计算机可以通过网络互相设置为后备机，这样，一旦某台计算机出现故障时，网络中的后备机即可代替继续运行，保证任务正常完成，避免系统瘫痪，从而提高了计算机的可靠性。

4.1.2　计算机网络的产生及发展

计算机网络由小到大、由局部应用发展到如今覆盖全球的 Internet，纵观计算机网络的形成与发展，一般可将其划分为以下四个阶段：

1．第一阶段(面向终端的计算机网络)

20 世纪 50 年代初，人们开始将彼此独立发展的计算机技术与通信技术结合起来，为计算机网络的产生做好了技术准备。最初的网络构成就是将一台主机系统经由通信线路与多个终端设备直接相连，以供多人共享主机的资源，形成网络的雏形，如图 4-1 所示，此时的网络只能在终端和主机之间进行通信，如著名的美国半自动地面防空系统和飞机订票系统等。

图 4-1　面向终端的计算机网络结构模型

2．第二阶段(面向内部通信的计算机网络)

20 世纪 60 年代中期开始出现多个主机互联系统，实现了主机与主机之间的通信。该阶段把每个主机所连接的子网通过各自负责转发数据的接口信息处理机(CCP)，经由负责传输数据的通信线路相互连接起来，形成计算机网络结构，如图 4-2 所示。从此，世界上各大公司及部门都积极研究和建设自己的内部网络，最典型的如美国国防部高级计划局提出并规划的 ARPANET，是计算机网络技术发展中的一个里程碑，它的研究成果对促进网络技术的发展起到了重要的作用，并为 Internet 的形成奠定了基础。

图 4-2　面向终端的计算机网络结构模型

3．第三阶段(开放互联的计算机网络)

20 世纪 70 年代中期起，国际上各种广域网、局域网迅速发展，各个计算机生产商纷纷发展各自的计算机网络系统，但由于早期的网络没有统一的系统结构、网络协议及数据传输规范，使得各部门研制的网络互不兼容，给异种结构的网络互联带来很大的困难。为此，国际标准化组织 ISO(International Standards Organization)于 1980 年公布了构建网络体系结构的开放式系统互联参考模型(即著名的 OSI 模型)，如图 4-3 所示，对网络理论体系的形成与网络技术的发展起到了规范和推动的作用，从而使网络的发展无论是软件还是硬件都有了统一的标准，结束了网络各自为营的局面，Internet 初步形成。

图 4-3　开放式系统互联参考模型

4. 第四阶段(高速的多媒体计算机网络)

1990 年以后，Internet 得以迅速发展，它把分布在世界各地的局域网通过统一的 TCP/IP 协议及各种高速通信设备连接成一个全球性的计算机网络，形成以信息高速公路和多媒体技术为代表的高速信息网络，应用也不断深入到社会的各个领域，在网络上实现了信息浏览、视频广播、网上会议、可视电话、远程教学、远程医疗、电子商务、电子政务、网上银行等服务。

4.1.3　计算机网络的组成

计算机网络是一个非常庞大、复杂的系统，通常由资源子网、通讯子网两个部分组成。如图 4-4 所示。

图 4-4　计算机网络结构模型

一、资源子网

资源子网又称主机系统，由网络中的各种计算机及运行和存储在计算机中的各种软件和信息资源组成。资源子网的主要任务是完成信息的收集、存储和处理，并对网络中的通信行为进行管理和控制。

1. 服务器

服务器是计算机网络的控制核心，它对硬件性能要求很高，一般由高档的微机或大型机、中小型机来担当。相对于一般的微机来说，服务器具有更高的运算速度、运算精度，更大的存储容量、网络数据带宽及硬件容错能力和扩展能力，其体积较大，价格昂贵，一般安装在网络控制中心的机柜中，如图 4-5 所示。一般说来，服务器的主要功能包括：运行网络操作系统，存储和管理网络中的共享资源，对数据备份，为网络中的其他计算机提供应用程序，为用户提供打印机、磁盘等硬件共享，实现工作站与其他大型网络(Internet)的连接和控制工作站的运行等。

图 4-5 计算机网络中的服务器

根据在网络中提供的服务不同，通常将服务器分为 Web 服务器、DNS 服务器、FTP 服务器、E-mail 服务器、Data 服务器等。

■ Web 服务器：通常用来保存网站内容，提供网页及信息的浏览、讨论、下载等服务。

■ DNS 服务器：也称为域名解析服务器，负责完成 IP 地址与域名的转换。

■ FTP 服务器：也称文件服务器，通常包含大容量的磁盘阵列，提供各种文件(如应用程序、游戏、电影、音乐、图片及学习资料等)的上传及下载服务。

■ E-mail 服务器：也称电子邮件服务器，提供电子邮件的存储、管理及收发服务。

■ Data 服务器：也称为数据库服务器，用于对网络中各终端传回的数据进行合并、分析、处理、存储和转发服务。

2．工作站

工作站是网络终端用户的工作平台，通常由微机组成，如图 4-6 所示。它具有自己的操作系统和应用软件，可以独立完成本机的数据处理工作，工作站也可借助网卡和传输介质与网络连接，使用共享的网络资源，还可以将本机资源共享到网络上，并使用各种工具与网络上的其他计算机或用户通讯。在有些情况下，工作站甚至可以不安装硬盘，而通过无盘站技术来使用服务器上的硬盘，这样不仅可以降低计算机的成本，而且还极大地简化了网络的管理及安全工作。

图 4-6 计算机网络中的工作站

3．网络软件

网络软件是指用于网络管理和应用的软件，通常由网络操作系统、网络应用软件及网络通讯协议三部分组成。

(1) 网络操作系统：网络操作系统(Network Operating System，NOS)是计算机网络中组织和协调网上活动的核心系统软件，它的主要功能是控制和实现对共享资源、用户权限、通信活动及系统安全的管理。目前，常用的网络操作系统有 UNIX、Linux、Windows Server 2003、Novell Netware 等。

(2) 网络协议：网络协议是为了在计算机之间传输信息而设立的一套规则和一组程序，它定义了在计算机网络活动中，信道如何建立、信息如何传输以及如何检错和校正等。使用同样的协议，不同种类和型号的计算机就可以互相通信。根据任务的不同，一台计算机可以使用多种协议，例如：一台计算机可以使用一种协议和局域网上的一台计算机通信，也可以使用另一种协议和 Internet 服务提供商的另一台计算机进行通信。

在计算机网络发展的过程中，人们开发了许多协议，如 OSI、TCP/IP、NetBIOS、IPX/SPX 等，其中 TCP/IP 协议(即传输控制协议/网际协议)是目前 Internet 中使用得最广泛的一种协议。

(3) 网络应用软件：网络应用软件就是安装在计算机网络中，为用户使用网络资源提供最大方便的软件。网络应用软件与安装在单台计算机上的软件不同，它一般能支持多个用户同时操作同一个数据库，并通过系统的同步和组内通信来支持多用户的协同工作。典型的网络应用软件有浏览器软件、传输软件、电子邮件管理软件、网络游戏软件、聊天软件等。

二、通信子网

通信子网就是指将网络中的各个工作站或服务器连接起来的数据通信系统，其主要任务是实现、控制和管理各计算机之间的通信，它通常由传输介质、网络适配器、调制解调器、集线器、交换机、中继器、路由器等组成。

1．传输介质

传输介质也称通信信道或信道，是信息传输的物质基础，包括能够传送信号的材料或技术。传输介质可分为有线和无线两大类。有线传输介质是指能够传输信号的有形材料，如双绞线、同轴电缆、光导纤维等；无线传输介质则是指利用大气或空间来传输信号，如无线电波、微波和红外线等。

(1) 双绞线：也俗称网线，它由 4 对两两按一定密度相互缠绕在一起的绝缘铜线组成，这样可以降低信号的干扰。与其他网络介质相比，双绞线虽然在传输距离、信道宽度和数据传输速率等方面均受到一定限制，但其价格低廉，是局域网中使用得最为广泛的一种介质。双绞线一般要和 RJ-45 接头(俗称水晶头)配合使用，用来在星型网络中连接计算机的网卡及交换机等通信设备，如图 4-7、图 4-8 所示。

图 4-7　双绞线和 RJ-45 接头　　　　　　　　图 4-8　安装 RJ-45 接头后双绞线

(2) 同轴电缆：是由一根空心的圆柱形导体围绕着单根内导体构成的。内导体为实芯或多芯硬质铜线电缆，外导体为硬金属或金属网，内、外导体之间有绝缘材料，如图 4-9

所示。同轴电缆可以采用 BNC 接头或 T 型接头连接计算机中的网卡，一般用在环型网络或在混合型网络中，此外，闭路电视系统常用同轴电缆。由于同轴电缆的抗干扰能力很强，连接也不太复杂，信息传输速率可达每秒几到几百 M 位，曾经为中、高档局域网广泛采用，不过，今天大多数计算机网络不再用同轴电缆，而是使用能以更快速度传输信号的光纤。

图 4-9　同轴电缆的结构

(3) 光导纤维：简称光纤或光缆，其核心是几十到几百股光纤，光纤是一根像头发一样粗细的玻璃丝或塑料丝，细丝上裹上保护层，外面再设一层套管，如图 4-10、图 4-11 所示。

图 4-10　光纤的外形　　　　　　　　图 4-11　光纤的剖面结构

光纤用光脉冲来传送信号，与其他有线传输介质相比，光缆价格较高、不易安装和改装，但光缆尺寸小，重量轻，具有很高的带宽，能快速同时传输许多信号，并且不受外界电、磁场的干扰，数据传输中安全性好，因此，通常用作广域网中的主干信道。

(4) 无线传输介质：通信系统中的物理传输介质一般铺设于建筑物中或者地下，无线传输介质的明显优点则是灵活，对那些不易铺设缆线的场合尤为重要，如舰船或车辆之间的通信等。用于通信的无线传输介质有无线电波、蜂窝电话、微波、通信卫星和红外线等。由于它们涉及其他领域的专业知识较多，这里不再详述。

2. 网络适配器

网络适配器也俗称网卡，是构成计算机网络中最基本的、最重要的连接设备，也是实现主机系统与通信子网连接的关键设备，如图 4-12 所示。网卡一般安装在计算机或服务器的扩展槽中，它一方面通过数据总线接口(如 PCI 接口)接收计算机准备发往网络的数据，将其按照一定的标准分解成若干个数据包，并加上本机地址和目标地址，转换成可以在信道上传输的电信号，然后通过电缆接口(如 RJ-45 接口、BNC 接口)将电信号传送到网络中的交换机或路由器去；另一方面它又负责将电缆接口传送回来的电信号转换成数据，再送往计算机进行处理。每一块网卡在出厂时都有一个全球唯一的编号，称为 MAC 地址(Physical Address)，也叫物理地址，它固化在网卡的 ROM 芯片中，由多个十六进制代码组成，如 00-50-56-C0-00-01，通过该地址可以识别网络中的每台计算机。

图 4-12 网卡的结构

网卡按传输速率可分为 10 Mb/s、100 Mb/s、10/100 Mb/s 自适应以及 1000 Mb/s 网卡，家用网卡一般是 10/100 Mb/s，100 Mb/s 用于宽带骨干网，1000 Mb/s 网卡一般用于高端服务器；而按数据传输方式又可分为有线网卡和无线网卡；按安装方式可分为板载网卡和独立网卡等。

3. 调制解调器

调制解调器可将来自计算机的数字信号转换成模拟信号，以便发往信道传输，在计算机网络中我们一般把此过程称为调制(Modulate)，也可将从信道接收的模拟信号转换成数字信号供计算机使用，此过程称为解调(Demodulate)，调制解调器同时具有这两种功能，通信过程中，信道的两端一般都需要安装调制解调器，如图 4-13 所示。

图 4-13 使用调制解调器的网络连接

调制解调器一般使用电话线作为传输介质，并通过电信局的程控交换机来实现数据的转发。传统的调制解调器由于速度慢、可靠性差，现在已很少使用而被 ADSL(非对称数字用户线)调制解调器所取代。ADSL 是目前家庭及小型企业、公司使用得最多的一种 Internet 接入方式，如图 4-14、图 4-15 所示。

图 4-14 ADSL 调制解调器

图 4-15 ADSL 调制解调器的连接

4．中继器

当信号长距离传输时，强度会逐渐减弱，这种现象称为衰减。中继器安装在两段传输介质之间，它能够对接收到的信号进行恢复与整形，然后再继续传输，这样信号就可以有效地传向远方。模拟中继器通常只能放大信号，而数字中继器则能把接收到的信号整修到与原信号质量非常接近的程度。中继器通常用于局域网中各网段之间的连接，也用来扩大有线和无线介质广域网的传输距离，如图 4-16 所示。

图 4-16　中继器

5．集线器

集线器也称集中器或 HUB，如图 4-17 所示，其实质就是一个多端口的中继器，主要是作为星形网络的中心的接点，对接收到的信号进行整形放大，并采用广播方式向所有节点发送信息。

图 4-17　集线器

由于集线器是一种共享介质带宽的网络设备，本身不具备识别网络数据包目的地址的功能，因此当同一网络中的两台主机传输数据时，数据包在以 HUB 为架构的网络上以广播方式传输，对网络上所有节点同时发送同一信息，然后再由每一台终端通过验证数据包头的地址信息来确定是否接收。这种方式很容易造成网络堵塞，另一方面由于所发送的数据包每个节点都能侦听到，容易出现一些不安全因素。因此随着网络技术的发展，集线器的缺点越来越突出，现已经被一种技术更先进的数据交换设备--交换机取代。

6．交换机

交换机也称为"智能型集线器"，如图 4-18 所示，它是集线器的升级换代产品，从外观和线路连接上来看，它与集线器基本上没有多大区别，都是带有多个端口的设备，都可以通过 RJ45 端口来连接星型网络中的计算机，但是在交换机内部拥有一条很高带宽的背部总线和内部交换矩阵。交换机的所有的端口都挂接在这条背部总线上。控制电路收到数据包以后，处理端口会查找内存中的 MAC 地址对照表以确定目标网卡挂接在哪个端口上，通过内部交换矩阵直接将数据包迅速传送到目的节点，这样可以明显地提高数据传输效率，节约网络资源，避免网络堵塞，并且还可实现数据安全传输，这也是交换机快速取代集线器的重要原因之一。

图 4-18　交换机

　　另外，交换机也可以把一个大的网络分成若干个小的网络，通过对照地址表，交换机只允许必要的网络流量通过交换机，实现网络管理，这就是计算机网络中常用的 VLAN 技术。通过交换机的过滤和转发，可以有效地隔离广播风暴，减少错误包的出现，避免共享冲突。

7. 路由器

　　所谓路由，就是指通过相互连接的网络把信息从源地点移动到目标地点的活动，而路由器就是这样一种连接多个网络或网段的网络设备，它能将不同网络或网段之间的数据信息进行"翻译"，以使它们能够相互"读懂"对方的数据，从而构成一个更大的网络。路由器是一种智能通信设备，它可以为通信过程选择合适的网络和最快捷的有效路径。万一部分网络不能使用，路由器还能决定改变路径传送数据。正是由于路由器的作用，才能保证因特网上的数据、信息和指令能够准确地到达目的地。路由器可以说是在网络层实现互联的关键设备，它通常有两大典型功能，即数据通道功能和控制功能，数据通道功能包括转发决定、转发以及输出数据链路调度等，一般由硬件来完成；控制功能一般由软件来实现，包括与相邻路由器之间的信息交换、系统配置、系统管理等。它的应用比网桥更加复杂，也具有更大的灵活性。过去路由器多用于广域网，近年来，由于路由器性能有了很大提高，价格也逐步下降，因此在局域网互联中也越来越多地使用路由器。常用的路由器如图 4-19所示。

(a) 高档路由器

(b) 中档路由器

(c) 低档路由器

(d) 家用路由器

图 4-19　常用路由器

4.1.4　常见的网络拓扑结构

网络拓扑结构是指局域网中各计算机之间的连接形式。它借用数学领域中"图论"的方法，即抛开网络中的具体设备，将服务器、工作站等网络单元抽象为结点，将网络中的电缆通信媒体抽象为"线"，这样一个计算机网络系统就形成了点和线的几何图形，从而描绘出计算机网络系统的具体结构。计算机网络的拓扑结构主要有总线型、星型、环型、树型和混合型等。

1. 总线型拓扑

总线型拓扑即在网络中存在一条公共的数据传输通道(或总线)，网络中的所有站点(主机)都是并连到这条通道上，如图 4-20 所示。当网络中的某个站点需要和其他站点通信时，就发送数据包到总线上，总线上的各站点依次接收数据包并对包的目标地址进行判断，如果数据包的目标地址与自己相同则予以接收，否则将其抛弃。它是一种被动的拓扑结构，总线上的计算机只接收网上的数据，不负责数据的转发。总线型网络的优点在于安装简单、方便，需要铺设的电缆最短，成本低，并且某个站点的故障一般不会影响整个网络，但是如果总线介质发生故障将会导致整个网络瘫痪，总线型结构的网络安全性低，监控比较困难，并且增加新的站点不如星型结构容易。

图 4-20　总线型拓扑

2. 星型拓扑

在星型网络中，各站点通过线缆与中心站(多为集线器或交换机)相连，如图 4-21 所示。当网络中的某个站点需要和其他站点通信时，就发送数据包到中心站，中心站再将数据包以广播的方式(中心站为集线器，由各站点根据数据包的目标地址来决定接收还是抛弃)或专线的方式(中心站为交换机，由交换机内部的对应表来自动将数据包送到目标地址站点连接的端口)发送

图 4-21　星型拓扑

到目标站。星型网络是一种集中控制的结构，其特点是结构简单，很容易在网络中增加或删除站点，数据的安全性和优先级容易控制，某一台计算机或者某一根线缆的故障，不会影响整个网络，但因所有的计算机都连接到中心站，当网络规模较大时，需要大量的线缆，增加建设成本，并且如果中心站发生故障，整个网络就会瘫痪。星型拓扑是目前计算机局域网中用得最广泛的一种网络结构。

3. 环型拓扑

环型网络拓扑是将各站点通过线缆连成一个封闭的环路。各站点以串连的方式连接到

环中，如图 4-22 所示。在网络中有一个按时间分配的数据收发标记，也称为"令牌"，这
个"令牌"按一定的时间间隔依次交给网络中的各站点，只
有当站点获得"令牌"后，它才能将数据包发送到通信环上，
环上的各站点依次接收数据包并对包的目标地址进行判断，
如果数据包的目标地址与自己相同则予以接收，否则将其转
发到下一个站点。环型网络容易安装和监控，成本较低，但
容量有限，网络建成后，难以增加新的站点。由于数据信号
是依次通过每一台计算机的，所以不容易保障数据安全，并
且网络中的任何一台机器或线缆出现故障都会影响整个网
络的正常工作。

图 4-22　环型拓扑

4. 树型拓扑

树型拓扑可以理解为由多级星型网络扩展以后形成的结构，并自上而下呈三角形分布，
如图 4-23 所示。模型的最上层为骨干层，通常由高性能的核心交换机构成，中间为汇聚层，
而最低层为桌面或边缘层，它采用分级的集中控制方式，其传输介质可有多条分支，但不
形成闭合回路，每条通信线路都必须是支持双向传输的。

由于树型拓扑具有非常好的可扩展性、可管理性和易维护性，并可通过更换集中设备
使网络整体性能得以迅速升级，极大地保护了用户的布线投资，因此大、中型网络多采用
这种拓扑结构。但这种结构对根交换机(核心层或者骨干层交换机)的依赖性太大，如果根
发生故障，则整个网络不能正常工作，同时，大量数据要经过多级传输，系统的响应时间
较长。

图 4-23　树型拓扑

5. 混合型拓扑

在组建一个较大规模的网络时，如果只单纯采用以上介绍的一种拓扑结构，往往会增
加网络的复杂性和建设成本，这时就需要以总线型网络为骨干，以星型或树型网络为局部
的混合型网络拓扑结构，如图 4-24 所示。

图 4-24　混合型拓扑

4.1.5　计算机网络的分类

计算机网络是一个非常复杂的体系，从不同的观察角度，可分为不同的类型。现代计算机网络的分类方法有很多种，如表 4-1 所示。

表 4-1　计算机网络的分类

分类标准	网　络　名　称
物理范围	局域网、城域网、广域网
管理方法	基于客户机/服务器的网络、对等网
网络操作系统	Windows 网络、Netware 网络、UNIX 网络
网络协议	NETBEUI 网络、IPX/SPX 网络、TCP/IP 网络等
拓扑	总线型网络、星型网络、环型网络等
交换方式	线路交换、报文交换、分组交换
传输介质	有线网络、无线网络
体系结构	以太网、令牌环网、AppleTalk 网络等
通信传播方式	广播网络、点到点网络

其中最常用的分类方法是 IEEE 根据计算机网络地理范围的大小，将网络分为局域网(Local Area Network，LAN)、城域网(Metropolitan Area Network，MAN)和广域网(Wild Area Network，WAN)，如图 4-25 所示。

图 4-25　计算机网络分类及关系

1．局域网(LAN)

是一种在小区域内使用的网络，其分布距离一般在几十米至几十公里，是最常见的计算机网络。它具有速度快、延迟小、容易管理配置和构成简单的拓扑结构等特点，在科研单位的内部网、校园网及中小企业网中得到了广泛的应用。随着社会信息化和光通信技术的不断发展，局域网的覆盖范围越来越大，同时为了更好地发挥网络作用，局域网也可以连接到城域网或广域网上。

2．城域网(MAN)

城域网覆盖范围比局域网广，一般为几公里至几百公里，传输速率一般在 50 Mb/s 左右。城域网主要为个人用户、企业局域网用户提供网络接入，并将用户信号转发到因特网中。城域网的信号传输距离比局域网长，信号更加容易受到环境的干扰。城域网的网络结构较为复杂，往往采用点对点、环型、树型和环型相结合的混合结构。由于数据、语音、视频等信号可能都采用同一城域网，因此城域网的组网成本较高。比较典型的城域网如城市电子政府、园区网、Intranet 等。

3．广域网(WAN)

广域网也叫远程网，其覆盖范围比局域网要广得多，可从几百公里~几千甚至几万公里，如图 4-26 所示。通常使用电话线、光纤、微波、卫星等作为传输介质。广域网虽然不如局域网结构规整、成本低、速度快、易管理，但其功能强大，资源丰富，现已逐渐成为实现国家级信息交换与共享的有效途径。后面即将介绍的 Internet 就是一个功能强大、覆盖全球的广域网络。

图 4-26　典型的广域网构成

4.1.6　IP 地址与域名系统

为规范全球网络的规划与建设，早在 1981 年，国际标准化组织(ISO)就针对网络标准提出了著名的开放系统互联参考模型(OSI)，但由于 OSI 协议太过于具体，太过于复杂，难以通过硬件来实现，为此，在 OSI 的基础上，人们进行了抽象和归纳，推出了新的 TCP/IP(传输控制协议/网际协议)协议集，并通过不断地发展和完善，TCP/IP 现已成为 Internet 中最主要的协议。

在使用 TCP/IP 协议的计算机网络中，为了唯一区别每一台主机，以标识数据收发的源地址和目标地址，必须为全网中的每一个网络和网络中每一台计算机都分配一个唯一的编号，即 IP 地址，当主机要与局域网或 Internet 上其他主机通信时，或者寻找 Internet 的各种资源时，网络中的网卡、交换机、路由器等才能根据这个地址来决定数据包从哪台计算机发出，又要送到哪台计算机去。

一、IP 地址的构成

根据现行 TCP/IP 协议 V4 版本的规定，计算机的 IP 地址由网络标识和主机标识两部分组成，如图 4-27 所示。

网络标识	主机标识
122.	16.2.252

图 4-27　IP 地址的构成

其中，网络标识类似于某个电话号码的区号，注明了该主机位于哪一个网络中，主机标识则类似于某个电话号码，它表示网络中具体的一台计算机编号。

二、IP 地址的表示

(1) 二进制形式表示：这是计算机网络中各硬件能直接识别和使用的形式，后面即将介绍的点分十进制地址及域名地址在计算机内部最终都要转换成二进制地址。现在使用的 IPv4 版本规定：IP 地址由 32 位二进制数组成，按 8 位为单位分为四组，如：11001010 11000100 00001110 11010001。

注：IPv4 版本由于地址有限，现已出现了地址枯竭的窘境，新一代的 IPv6 技术正在兴起，在不久的将来，必将取代 IPv4 网络。

(2) 点分十进制表示：由于二进制不容易记忆和书写，IP 地址通常还用点分十进制方式来表示，即将 32 位的 IP 地址中的每 8 位用其等效的十进制数字表示，每个十进制数字之间用小数点分开。例如：01110001 00000000 00000001 00011111，可用点分十进制方式表示为：113.0.1.31。

三、IP 地址的分类

根据 IP 地址的结构即网络标识长度和主机标识长度的不同，Internet 中的 IP 地址可分为三个主要类：A 类、B 类、C 类。除此以外，还有 D 类、E 类两个特殊形式的 IP 地址。IP 地址的分类如图 4-28 所示。

(1) A 类地址：A 类地址的第一个字节为网络标识，第 1 位规定为"0"，后三个字节(24 位)为主机标识。因此，整个 Internet 中提供的 A 类网络的数目是 2^7，而每个 A 类网可容纳的主机数最大为 $2^{24}-2$。A 类网络与其他类别网络相比，能够容纳的主机数目是最大的，但其网络数量有限，所以 A 类地址一般只用于世界上极少数具有大量主机的网络。

(2) B 类地址：B 类地址的前两个字节为网络标识，第 1、2 位规定为"10"，后两个字节为主机标识。B 类网络的数目是 2^{14}，每个 B 类网可容纳的主机数最大为 $2^{16}-2$。B 类网络适用于中等规模的网络。

(3) C 类地址：C 类地址的前三个字节为网络标识，最高三位规定为"110"，最后一个字节为主机标识。C 类网络的数目可以高达 2^{21}，因此在 Internet 中绝大部分的网络是 C 类网络。每个 C 类网络可容纳的主机数最大为 2^8-2。C 类网络地址适用于主机数不多的小型网络。

图 4-28　IP 地址的分类

四、IP 地址的管理

由于 IP 地址是在 Internet 上全局有效并且是全球唯一的，因此其分配和回收是应当由一个组织来统一管理，以避免 IP 地址冲突而导致网络不可使用。IP 地址的管理机构和管理方式是层次型的，即由最高一级的管理机构 NIC(Internet 网络信息中心)统一负责全球地址的规划和管理，并向提出地址请求的组织(对应于国家或网络)分配一个 IP 地址段，然后各组织再将这个大的地址段分成若干个小段，分配给再下一级组织，依此类推，直到最终用户从最低一级组织处分到一个 IP 地址为止。

五、域名

IP 地址是一种数字型的标识方式，这对网络硬件和软件来讲自然是最有效的，但是对于广大网络用户来说不便于记忆，且难以理解，为此 TCP/IP 协议引入了一种字符型的主机命名机制，这就是域名。在网络中域名与 IP 地址是唯一对应的，它们通过计算机网络中一台被称为 DNS(域名解析系统)的服务器来相互转换，如图 4-29 所示。

位置	域名	IP地址	地址类别
中国教育科研网	cemet.edu.cn	202.112.0.36	C
北京大学	pku.edu.cn	162.105.129.30	B
清华大学	tsinghua.edu.cn	166.111.250.2	B

图 4-29　IP 地址与域名的转换

为了避免重名，主机的域名也采用层次结构，各层次的子域名之间用圆点"."隔开，从右至左分别为第一级域名(也称顶级域名)，第二级域名，直至主机名(最低级域名)。

其结构如下：

主机名. …… . 第二级域名. 第一级域名

例如：www.pku.edu.cn 是北京大学的一个域名，其中，www 表示的是一台提供网页服务的服务器；pku 是北京大学的英文缩写；edu 表示教育机构；cn 表示中国。

为保证域名系统的通用性，Internet 国际特别委员会(IAHC)规定顶级域名为一组标准化符号和国家地区代码，另外，也可以以组织机构的性质来作为顶级域名，如表 4-2 所示。

表 4-2　顶级域名的代码及含义

顶级域名代码	代表的国家(地区)	顶级域名代码	代表的组织机构性质
cn	中国	ac	表示科研院所及科技管理部门
fr	法国	gov	表示国家政府部门
us	美国	org	表示各社会团体及民间非盈利组织
hk	香港	net	接入网络的信息和运行中心
jp	日本	com	表示商业组织、公司
tw	中国台湾	edu	表示教育单位

4.2　局域网技术及应用

局域网是目前计算机网络中最常用的一种小型网络，它一般采用光纤或超五类双绞线作为传输介质，以交换机为主要联网设备，以树型拓扑为主要网络结构。因其网速快、成本低，被广泛地应用于单位或部门的内部网、办公自动化网、校园网中。局域网是广域网的一个重要组成部分，但其技术原理和实现手段与广域网有很大的区别，这里我们先介绍局域网的一些基础知识。

4.2.1　局域网的构建模式

在局域网中，我们可以根据具体对网络管理方式的不同，将其分成对等网、基于客户机/服务器及基于浏览器/服务器三种模式。

一、对等网模式

对等网模式指在局域网中，每台计算机的地位和作用都是平等的，没有服务器和客户机之分。在不使用网络时，每一台计算机负责处理本机事务和维护自身资源的安全；而在使用网络时，每台计算机既可从网络中获取资源，也可向网络提供资源。一个典型的对等网模式如图 4-30 所示。

图 4-30　对等网模式

对等网的结构简单，其资源被分布到许多计算机中，因此对硬件的需求比较低，不需要高端服务器，节省网络成本；同时，对等网络不需要安装功能复杂的网络操作系统，每一台机器都可以独立设置本机的共享资源、用户访问及权限等，管理网络的工作被分配给每台计算机的用户，因此对等网络很容易安装和管理。

当然对等网的缺点也是非常明显的，那就是提供较少的服务功能，每个站点既要承担通信处理功能，又要进行网络资源和服务管理，因此信息处理能力下降，并且难以确定文件的位置，网络数据分散，使得整个网络难以管理。

二、基于客户机/服务器模式

基于客户机/服务器模式(Client/Server 模式，C/S 模式)在拓扑结构上与对等模式没有太大的区别。在这种模式的局域网中，由一台或几台配置较高功能强大的小型机或微机运行网络操作系统来担当服务器(Server)，用于对网络中的用户和共享资源进行集中管理，用户必需先要以合法的身份登录到网络，然后才能按系统分配的权限来访问和使用网络中的各种资源，其结构如图 4-31 所示。

基于客户机/服务器模式网络的优点是易于实现资源的管理和备份，具有良好的安全性和可靠性，但其构建成本较高，适用于对数据安全要求严格的场合。

图 4-31　C/S 网络结构

三、浏览器/服务器模式(Brower/Server)

浏览器/服务器模式(Brower/Server 模式，B/S 模式)将各种网络资源和核心数据库存放在服务器上，而客户端通过浏览器来获得相应的数据和服务。它是随着 Internet 技术的兴起，利用不断成熟的浏览器技术，结合多种 Script 语言(VBScript、JavaScript 等)和 ActiveX 技术，对 C/S 结构的一种变化和改进。

在 B/S 体系结构系统中，用户通过浏览器向分布在网络上的许多服务器发出请求，服务器对浏览器的请求进行处理，将用户所需信息返回到浏览器，而其余如数据请求、加工、结果返回以及动态网页生成、对数据库的访问和应用程序的执行等工作全部由 Web Server 完成。随着 Windows 将浏览器技术植入操作系统内部，这种结构已成为当今应用软件的首选体系结构。显然 B/S 结构应用程序相对于传统的 C/S 结构应用程序是一个非常大的进步。

B/S 结构的主要特点是分布性强、维护方便、开发简单且共享性强、总体拥有成本低。

当然，B/S 结构也存在数据安全性较差、对服务器要求过高、数据传输速度慢、软件的个性化特点明显降低等问题。

4.2.2　局域网的配置及测试

一般来说，用户如果要将自己的计算机连入局域网，首先要在自己计算机中安装一块网卡(主板上已经集成网卡的情况除外)，并正确安装驱动程序，然后通过双绞线、水晶头连接到网络交换机的一个空闲端口上，以实现本机与网络的物理连接，然后还需要对网卡的参数进行配置和测试，这样才能实现计算机与网络的数据通信。

一、局域网配置

由于现在的局域网一般都采用 TCP/IP 协议，因此，对计算机网络属性的配置实际上就是对 TCP/IP 参数的设置，具体步骤如下：

(1) 依次打开"开始"—"控制面板"—"网络和共享中心"，并在窗口中单击"更改适配器设置"链接，打开如图 4-32 所示的"网络连接"窗口。

图 4-32　"网络连接"窗口

(2) 在网络连接窗口右击"本地连接"，在快捷菜单中选择"属性"，打开"本地连接属性"对话框，选择"网络"选项卡，如图 4-33 所示。

图 4-33　设置本地连接属性

(3) 在"本地连接属性"对话框中双击"Internet 协议版本 4(TCP/IPv4)"选项，打开"Internet 协议版本 4(TCP/IP)属性"对话框，在该对话框中可设置 IP 属性，如图 4-34 所示。

图 4-34　设置 IP 属性

(4) 如果计算机网络中存在自动分配 IP 地址的 DHCP 服务器(具体可咨询提供网络接入的 ISP)，可在对话框中选择"自动获得 IP 地址"项，这样可以省去手工输入的麻烦，同时还可避免输入出错或 IP 地址冲突的情况。如果没有，则需要选择"使用下面的 IP 地址"项，并依次输入用户申请入网时从网络管理员处得到的 IP 地址、子网掩码、默认网关及 DNS 服务器地址等。

(5) 设置完成后，单击"确定"按钮，关闭对话框。

二、网络连接测试

网络配置完成后，为了验证配置是否生效、能否和网络上的其他计算机进行通信，还需要对网络进行测试。在 Windows 中，可使用"ipconfig"和"ping"命令来测试。

1．ipconfig

ipconfig 命令用于显示本地连接(网卡)当前的 TCP/IP 网络配置值，用来验证人工配置的 TCP/IP 属性是否正确。如果计算机所在的局域网使用了动态主机配置协议(DHCP)，这个程序所显示的信息就更加实用。这时，ipconfig 可以让我们了解自己的计算机是否成功地租用到一个 IP 地址，如果租用到则可以了解它目前分配到的是什么地址。ipconifig 不仅可以查看计算机当前的 IP 地址，还可以查看子网掩码和默认网关以及 DNS 服务器的地址等信息。这些信息对测试网络故障和分析故障原因是非常必要的，其使用格式为：

　　　ipconfig [/all] [/renew] [/ release]

参数说明：

■ [ ]中的参数均为可选，使用不带参数的命令可以显示网卡的 IP 地址、子网掩码、默认网关。

■ all：显示本地连接的完整 TCP/IP 配置信息。

■ renew：更新本地连接的 DHCP 配置。

■ release：释放本地连接的当前 DHCP 配置，并丢弃 IP 地址配置。

使用示例：

(1) 打开"开始"菜单，然后在"搜索程序和文件"文本框中输入"CMD"并按下回车键，打开"命令提示符"窗口。

(2) 在光标位置处输入"ipconfig /all"并按下回车键，显示运行结果，如图 4-35 所示。如果与在刚才在"Internet 协议(TCP/IP)属性"对话框中设置的参数一致，说明设置已生效。

图 4-35　ipconfig 命令的使用结果

2．ping

该命令的功能是校验本机与网络中其他计算机的连接状况，即从本机向目的主机发送4个32字节的数据包，并计算目的对方计算机的响应时间，若响应时间小于400 ms 即为正常。该命令的格式如下：

　　ping 目标主机 IP 地址/域名

参数说明：

■ 目标主机 IP 地址：指要与之通信的主机的 IP 地址，在实际应用中，一般以默认网关作为测试对象，如使用 61.189.159.145。

■ 目标主机域名：当我们不知道对方主机的 IP 地址时，可使用对方的域名。例如：若测试本机能否是连接到"新浪网"，可输入：ping www.wina.com。

使用示例：

(1) 在"命令提示符"窗口中输入"ping www.sina.com.cn "，显示运行结果，如图 4-36 所示，表明本机能连接到"新浪网"的主机。

图 4-36　ping 命令的使用结果 1

(2) 在"命令提示符"窗口中输入"ping 210.33.119.117"，显示运行结果如图 4-37 所示。这时返回 4 个 "Request time out" 信息，说明本机与对方主机连接不通或对方主机拒绝了本机的 ping 请求。

图 4-37　ping 命令的使用结果 2

4.2.3　局域网的简单应用

局域网相对于广域网来说具有速度快、延迟小的特点，因此其应用十分广泛，比较典型的应用包括：文件共享、文件的上传与下载、磁盘共享、打印共享及远程桌面共享等。

一、在局域网中文件及文件夹的共享

共享是使计算机中的软件及硬件资源不仅能被本机或本用户使用，而且还可通过计算机网络被其他用户使用，这是节约资源和充分利用资源的一种有效手段。Windows 7 提供了丰富及安全的共享功能，用户不仅可以使用系统提供的共享文件夹，而且还可以设置自己的共享文件夹。另外，在 Windows 7 中，文件是不能直接共享的，如果要共享某个文件，可将其移动或复制到某个共享的文件夹中。为实现共享功能，可按以下步骤操作。

1. 同步工作组

不管使用的是什么版本的 Windows 操作系统，首先要保证联网的各计算机的工作组名称一致且计算机名不同。

要查看或更改计算机的工作组、计算机名等信息，可在桌面上右击"计算机"图标，在弹出的快捷菜单中选择"属性"，如图 4-38 所示。

图 4-38　查看计算机名和工作组

若需更改相关信息，可在"计算机名称、域和工作组设置"一栏中单击"更改设置"按钮，打开"系统属性"对话框，再单击"更改"按钮，打开"计算机名/域更改"对话框，如图 4-39 所示。

图 4-39　"系统属性"和"计算机名/域更改"对话框

在对话框中输入合适的计算机名和工作组名(确保两台或多台联网的计算机拥有相同的工作组名和不同的计算机名)，然后单击"确定"按钮，重新启动计算机使更改生效。

2. 设置高级共享

在桌面上右击"网络"图标，在弹出的快捷菜单中选择"属性"，打开"网络和共享中心"窗口，如图 4-40 所示。

图 4-40　"网络和共享中心"窗口

在窗口左侧面板中单击"家庭组"链接，打开"更改家庭组设置"窗口，设置准备共享的资源和文件夹，如图 4-41 所示。设置完成后单击"保存修改"按钮，可返回"网络和共享中心"窗口。

图 4-41　设置 Windows 7 的共享资源

　　在"网络和共享中心"窗口左面板中单击"更改高级共享设置"链接，打开"高级共享设置"窗口，如图 4-42 所示。

图 4-42　"高级共享设置"窗口

　　在窗口中将"网络发现"、"文件和打印机共享"、"公用文件夹共享"等项设置为启用，"家庭组"部分选择"允许 Windows 管理家庭组连接(推荐)"，将"密码保护的共享"部分设置为"关闭密码保护共享"，然后单击"保存修改"按钮，可返回"网络和共享中心"窗口。

　　再在"网络和共享中心"窗口左面板中单击"Windows 防火墙"链接，在打开的窗口中单击"允许程序或功能通过 Windows 防火墙"，确保"允许的程序和功能"列表中选定以下项目："家庭组"、"文件和打印机共享"、"远程桌面"，如图 4-43 所示，然后单击"确定"按钮。

图 4-43　设置允许程序或功能通过 Windows 防火墙

3. 共享文件或文件夹

在 Windows 7 中共享文件的方法非常简单，只需将准备共享的对象移动或复制到公共文件夹中即可，具体可按以下步骤操作：

(1) 剪切或复制准备共享的文件。

(2) 在桌面上双击"网络"图标，依次单击"本地计算机名"—"Users(当前登录用户名)"—"公用"，再根据准备共享的资源类型选择一个适合文件夹进行粘贴即可，如图 4-44 所示。

图 4-44　将资源复制到共享文件夹

当然，除了将共享对象放到公共文件夹以外，Windows 7 还提供了直接共享文件夹的功能，具体可按以下步骤操作：

(1) 右击准备共享的文件夹，从快捷菜单中选择"共享"—"特定用户"，如图 4-45 所示。

图 4-45　设置特殊用户共享

(2) 在打开的"文件共享"窗口的"选择要与其共享的用户"列表中选择"Everyone"(注意：如果此用户组不存在，则需从中选择并"添加"到列表)，并在权限选择栏内勾选将要赋予 Everyone 的相应权限(读取、读/写、删除)，设置完成后单击"共享"按钮，当出现如图 4-46 和图 4-47 所示的窗口时表明共享设置完成。

图 4-46　设置共享权限

图 4-47　完成特殊用户共享

　　注意：如果某文件夹被设为共享，它的所有子文件夹将默认也被共享。

4. 访问共享文件夹

　　当共享设置完成后，就可以在网络上的其他计算机桌面上双击"网络"图标来访问该机共享的资源，如图 4-48 和图 4-49 所示。

图 4-48　网络中共享的计算机列表

图 4-49　共享计算机中可访问的资源列表

对于那些经常要使用的共享文件夹或磁盘，Windows 7 提供了另一种更加简单、快捷的访问手段——映射网络磁盘，将共享文件夹或磁盘图标添加到"计算机"窗口中，就可以像使用本机磁盘一样来使用共享的文件或磁盘。具体可在共享文件夹或磁盘图标上右击，从快捷菜单中选择"映射网络驱动器"命令，再在如图 4-50 和图 4-51 所示的窗口中进行简单设置即可。

图 4-50　映射网络驱动器

图 4-51　映射成功后的网络驱动器

当然，如果被共享的计算机中安装了打印机，并且设置了打印机共享，网络中的其他用户也可通过网络来使用远程打印机，如图 4-52 和图 4-53 所示。

图 4-52　网络中共享的打印机列表

图 4-53　使用网络打印机

另外，前面我们介绍的共享方式是基于家庭组信任级别的，即家庭组中的所有用户或计算机都可访问共享资源，安全性较低，一般不提倡使用。为提高安全级别，可在"高级共享设置"窗口中将"网络发现"关闭，并启用"打开密码保护共享"，这样，共享的计算机就不会出现在"网络"列表中，当需要访问此计算机时，可在其他计算机资源管理器窗口的地址栏中输入"\\共享主机的 IP 地址(如\\192.168.1.204)"，如图 4-54 所示。

图 4-54　通过资源管理器窗口访问共享计算机

　　当连接到访问主机后，会打开如图 4-55 所示登录对话框，正确输入对方计算机提供的用户名和密码后，单击"确定"按钮，即可看到共享资源，如图 4-56 所示。

图 4-55　登录到共享的计算机

图 4-56　对方计算机显示的共享资源

二、在局域网中实现远程桌面

使用 Windows 7 的远程桌面，用户可以从其他计算机登录到自己的计算机，访问所有应用程序、文件和网络资源，就好像将自己计算机的键盘、鼠标及显示器搬到其他的计算机上一样。

当从其他计算机通过远程桌面连接到自己的计算机时，系统将自动锁定自己的计算机，而当在自己的计算机重新登录时，会自动断开远程桌面。

1．远程桌面的设置

在让网络中的其他计算机通过远程桌面对自己的计算机进行连接前，先要对本机进行一些设置，具体步骤如下：

(1) 通过 ipconfig 命令获取本机 IP 地址。

(2) 在"控制面板"的"用户帐户"管理中新增一个专门用于远程桌面的用户，并根据需要设置其权限和密码。

(3) 在本机桌面上右击"计算机"图标，选择"属性"命令，再在"系统"属性窗口左侧单击"高级系统设置"，选择"远程"选项卡，启用"允许运行任意版本远程桌面的计算机连接(较不安全)"选项，如图 4-57 所示。

图 4-57　设置允许远程连接

2．连接到远程桌面

在要远程连接的计算机中依次打开"开始"—"所有程序"—"附件"—"远程桌面连接"，在打开的对话框中输入远程的计算机 IP 地址或计算机名和密码，单击"连接"按钮，如图 4-58 所示。

图 4-58　进行远程连接

　　当远程的计算机同意远程桌面请求后，连接成功，并在本机桌面上显示远程主机的桌面，如图 4-59 所示。

图 4-59　启用远程桌面连接

4.3　Internet 及其应用

Internet 也称国际互联网，或国际计算机信息资源网，它是一个采用 TCP/IP 协议把各个国家、各个部门、各种机构的内部网络连接起来的数据通信网，也是一个通过光纤、微波及路由器将世界不同地区、不同规模、不同类型的网络互相连接起来的全球性的广域网。由于其提供了丰富的服务和资源，因此，越来越多的用户和组织加入到了其中，Internet 已经成为人们工作、学习、生活必不可少的工具。

4.3.1　Internet 的产生及发展

Internet 始于 1968 年美国国防部高级研究计划局(ARPA)提出并资助的实验性军用网络 ARPANET，其目是将各地不同的主机以一种对等的通信方式连接起来，建立一个覆盖全国的网络以便于研究发展计划的进行，并为各地用户提供计算资源和多途径的访问，虽然当时连接的计算机数量较少，但在这个网络的基础上发展了互联网络通信协议的一些最基本的概念，使 ARPANET 成为 Internet 的前身。

20 世纪 80 年代初期，TCP/IP 成为 ARPANET 上的标准通信协议，标志着真正的 Internet 出现。

20 世纪 80 年代后期，ARPANET 宣布解散，与此同时，美国国家科学基金会(NSF)发现 Internet 在科学研究上的重大价值，即在美国政府的资助下，采用 TCP/IP 协议将美国五大超级计算机中心连接起来，组建了 NFSNET 网络，并围绕 NFSNET 又发展了一系列新的网络，它们通过骨干网节点相互传递信息，推动了 Internet 的发展。1992 年美国高级网络和服务公司 ANS 组建了新的广域网 ANSNET，以取代 NSFNET，其传输容量是 NSFNET 的 30 倍，传输速率达到 45 Mb/s，成为目前 Internet 的骨干网。

20 世纪 90 年代，由于 Internet 的发展和巨大成功，吸引了世界各先进工业国家和各大商业机构纷纷加入到其中，成为 Internet 发展的一个重要动力，此后成千上万的用户和网络以惊人的速度增长。Internet 的规模迅速扩大，其应用领域也突破原来的限制，并逐步过度为商业网络。时至今日，Internet 通过各种高速通信设备和线路将全世界几乎所有的国家连接起来，已成为全球规模最大、用户数最多的网络，如图 4-60 所示。

Internet 虽然在我国起步较晚，但发展非常迅速。1987～1993 年我国开始开展 Internet 的科学研究和技术合作，并通过拨号(X.25 协议)实现了电子邮件服务。1994 年 4 月开始，正式实现了 TCP/IP 连接，到 1996 年初已形成了以 CHINANET、NCFC、CERNET、CHINAGBNET 为国际出口的网络体系。

(1) 中国公用计算机互联网(CHINANET)：中国邮电部组建，包括 8 个地区的网络中心和 31 个省市的网络分中心，是一个可在全国范围提供 Internet 商业服务的网络。目前在北京、上海分别有两条专线作为国际出口。

(2) 中国国家计算机与网络设施(NCFC)：底层为中科院、北京大学、清华大学的校园网，高层为国内其他科研与教育单位的院校网及接入 Internet 的 NCFC 主干网。

(3) 中国教育和科研计算机网(CERNET)：1994 年由国家计委、国家教委出资组建。

CERNET 已建成由全国主干网、地区网和校园网在内的三级层次结构网络。

（4）中国国家公用经济信息通信网(CHINAGBNET)：1993 年开始建设，至今在全国 24 个省市联网开通，是建立金桥工程的业务网，也是一个可在全国范围提供 Internet 商业服务的网络。

图 4-60　全球互联网骨干线路结构

4.3.2　Internet 的接入

Internet 是覆盖全球的网络，其各级主干网是由光纤铺设而成的，但是 Internet 并没有真正直接接入千家万户，因此，用户必须通过各 ISP 提供的线路和服务接入到 Internet 上去，如图 4-61 所示。

图 4-61　Internet 接入模型

ISP(Internet Service Provider)是互联网服务提供商的简称，为 Internet 用户提供综合互联网接入业务、信息业务和增值业务，国内主要的 ISP 如表 4-3 所示。

表 4-3　我国大型互联骨干网的国际出口带宽

骨干网	中文名称	国际出口带宽 (Gb/s)	说　明
ChinaNet	中国公用计算机互联网	809.9	商业网，信息产业部主管
CNCNet	中国联通计算机互联网	466.9	商业网，信息产业部主管
CMNet	中国移动互联网	82.6	商业网，信息产业部主管
CSTNet	中国科技网	18.5	公益网，科技部主管
CERNet	中国教育和科研计算机互联网	11.7	公益网，科技部主管

一、拨号接入

拨号接入是利用普通公用电话网接入 Internet 的方式，如图 4-62 所示。由于电话线只能传输模拟信号，所以在用户端和 ISP 端都需要配置调制解调器(Modem)，用于模拟信号和数字信号的转换和数据的收发，其中将计算机的数字信号转换为模拟信号称为调制，将模拟信号转换成数字信号称为解调。

图 4-62　拨号接入 Internet

由于拨号接入存在数据传输速度慢(最高速率只有 56 kb/s)、语音和数据不能共存(在上网时不能打电话，打电话时不能上网)、费用高(使用费用按时计费，费用由两部分组成：通话时长费用+网络服务费用)等缺点，现已逐渐退出应用领域，但一些不具备其他接入方式的地区和对于一些上网时间不很长，对网速要求不高的用户而言，拨号上网也不失为一种好方法。

二、非对称数字用户线路(Asymmetric Digital Subscriber Line，ADSL)

该系统在用户端采用 ADSL 调制解调器,通过普通电话线连接到电话交换局前端 ADSL 解调设备，解调后送入 ATM 网，可以实现上行 1 Mb/s、下行高达 8 Mb/s 的传输速度。ADSL 在调制方式上采用离散多音复用技术，在一对铜线上用 0～4 kHz 传输电话音频，用 26 kHz～1.1 MHz 传输数据，并将它以 4 kHz 的宽度划分为 25 个上行子通道和 249 个下行子通道，利用 ADSL 上网时，ADSL Modem 产生三个信息通道，即一个为标准电话通道、一个为 640 Kb/s～1 Mb/s 上行通道、一个为 1 Mb/s～8 Mb/s 的高速下行通道，三个信道同时能进行 ADSL 传输，而又互不影响，如图 4-63 所示。

图 4-63　ADSL 接入 Internet

另外，最新的 VDSL2 技术可以达到上、下行各 100 Mb/s 的速率，特点是速率稳定、带宽独享、语音数据不干扰等。适用于家庭、个人等用户的大多数网络应用需求，满足一些宽带业务包括 IPTV、视频点播(VOD)、远程教学、可视电话、多媒体检索、LAN 互联和 Internet 接入等。

三、小区宽带接入(局域网接入)

小区宽带接入是一种光纤接入方式，网络运营商 ISP 引光纤到小区，一般带宽是 100 Mb/s，在小区内部组建局域网，小区用户共享这条光纤的带宽，即 FTTX+LAN 方式。与 ADSL 相比，ADSL 宽带是独享的，速度比较稳定，小区光纤接入带宽是被小区用户共享的，如果小区同时上网的用户过多，或者是有的人流量特别大，就会影响上网速度。这种接入方式对用户设备要求最低，只需一台带 10/100 Mb/s 自适应网卡的电脑，软件设置方面需要配置 IP 地址或自动获取 IP 地址，如图 4-64 所示。

图 4-64　小区宽带接入 Internet

四、无线接入

无线接入分两种，一种是通过手机开通数据功能，以电脑通过手机或无线上网卡来达到无线上网，速度则根据使用不同的技术、终端支持速度和信号纯度共同决定；另一种无线上网方式即无线网络设备，它是以传统局域网为基础，以无线 AP 或无线路由器和无线网卡来构建的无线上网方式，也称为 Wi-Fi 接入。

1．Wi-Fi 接入

Wi-Fi 全称 Wireless Fidelity。Wi-Fi 是把有线网络信号转换成无线信号，供支持 Wi-Fi 技术的电脑、手机、PAD 等接收的无线网络传输技术。

Wi-Fi 是由无线接入点 AP 或无线路由器与无线网卡组成的无线网络。AP 或无线路由器是有线局域网络与无线局域网络之间的桥梁，只要在家庭中的 ADSL 或小区宽带中加装无线路由器就可以把有线信号转换成 Wi-Fi 信号,而无线网卡则是负责接收 AP 或无线路由去分享有线局域网络甚至广域网络的资源，如图 4-65 所示。

根据无线网卡使用的标准不同,Wi-Fi 的速度也有所不同。IEEE808.11b 最高为 11 Mb/s，IEEE802.11g 为 54 Mb/s，IEEE802.11n 为 600 Mb/s。

图 4-65　家庭 Wi-Fi 接入 Internet

2. 利用 3G/4G 网络手机接入

3G 网络以第三代移动通信技术为基础，将无线通信与国际互联网等多媒体通信手段相结合，是新一代移动通信系统。中国电信 CDMA、中国联通 WCDMA、中国移动 TD-CDMA 等都是 3G 网络。3G 网络上网理论速率可以达到 2 Mb/s。

4G 网络是第四代移动通信网络。目前 ITU 审批的 4G 标准有两个，一个是由我国研发的 TD-LTE，它是由 TD-SCDMA 演进而来的，另外一个是欧洲研发的 LTE-FDD，它是由 WCDMA 演进而来的。4G 上网速度可达 60 Mb/s，比 3G 网络快几十倍，如图 4-66 所示。

图 4-66　3G、4G 接入 Internet

4.3.3　Internet 中 的 服务

Internet 之所以受到大量用户的青睐，是因为它能够提供丰富的服务，主要包括：

(1) 信息浏览(WWW)：它是因特网上发展最快和使用最广的服务。它以超文本和链接技术为基础，将全世界的各种信息有机地组织在一起，驻留在网站服务器上，用户使用本机上的浏览器来检索和查阅各自所需的信息。

(2) 电子邮件(E-mail)：电子邮件是因特网上最早提供的服务之一。通过因特网和电子邮件地址，通信双方可以快速、方便和经济地收发电子邮件，而且电子信箱不受用户所在地理位置的限制，只要能连接上因特网，就能使用电子信箱。它具有省时、省钱、方便和不受地理位置的限制等优点，现已成为人们使用最多的交流方式之一。

(3) 文件传输(FTP)：它为因特网用户提供在网络上传和下载各种类型文件的功能，不仅扩大了用户的存储空间，而且也是用户保证文件安全的有效手段之一。FTP 服务分普通FTP 服务和匿名(Anonymous)FTP 服务两种。普通 FTP 服务向注册用户提供文件传输服务，而匿名 FTP 服务能向任何因特网用户提供核定的文件传输服务。

(4) 远程登录(Telnet)：远程登录是一台主机的因特网用户，使用另一台主机的登录帐号和口令与该主机实现连接，作为它的一个远程终端使用该主机的资源的服务。

此外，因特网还提供电子公告牌(BBS)、IP 电话、网络视频会议、网上远程教学、网络游戏、视频点播、网络论坛、聊天室、电子政务、电子商务、网上银行和网上购物等多种特殊的服务。

4.3.4　WWW 的 使用

WWW(即万维网)是 World Wide Web 的缩写，简称 3W，是 Internet 上一个非常重要的信息资源网。3W 是 20 世纪 90 年代初在 Internet 上新出现的服务，它遵循超文本传输协议HTTP，以超文本或超媒体技术为基础，将 Internet 上各种类型的信息资源(包括文本、数字、声音、图形、图像、影视等)巧妙地集合在一起，形成 Web 信息，驻留在 Web 服务器上，供用户快速访问或查询。

一、WWW 中的几个重要概念

(1) 网页：也称为 Web 页，它采用超文本标记语言(即 HTML，一种用来做网页设计的计算机语言)编写程序，将各种类型信息资源有机地组合在一个页面上，即在一个网页中可以有序地包含文字、表格、图片、声音、视频动画等信息及其他数据资源。

(2) 链接：在 Web 页中，通常都有一些带下划线的文字或图片，将鼠标光标移到其上面时，光标会变成一只小手形，这些文字和图形通常称为链接或超链接，单击链接就可以从一个网页转到另一网页去，依此类推，再单击新网页中的链接又能转到其他网页。

（3）网站：通常是指单位、公司或个人用于保存或发布网页的计算机或服务器。在 Internet 中该计算机除了拥有一个唯一 Internet IP 地址外，一般还拥有一个唯一的域名地址（如：www.edu.cn），当其他用户在其浏览器的地址栏中输入域名或 IP 地址后，网络就会采用超文本传输协议(HTTP，一种专门用来在网络中传输网页信息的协议)将保存在该计算机中的网页信息传送到用户计算机，并显示在用户的浏览器窗口中。

（4）主页：网站的第一个 Web 页或起始页通常称为主页，它包含了进一步打开网站其他内容的链接，用户要访问一个网站的具体内容，往往都是从主页开始的。

（5）统一资源定位器：通常也称为 URL，用来描述 Web 页或包含在 Web 页中各种资源的地址和访问它时所用的协议，其使用格式如下：

协议://IP 地址或域名/路径/文件名

其中：

■ 协议：指服务方式或获取数据的方法，简单地说就是"游戏规则"。常用的访问方式有 http、ftp 等，分别表示使用 http 或 ftp 协议来访问该主机。

■ IP 地址或域名：是指存放该资源的主机的 IP 地址或域名。

■ 路径和文件名：是用路径的形式表示 Web 页在主机中的具体位置(如文件夹、文件名等)。

如 http://www.gzmu.edu.cn/web/html/salsa.html 就是一个 Web 页的 URL，它告诉系统：使用超文本传输协议(http)来访问域名为 www.gznc.edu.cn 的主机上的 web 文件夹中下的 html 文件夹中的一个 HTML 语言文件 salsa.html。

（6）浏览器：浏览器是一种用户使用 WWW 的客户端软件工具。它安装在用户的计算机上，在基于 Web 的浏览器/服务器(B/S)工作环境中，浏览器起着控制的作用，它能一方面将用户的请求(如在地址栏中输入某个网站地址、在网页中单击某个链接、下载某个资源等)转换成网络上计算机能够识别的命令，送到要访问的 WWW 服务器上。另一方面，WWW 服务器上运行的服务程序在收到请求后，把用户指定访问的资源文件通过 HTTP 协议传送回用户的计算机，经浏览器解释后，把用超文本标记语言描述的信息转换成便于理解的网页形式并显示在浏览器窗口中。

用户要访问 WWW 服务器，必须在本地计算机上运行浏览器。浏览器软件有很多种，目前最常用的 Web 浏览器是 Netscape 公司的 Navigator 和 Microsoft 公司的 Internet Explorer。当然还有很多基于 IE 核心开发的更方便、实用的浏览器，如 myIE、腾讯 TT 等。

Internet Explorer 从 Windows 98 起便以组件的形式集成到了操作系统中，成为操作系统的一部分，并随之一起安装。Internet Explorer 发展至今先后经历了 4.0、5.0、6.0、7.0 等多个版本，下面我们就以当前广泛使用的 Internet Explorer 11 来讲解浏览器以及使用，下面将其简称为 IE11。

二、IE11 浏览器的启动

双击桌面上的"Internet Explorer"图标，或单击"开始"按钮，在"开始"菜单中选择"Internet Explorer"命令，即可打开 IE11 的窗口，如图 4-67 所示。

图 4-67　Internet Explorer 窗口组成

三、IE11 的窗口组成

(1) 标题栏：显示三个窗口控制按钮，依次为"最小化"、"最大化/还原"和"关闭"按钮，可对浏览器窗口大小进行控制和移动操作。

(2) 地址栏：地址栏显示当前打开的 Web 页面的地址，用户也可以在地址栏中重新输入要打开的 Web 页面地址，或单击地址栏右侧向下指的三角形按钮，打开一下拉列表，列出最近浏览过的几个页面，单击选定的页面，就可转到该页面。地址栏的左边还包含前进和后退两个按钮，用于在不同层次级别的 Web 页中进行跳转控制。

(3) 菜单栏：包含了对 IE 窗口进行操作的各类菜单命令，如"文件"、"编辑"、"查看"、"收藏"、"工具"、"帮助"等，其具体功能和用法将在后面介绍。

(4) 工具栏：菜单栏下面是工具栏，包含了用户在浏览网页时最常用的一些命令，如图 4-68 所示。

图 4-68　IE11 的常用工具栏

- 主页：打开、设置或删除浏览器默认的起始主页。
- 源连接：提供更新的网站内容。
- 阅读邮件：启动 Microsoft Outlook 组件来阅读或管理电子邮件。
- 打印：将当前页面输出到打印机。
- 页面：对当前页面进行编辑或设置页面属性。

■　安全选项：设置页面安全属性。

　　■　工具选项：和"工具"菜单相似，提供实用 IE 工具选项。

　　■　帮助选项：和"帮助"菜单相似，提供 IE 帮助。

　　(5) 滚动条：分为水平滚动条和垂直滚动条，分别位于 Web 浏览窗口的下方和右侧，当打开的网页页面超过窗口范围时，可以调整显示内容(也可使用鼠标上的滚轮)。

　　(6) Web 浏览窗口：用于显示网页的信息。

　　(7) 状态栏：窗口最下端的是状态栏。状态栏中显示了当前的状态信息，包括打开网页、搜索 Web 地址、指示下载进度、确认是否脱机浏览以及网络类型号信息。

　　注意：可以在标题栏空白处右击，在快捷菜单中设定浏览器窗口是否显示"菜单栏"、"收藏夹栏"、"命令栏"和"状态栏"。

四、设置 IE11

　　在桌面上右击 IE11 图标，从快捷菜单中选择"属性"命令，或者先启动 IE，再执行"工具"菜单下的"Internet 选项"命令，即可打开"Internet 选项"对话框，如图 4-69 所示，在该对话框中，共包含"常规"、"安全"、"隐私"、"内容"、"连接"、"程序"和"高级"七个选项卡，这里仅介绍普通用户常用的"常规"和"安全"两个项目。

图 4-69　IE11 的常规属性设置

1．常规设置

　　(1) 主页：即启动 IE11 后自动连接到的第一个网站，通常为 Microsoft 公司的主页。用户也可以将自己最经常访问的网站地址输入到地址栏中，作为 IE11 的起始页。另外还可以单击"使用当前页"将当前打开的网页设置为 IE11 的起始页；也可以单击"使用默认值"

将 Microsoft 公司的主页设置为 IE11 的起始页；或单击"使用新选项卡"按钮，设置当启动后打开网站搜索页面，如图 4-70 所示。

图 4-70　设置 IE 主页

(2) 启动：用于设置 IE11 下次打开时是从主页开始还是从上次关闭时打开的页面开始。

(3) 选项卡：用于更改网页在选项卡中的显示方式。

(4) 历史记录：历史记录是在浏览网页时由 Internet Explorer 记住并存储在电脑上的信息，包括临时 Internet 文件和网站文件(存储在电脑上的页面、图像和其他媒体内容的副本，下次访问这些网站时，浏览器可以使用这些副本更快地加载内容)、Cookie 和网站数据(网站在电脑上存储的信息，用于记住个人的偏好，如登录信息或位置)、历史记录(所访问的网站列表)、下载历史记录(从 Web 下载的文件列表)、表单数据(输入表单的信息，如电子邮件或发货地址)、密码(保存的网站密码)、跟踪保护、ActiveX 筛选和 Do Not Track(从 ActiveX 筛选中排除的网站，以及浏览器用来检测跟踪活动的数据)、收藏夹(保存到收藏夹的网站列表)，在使用共享或公用电脑时，可能不希望让 Internet Explorer 自动记住这些数据，也可手动清除这些数据。单击"删除"按钮可打开"删除浏览历史记录"对话框进行设置，如图 4-71 所示。也可单击"设置"按钮打开"网站数据设置"对话框对 Internet 临时文件、历史记录、缓存和数据库等项目进行设置，如图 4-72 所示。

图 4-71　设置历史记录　　　　　　　　图 4-72　设置网站数据

(5) 外观：可以设定浏览器窗口的颜色、语言、字体及其他辅助功能等信息。

2. 安全设置

Internet 的安全问题对很多人来说并不陌生,但是真正了解它并引起足够重视的人却不多,其实在 IE11 浏览器中就提供了对 Internet 进行安全设置的功能,用户使用它就可以对 Internet 进行一些基础的安全设置,以防止有害信息破坏计算机系统。在"Internet 选项"对话框中单击"安全"页框,即可打开"安全"选项卡,如图 4-73 所示。

图 4-73　IE11 的安全属性设置

在该选项卡中用户可为 Internet 区域、本地 Intranet(企业内部互联网)、受信任的站点及受限制的站点设定安全级别。当用户在"选择要查看的区域或更改安全设置"列表框中选择一个项目后,在"该区域的安全级别"选项组中即可显示安全级别的说明信息,拖动滑块可调整默认的安全级别。(注意:若用户调整的安全级别小于其默认级别,则弹出"警告"对话框)。若用户要自定义安全级别,可单击"自定义级别"按钮,在弹出的"安全设置"对话框进行详细设置,也可单击"站点"按钮,将网站添加到"Web 站点"列表框中。

3. 重置 Internet Explorer

如果 Internet Explorer 在使用的过程中产生了错误或者用户想还原所有的设置,可以重置 Internet Explorer,将 Internet Explorer 恢复到刚安装时的状态,具体操作步骤如下:

(1) 关闭当前打开的所有 Internet Explorer 窗口。

(2) 在任务栏上,单击 Internet Explorer 图标以打开 Internet Explorer。

(3) 单击"工具"按钮,然后单击"Internet 选项"。

(4) 单击"高级"选项卡,然后单击"重置"。

(5) 在"重置 Internet Explorer 设置"对话框中,单击"重置"。

(6) 当 Internet Explorer 完成默认设置的应用之后,单击"关闭",然后单击"确定"按钮。

注意: 重置 Internet Explorer 是不可逆的操作,并且需要重新启动电脑才能生效。

五、使用 IE11 浏览网页

在设置完 IE11 以后,就可以使用其来浏览网站上的内容了。一般来说当 IE11 启动后打开的是设置的默认网站，如果用户要访问其他的网站，可按以下几种方法来操作：

(1) 在地址栏中输入该网站的 Web 地址。IE11 为地址输入提供了许多方便，如由于 IE 默认使用的是 http 协议，因此用户在输入网站名时其前面的 "http://" 部分可以省略，IE11 会自动补上；用户第一次输入某个地址时，IE11 会记忆这个地址，待再次输入时只需键入开始的几个字符，IE11 就会检查保存过的地址并把其开始几个字符与用户输入的字符吻合的地址罗列出来，用户可用鼠标器上、下移动亮条选中其一个而不必输入完整的 URL。输入 Web 地址后，可按回车键或单击地址栏右端的 "转到" 按钮就可转到相应的网站或页面了。

(2) 单击地址栏右端的下拉按钮，可显示曾经浏览过的 Web 页地址列表，用鼠标单击要转到的 Web 页地址，即可打开相应的网站或页面。

(3) 在 "收藏" 下拉菜单中选择要转到的 Web 页地址。

进入网站页面后，第一页称为该站点的主页，通常都设有类似目录一样的网站索引，表述网站设有哪些主要栏目、近期要闻或改动等。另外，在网页中经常出现一些彩色文字、图标、图像或带下画线的文字及图片，当鼠标光标移到其上面时，光标会变成一只小手形，这些文字和图形通常称为链接或超链接，Internet 上的各种信息和资源都是通过超链接来有机地组织在一起的，单击链接就可以从一个页面转到另一个页面，依次类推，再单击新页面中的链接又能转到其他页面。

六、保存 Web 页信息

在浏览过程中，常常会遇到一些精彩的页面需要保存下来，待以后慢慢阅读。另外将 Web 页保存到硬盘上也是一种经济的上网方法。

1. 保存当前页

(1) 在打开的网页窗口中单击 "文件" 菜单，选择 "另存为" 命令，打开 "保存网页" 对话框，如图 4-74 所示。

图 4-74　保存网页

(2) 在地址栏下拉列表框中或在左侧面板中选择一个保存网页的文件夹。

(3) 在"文件名"下拉列表框中输入文件名称。

(4) 在"保存类型"中选择一种类型，并单击"保存"按钮。

2. 保存网页中的图片

(1) 用鼠标右击网页中要保存的图片，在快捷菜单选择"图片另存为"命令，打开"保存图片"对话框。

(2) 在对话框中分别设置保存位置、保存类型和文件名，并单击"保存"按钮。

3. 保存网页中的文字

(1) 在网页中用鼠标拖动选定要保存的文字，在选定的文字上单击右键，在快捷菜单中选择"复制"命令。

(2) 打开 Windows 中的记事本程序(当然也可以选择其他文字处理程序，如 Word 等，但由于网页中的文字通常包含多种特殊的控制信息，如果在保存文字的时候不去除这些控制符，将给文字的后期进一步编辑带来很大的麻烦，而记事本程序就可以只保存文字而不保存控制符)，在记事本程序窗口的编辑区中右击，在快捷菜单中选择"粘贴"命令。

(3) 在记事本程序的"文件"菜单中选择"保存"或"另存为"命令。

(4) 在打开的"另存为"对话框中选择文件保存位置、保存类型及文件名，单击"保存"按钮，即可将网页中的文字以文本文件的方式保存下来。

七、收藏 Web 页

在使用 IE11 的过程中，用户可能会遇到一些感兴趣或要经常访问的网页，为了方便再次访问，可以将这些 Web 页收藏起来。

1. 将 Web 页地址添加到收藏夹中

(1) 打开要收藏的网页。

(2) 单击 IE11 窗口中的"收藏夹"菜单，选取"添加到收藏夹"命令，打开"添加收藏"对话框，如图 4-75 所示。

图 4-75 "添加收藏"对话框

(3) 如果要改变网页名字，则可将插入点移到"名称"框中，输入一个方便记忆的名字。

(4) 单击"创建位置"按钮，为要保存的网页选择一个在"收藏夹"的位置；或单击"新建文件夹"按钮，在收藏夹中新创建一个文件夹来保存网页地址。

(5) 单击"确定"按钮，则在收藏夹中就添加了一个网页地址。

也可在"收藏夹"菜单中选取"添加到收藏夹栏"命令，将网页地址直接添加到窗口的收藏夹栏(如果收藏夹栏设置为显示)。

2．管理收藏夹

为了使存放在收藏夹中的网页地址方便查找，IE11 提供了管理收藏夹的功能。单击"收藏夹"菜单下的"整理收藏夹"命令，打开"整理收藏夹"对话框，如图 4-76 所示。

图 4-76　"整理收藏夹"对话框

在此对话框中，可在收藏夹中新建、移动、重命名、删除文件夹或主页地址。

八、资源的检索

一般来说，要在 Internet 中快速、高效地搜索并下载指定的信息，可以使用 IE 的"搜索"按钮，但由于其功能有限，在实际的应用中，更多的是使用专门的搜索引擎加以实现。所谓搜索引擎，就是一些专门提供检索 Internet 信息功能的网站，如：

搜索引擎	URL 地址
中文 Yahoo	http://cn.yahoo.com/
找到啦	http://www.zhaodaola.com.cn/
百度	http://www.baidu.com
新浪网	http://www.sina.com
网易	http://www.163.com
搜狐	http://www.sohu.com

百度搜索引擎的界面如图 4-77 所示。

图 4-77　百度搜索引擎的界面

另外，每个搜索引擎的数据库信息的侧重点有所不同，如果使用某个搜索引擎不能检索到所需的信息，可以考虑使用其他搜索引擎。

九、资源的下载

当用户在网络上检索到感兴趣的资源后，可以将其保存到本地计算机中。一般来说，要从 Internet 下载资源，可使用 IE 直接来下载，也可使用专门的下载工具帮助下载，如图 4-78 所示。。

(1) 通过 IE 直接下载：用户直接在要下载的对象上单击右键，从快捷菜单中选择"目标另存为"命令的方式，如图 4-78 所示。这种下载方式的优点是使用简单方便，不需要其他额外软件的支持，但它采用的是单线程下载的方式，速度较慢，并且不支持"断点续传"功能，例如用户的一个下载任务完成到了 90%时，由于计算机死机、网络中断等原因导致下载失败，用户下次继续下载此资源时，必须从头开始。

(2) 利用专用工具下载：在系统中安装专用的软件(如网络蚂蚁、迅雷、电驴、超级旋风、BT 等)来完成下载任务。一般来说，这些软件在安装完成后，都会在 IE11 的快捷菜单中增加一个命令项目，用户可在要下载的对象上单击右键，从快捷菜单中选择"使用 xxxx 下载"命令，如图 4-78 所示，在打开的下载工具对话框中设置下载对象的文件名及保存位置即可，如图 4-79 所示。这种下载方式的优点是支持多线程(即下载的信息可以从网络上的多个服务器或计算机获取)、速度快，并且支持"断点续传"功能。

图 4-78　下载资源的两种常用方式

图 4-79　下载任务的设置

4.3.5　电子邮件的使用

电子邮件服务(E-mail)又称电子邮箱,是一种通过计算机网络来与其他用户进行联系的现代化通信手段。用户可以通过电子邮件服务,实现对各类文件的传送、接收、存储等处理,与传统邮件相比,电子邮件系统具有方便、经济、快捷、高效、灵活、可靠等特点,因而受到人们的普遍欢迎,成 Internet 中应用得最广泛的服务之一。

一、电子邮件工作原理

使用电子邮件服务的前提是首先要拥有自己的电子邮箱和相应的 E-mail 地址。电子邮箱是由 ISP(网络服务供应商,如中国电信、新浪、网易等)在用户申请的电子邮件服务被受理后建立的,它实际上是 ISP 在一台与 Internet 联网的、高性能、大容量计算机(称为邮件服务器)上,为邮件用户分配的一个专门存放往来邮件的磁盘存储区域,以及读取该区域的用户名及密码,而这个区域是由专门的电子邮件系统软件操作管理的。

通常邮件服务器是一台运行 UNIX 操作系统的计算机,它提供 24 小时不间断的电子邮件服务。当用户需要给网上某一用户发送邮件时,只要通过 Internet 将要发送的内容与收信人的 E-mail 地址送入邮件服务器上,电子邮件系统会自动将用户的信息通过网络一站一站地送到收信人的电子信箱中。收件人只要开启自己的电子邮箱,便可读取自己的邮件,还可将收到的信再转发给其他用户。

二、E-mail 地址

E-mail 地址就是在邮件服务器上的电子邮箱地址。每个使用 E-mail 的用户都必须至少有一个 E-mail 地址,这是在用户向 ISP 申请电子邮箱时分配的,同时分配的还有一个开启该电子邮箱的口令。和 IP 地址和域名一样,E-mail 地址也是全球唯一的,Mail Server 将根据收件人的 E-mail 地址把电子邮件送往其电子邮箱,只有该地址所对应邮箱的用户才有读取信件的权限。在 Internet 上,一个完整的 E-mail 地址由两部分组成,如图 4-80 所示,例如:pingzh_123@sina.com。

用户名	@	电子邮箱所在Mail Server的域名

图 4-80　电子邮箱的格式

三、E-mail 的组成

一封完整的电子邮件通常由三部分组成:

(1) 邮件头(mail header):邮件头相当于一个信封,其中包含发信人(From:)、收信人(To:)、抄送人(Cc:)的地址、邮件的主题(Subject:)、回邮地址、发送的日期和时间等信息。

(2) 邮件体(mail body):包含发送的邮件内容,一般来说可直接在邮件程序中编辑,也可先使用其他文字处理程序编辑好,再粘贴到邮件中。

(3) 附加文件(attach):随邮件一起发送的计算机文件。

四、电子邮件的申请

现在很多的校园网及 ISP 都提供了收费邮箱或免费邮箱的服务，用户如果要申请一个邮箱帐号，可先登录校园网或 ISP 网站，一般在该网站的首页上均提供申请邮箱的链接。如图 4-81 所示。用户可单击此链接，然后在打开页面中按要求依次输入相应注册信息，当 ISP 验证通过后，用户即可获得一个电子邮箱。另外，用户在申请 QQ 帐号时，也可以获得一个免费的电子邮箱。

图 4-81　申请电子邮箱的帐号

五、接收电子邮件

当用户成功申请到一个电子邮箱后，一般 ISP 都会向用户发送一封欢迎邮件，用户就可以登录自己邮箱来查看邮件了。

(1) 打开自己邮箱所在的网站，在邮箱登录界面中输入"用户名"和密码，并单击"登录"链接按钮，打开自己邮箱主界面，如图 4-82 所示(如果是 QQ 邮箱，可在登录 QQ 后直接单击主界面上方的"邮件"按钮来打开邮箱)。

图 4-82　电子邮箱界面

(2) 在主界面中单击"收信"按钮，即可看到已收邮件列表，如图 4-83 所示。单击某个邮件主题，可查看详细内容，如果某邮件有附件，则在邮件列表的右端还有特殊标记，单击标记可下载该附件。

图 4-83 阅读电子邮件

六、发送电子邮件

(1) 先登录自己的邮箱，在主界面上单击"写信"按钮，打开"写邮件"界面，如图 4-84 所示。

图 4-84 撰写电子邮件

(2) 依次在界面中输入收件人地址、主题及邮件正文，如果有要随邮件一起发送的文件，右单击"粘贴附件"按钮，打开"粘贴附件"窗口，先选择附件所在的文件夹，再选择要发送的文件，即可在附件列表中看到要发的文件名，如有多个附件，可重复操作，当所有的附件粘贴完成后，单击"完成"按钮，返回到"写邮件"界面，最后单击"发送"按钮，完成邮件的发送。

七、电子邮件及邮箱的管理

对于已收到的邮件，用户可以利用邮件系统提供的工具对其进行"回复"、"转发"、"移动"、"删除"等管理，还可以对自己的邮箱进行如更改密码、更改用户信息等管理，如图4-85所示，其操作比较简单，这里不再详细说明。

图 4-85　管理电子邮件

4.4　计算机网络与安全

计算机网络的广泛应用，给人们带来了很多的方便，但同时也给信息和数据的安全带来了极大的隐患，计算机信息的安全问题已日益受到广泛的关注和重视，因此我们在使用网络的同时，应当建立必要的信息安全意识，并掌握一些简单的防范机制。

4.4.1　网络安全基本概念

网络安全就是确保网络上的信息和资源不被非授权用户破坏、访问和使用。一般来说计算机网络所面临的安全威胁因素主要可分为人为因素和非人为因素。

一、非人为因素

非人为因素主要是指自然灾害所造成的不安全因素，如火灾、地震、水灾、战争等原因造成网络的中断、数据破坏和丢失等。解决的方法是加强系统中的硬件建设，优化系统中硬件设计，并定期进行有效的数据备份。

二、人为因素

人为因素是攻击者或攻击程序利用系统资源组中的脆弱环节进行人为入侵而产生的。具体来说主要表现在以下几个方面，如图 4-86 所示。

图 4-86　网络安全的主要类型

1．破坏数据的完整性

攻击者有意毁坏系统资源，切断通信线路，造成文件系统不可用即中断，或以非法手段窃取对数据的使用权，删除、修改、插入或重发某些重要信息，不断对网络服务系统进行干扰，改变作业流程，执行无关程序使系统响应减慢，影响正常用户的使用，甚至使合法用户不能进入计算机网络或得不到相应的服务，以取得有益于攻击者的响应。

2．非授权访问

即攻击者违反安全策略，假冒合法身份或利用系统安全的缺陷非法占有系统资源或访问本应受保护的信息。

3．信息泄露或丢失

指敏感数据在有意或无意中被泄露出去或丢失，通常包括信息在传输过程中泄露或丢失、信息在存储介质中泄露或丢失、通过隐蔽渠道被窃听等。

4．利用网络传播病毒

通过网络传播计算机病毒，其破坏性远远大于单机系统，而且一般用户难以防范。

4.4.2　网络的安全机制

网络的安全机制是网络安全策略的实施手段。安全机制的种类很多，如加密、认证、数字签名和发放证书等，由于其涉及的专业知识过多，我们将放在后续课程《计算机网络及应用》中来学习，这里我们先来了解两种简单而有效的机制：防火墙和防病毒机制。

4.4.3　防火墙技术

一、防火墙的概念

防火墙(Fire Wall)类似建筑物中的防火墙，是用来连接两个网络并控制网络之间相互访问的系统，如图 4-87 所示。它包括用于网络连接的软件和硬件以及控制访问的方案。防火墙用于对进出的所有数据进行分析，并对用户进行认证，从而防止有害信息进入受保护网，防止内部网络用户向外泄密，为网络提供安全保障。

图 4-87　防火墙的安全机制

二、防火墙的功能特性

从广义上说,防火墙是一个用于 Intranet(内部网)与 Internet 之间的隔离系统或系统组(包括软件和硬件),它在两个网络之间实施相应的访问控制策略。其主要功能如下:

(1) 控制进出网络的信息流向和信息包。

(2) 提供使用和流量的日志和审计。

(3) 隐藏内部 IP 以及网络结构细节。

(4) 提供虚拟专用网功能。

三、防火墙遵循的准则

防火墙可以采取如下两种之一理念来定义防火墙应遵循的准则:

(1) 未经说明允许的就是拒绝。防火墙阻塞所有流经的信息,每一个服务请求或应用的实现都基于逐项审查的基础上,只有带有允许标记的数据才能进出。这是一个值得推荐的方法,它将创建一个非常安全的环境。当然,该原则的不足在于过于强调安全而减弱了可用性,限制了用户可以申请的服务的数量。

(2) 未说明拒绝的均为许可的。约定防火墙总是传递所有的信息,但那些带有拒绝标记的数据除外,此方式认定每一个潜在的危害总是可以基于逐项审查而被杜绝。当然,该原则的不足在于它将可用性置于比安全更为重要的地位,增加了保证私有网安全性的难度。

四、防火墙分类

当前使用的防火墙种类非常多,一般来说人们习惯以防火墙的结构和原理来将其分为软件防火墙、基于 PC 的硬件防火墙以及专用芯片级防火墙三类。

(1) 软件防火墙运行于特定的计算机上,它需要客户预先安装好的计算机操作系统的支持,一般来说这台计算机就是整个网络的网关。软件防火墙就像其他的软件产品一样需要先在计算机上安装并做好配置才可以使用。这种防火墙的特点是原理简单、设置便捷、价格便宜,但功能有限。

(2) 目前市场上大多数防火墙都是基于 PC 硬件架构的防火墙,它一般至少应具备三个端口,分别接内网、外网和 DMZ 区(非军事化区),现在一些新的硬件防火墙往往扩展了端口，常见四端口防火墙一般将第四个端口作为配置端口或管理端口。很多防火墙还可以进一步扩展端口数目。

(3) 芯片级防火墙基于专门的硬件平台，所有的功能均由专有的 ASIC 芯片来完成，使得它比其他种类的防火墙速度更快，处理能力更强，性能更高。这类防火墙由于是专用 OS(操作系统)，因此防火墙本身的漏洞比较少，不过价格相对比较昂贵。

4.4.4　防病毒机制

一、计算机病毒的概念

计算机病毒是指编制的或者在计算机程序中插入的具有破坏计算机功能及数据，影响计算机使用并且能够自我复制的一组计算机指令或者程序代码。它一般具有寄生性、传染性、潜伏性和隐蔽性。

二、计算机病毒的类型

(1) 寄生病毒：这是一类传统、常见的病毒类型。这种病毒寄生在其他应用程序中。当被感染的程序运行时，寄生病毒程序也随之运行，继续感染其他程序，传播病毒。

(2) 引导区病毒：这种病毒感染计算机操作系统的引导区，是系统在引导操作系统前先将病毒引导入内存，进行繁殖和破坏性活动。

(3) 蠕虫病毒：蠕虫病毒通过不停地自我复制，最终使计算机资源耗尽而崩溃，或向网络中大量发送广播，致使网络阻塞。蠕虫病毒是目前网络中最为流行、最为猖獗的病毒。

(4) 宏病毒："宏"是 Word 和 Excel 等文件中的一段可执行代码，使用"宏"可以极大地增强 Office 软件的功能，并且可以简化很多操作(具体操作将在后续课程《办公自动系统》中介绍)，而宏病毒则是专门感染 Word、Excel 文件的病毒，危害性极大。宏病毒与大多数病毒不同，它只感染文档文件，而不感染可执行文件。文档文件本来存放的是不可执行的文本和数字，但是宏病毒就是伪装成 Word 和 Excel 中的"宏"，当 Word 或 Excel 文件被打开时，宏病毒会运行，感染其他文档文件。

(5) 特洛伊病毒：又称为木马病毒。特洛伊病毒会伪装成一个应用程序、一个游戏而藏于计算机中，不断地将受到感染的计算机中的文件发送到网络中而泄露机密信息。

(6) 变形病毒：这是一种能够躲避杀毒软件检测的病毒。变形病毒在每次感染时会创建与自己功能相同、但程序代码明显变化的复制品，使得防病毒软件难以检测。

三、计算机病毒的破坏方式

(1) 破坏操作系统，使计算机瘫痪。有一类病毒用直接破坏操作系统的磁盘引导区、文件分区表、注册表的方法强行使计算机无法启动。

(2) 破坏数据和文件。病毒发起攻击后会改写磁盘文件甚至删除文件，造成数据永久性的丢失。

(3) 占用系统资源，使计算机运行异常缓慢，或使系统因资源耗尽而停止运行。

(4) 破坏网络。如果网络内的计算机感染了蠕虫病毒，蠕虫病毒会使该计算机向网络中发送大量的广播包，从而占用大量的网络带宽，使网络拥塞。

(5) 传输垃圾信息。Windows 7 内置消息传送功能，用于传送系统管理员所发送的消息。病毒会利用这个服务，使网络中的各个计算机频繁弹出一个名为"信使服务"的窗口，广播各种各样的信息。

(6) 泄露计算机内的信息。专门将驻留在计算机中的信息泄露到网络中，有的木马病毒会向指定计算机传送屏幕显示情况或特定数据文件(如所搜索到的口令)。

(7) 扫描网络中的其他计算机，开启后门。感染"口令蠕虫"病毒的计算机会扫描网络中其他计算机，进行共享会话，猜测别人计算机的管理员口令。如果猜测成功，就将蠕虫病毒传送到那台计算机上，开启 VNC 后门，对该计算机进行远程控制。被传染的计算机上的蠕虫病毒又会开启扫描程序，扫描、感染其他计算机。

四、计算机病毒的防范

(1) 备好启动盘，并设置写保护。在对计算机进行检查、修复和手工杀毒时，通常要使用无毒的启动盘，使设备在较为干净的环境下操作。

(2) 尽量不用软盘、U 盘、移动硬盘或其他移动存储设备启动计算机，而用本地硬盘启动。同时尽量避免在无防毒措施的计算机上使用可移动的存储设备。

(3) 定期对重要的资料和系统文件进行备份，数据备份是保证数据安全的重要手段。可以通过比照文件大小、检查文件个数、核对文件名来及时发现病毒，也可以在文件损失后尽快恢复。

(4) 重要的系统文件和磁盘可以通过赋予只读功能，避免病毒的寄生和入侵，也可以通过转移文件位置、修改相应的系统配置来保护重要的系统文件。

(5) 重要部门的计算机尽量专机专用，并与外界隔绝。

(6) 使用新软件时，先用杀毒程序检查，减少中毒机会。

(7) 安装杀毒软件、防火墙等防病毒工具，并准备一套具有查毒、防毒、杀毒及修复系统的工具软件，并定期对软件进行升级，对系统进行查毒。

(8) 经常升级安全补丁。80%的网络病毒是通过系统安全漏洞进行传播的，如红色代码、尼姆达等病毒，所以应定期到相关网站去下载最新的安全补丁。

(9) 使用复杂的密码。有许多网络病毒是通过猜测简单密码的方式攻击系统的，因此使用复杂的密码，可大大提高计算机的安全系数。

(10) 不要在 Internet 上随意下载软件。免费软件是病毒传播的重要途径，如果特别需要，需在下载软件后进行杀毒。

(11) 不要轻易打开电子邮件的附件。邮件病毒是当前病毒的主流之一，通过邮件传播病毒具有传播速度快、范围广、危害大的特点，较妥当的做法是先将附件保存下来，待杀毒软件检查后再打开。

(12) 不要随意借入和借出移动存储设备，在使用借入或返还的这些设备时，一定要通过杀毒软件的检查，避免感染病毒，对返还的设备，若有干净备份，应重新格式化后再使用。

五、防病毒软件的使用

防病毒软件就是能预防并清除计算机病毒的工具，它依靠病毒特征代码来对病毒进行判断，使防病毒软件能查杀绝大多数的已知病毒，同时还广泛采用了其他的行为分析判断技术，以便能查杀其他未知类型的病毒。

目前在计算机上使用的防病毒软件非常多，且每种防病毒软件都有自己的优、缺点，这里我们就以比较流行的瑞星杀毒软件 V16 版为例来介绍防病毒软件的使用方法。

1．瑞星 V16 软件的安装

(1) 下载瑞星杀毒软件。

(2) 关闭所有其他正在运行的应用程序，在资源管理器中双击瑞星杀毒软件安装包，启动安装界面，如图 4-88 所示。

图 4-88　启动瑞星安装向导

(3) 在安装界面中选择一种安装语言，如"中文简体"，设置默认安装路径，单击"开始安装"按钮，如图 4-89 所示。

图 4-89　安装瑞星杀毒软件

2．升级病毒库

(1) 双击桌面上的瑞星杀毒软件快捷图标，启动瑞星杀毒软件，如图 4-90 所示。

图 4-90　瑞星杀毒软件主界面

(2) 在主界面中单击"立即更新",软件自动下载并更新病毒特征库,如图 4-91 所示。

图 4-91　更新病毒特征库

3. 系统设置

在主界面中单击"查杀设置",打开"瑞星设置中心",用户可根据需要对软件进行相应设置,如图 4-92 所示。

图 4-92　打开瑞星设置中心

4. 查杀病毒

瑞星杀毒软件提供了非常灵活的扫描和清除病毒的方式,用户可在其主界面中单击"全盘杀毒"、"快速查杀"、"自定义查杀"等操作来进行，如图 4-93 所示。

图 4-93　选择查杀病毒方式

第 5 章　　Word 2010 文字处理系统

　　文字处理是现代办公中一项重要内容，也是利用计算机来实现办公自动化的一个重要途径。现在用于文字处理的软件非常多，除了我们前面在 Windows 7 的附件中学习过的写字板、记事本外，更专业的还有微软公司的 Word、金山公司的 WPS、永中 Office 和开源为准则的 OpenOffice 等，本书就以功能最为强大、应用最为广泛的 Word 为例来讲解文字处理软件的用法。Word 是 Microsoft Office 中的一个组件，在正式学习 Word 之前，我们先简单了解一下 Office 的基本功能和特点。

5.1　Microsoft Office 2010 概述

　　Microsoft Office 是微软公司推出的一个庞大的办公软件和工具软件的集合，它和 Windows 操作系统一起被称为微软双雄，并占据了全球办公软件 90% 以上的市场份额。从 1999 年 8 月 30 日微软正式发布 Microsoft Office 2000 中文版开始至今，Office 先后经过了 Office XP、Office 2003、Office 2007、Office 2010、Office 2013 等多个不同的版本，现已推出最新版本 Microsoft Office 2016。

　　Microsoft Office 2010 是微软于 2010 年 5 月 12 日发布的新一代办公套件，开发代号为 Office 14，实际是第 12 个发行版。针对不同的市场，该软件共有 6 个版本，分别是免费版、家庭及学生版、小型企业版、专业版、标准版和专业增强版，如表 5-1 所示。

　　相对于早期版本的 Office 而言，Office 2010 具有很多的先进特性和界面，它既可以在单机上独立运行来处理个人事务，又可以通过网络、智能手机或 Web 实现集群联机协作。新版的 Office 2010 提供了更加丰富的视觉特效、实时预览技术和模板，用户可以轻松实现强大的视觉效果，并且将专业级的设计效果应用到图片和文字以及 PowerPoint 的视频中。Office 2010 使用后台视图(backstage)技术来取代了传统的文件菜单，采用名为"Ribbon"的全新用户界面，将 Office 中丰富的功能按钮按照其功能分为了多个选项卡，使得工作界面更加简洁和智能，通过增强的功能区，用户可以快速访问自己常用的命令，并且可以通过自定义的选项卡来个性化自己的工作环境。Office 2010 提供了更加可靠的保护视图，当打开从不安全位置获得的文件时，Office 2010 会自动进入保护视图，防止来自 Internet 和其他可能不安全位置的文件中包含的病毒、蠕虫和其他种类的恶意软件，避免它们对计算机可能构成的危害。同时 Office 2010 还提供了自动保存"未保存的文件"的功能，当用户退出 Office 并选择"不保存"按钮后，依然会为用户提供一个自动备份的文档，避免用户由于误操作而造成的损失。

表 5-1　Office 2010 不同版本的组件构成

全新的 Microsoft Office 2010 产品线

Office 2010 套件	仅限新购 PC	OEM、PKC 和 零售许可模式			仅限批量许可模式	
	Starter（简化版）	家庭和学生版	小型企业版	专业版	标准版	专业增强版
W Word	有限功能	✔	✔	✔	✔	✔
X Excel	有限功能	✔	✔	✔	✔	✔
P PowerPoint		✔	✔	✔	✔	✔
N OneNote		✔	✔	新增	新增	新增
O Outlook			✔	新增	✔（含 BCM*）	✔（含 BCM*）
P Publisher				✔	新增	✔
A Access®						✔
Communicator						✔
InfoPath®						✔
S SharePoint Workspace（即之前的 Groove）						新增
Office Web Apps	由 Microsoft 通过 Windows Live™ 进行托管				采用 Office 批量许可模式，并通过部署于 SharePoint 来实现管理和控制	

5.1.1　Office 2010 的组成

Office 2010 是一个功能非常强大的办公自动化系统，几乎涵盖了现代办公的全部领域，它由以下功能模块组成。

一、Word 2010

Word 是 Office 套件中的最基本的部分，也是其中使用最为广泛的应用软件，它的主要功能是进行文字(或文档)的处理。Word 2010 的最大变化是改进了用于创建专业品质文档的功能，提供了更加简单的方法来让用户与他人协同合作，使用户几乎从任何位置都能访问自己的文件。同时还提供了全新的导航搜索窗口、生动的文档视觉效果应用、更加安全的文档恢复功能、简单便捷的截图功能等。

二、Excel 2010

Excel 通常被称为电子表格，其功能非常的强大，可以进行各种数据的处理、统计分析和辅助决策操作，广泛地应用于管理、统计财经、金融等众多领域。最新的 Excel 2010 能够用比以往使用更多的方式来分析、管理和共享信息，从而帮用户做出更明智的决策。新的数据分析和可视化工具会帮用户跟踪和显示重要的数据趋势，将文件轻松上传到 Web 并与他人同时在线工作，而用户也可以从几乎任何的 Web 浏览器来随时访问用户的重要数据。Excel 2010 还提供能够突出显示重要数据趋势的迷你图、全新的数据视图切片和切块功能，能够让用户快速定位正确的数据点；Excel 2010 支持在线发布，随时随地访问编辑表格；支持多人协助共同完成编辑操作。

三、PowerPoint 2010

PowerPoint 也是 Office 中非常出名的一个应用软件，它的主要功能是进行幻灯片的制作和演示，可有效帮助用户演讲、教学和产品演示等，更多地应用于企业和学校等教育机构。最新的 PowerPoint 2010 提供了比以往更多的方法，能够为用户创建动态演示文稿并与访问群体共享，使用令人耳目一新的视听功能、新增图片效果、SmartArt 及用于视频和照片编辑的新增和改进工具，可以让用户创作更加完美的作品。

四、OneNote 2010

OneNote 最早出现在 Office 2003 中，知道的人可能不多，用的人也很少，它是 Office 中类似于笔记本的功能的组件，它提供了一个将笔记存储和共享在一个易于访问位置的最终场所，同时还提供了强大的搜索功能，让用户可以迅速找到所需内容。OneNote 2010 能够捕获文本、照片和视频或音频文件，可以使用户的想法、创意和重要信息随时可得。

五、Outlook 2010

Outlook 也是 Office 套件中的产品之一，并且比 Windows 提供自带的 Outlook Express 功能更加强大，应用的范围也比较广。它的功能有很多，可以用来收发邮件、管理联系人、记日记、安排日程、分配任务等。Outlook 2010 以重新设计的外观和高级电子邮件整理、搜索、通信和社交网络功能为用户保持与个人网络和企业网络之间的连接提供了更加便捷的多邮箱邮件管理、动态图形和图片编辑工具，从而可以创建更加生动的电子邮件，支持在收件箱中直接接收语音邮件和传真等。

六、Publisher 2010

Publisher 作为 Office 中的产品之一，它更多地面向企业用户，主要用于创建和发布各种出版物，并可将这些出版物用于桌面及商业打印、电子邮件分发或在 Web 中查看。Publisher2010 可以创建更个性化和共享范围广泛的具有专业品质的出版物和市场营销材料，还可以轻松地以各种出版物的形式传达信息，无论创建小册子、新闻稿、明信片、贺卡或电子邮件新闻稿，都可以获得高质量结果。

七、Access 2010

Access 是基于 Windows 的小型桌面关系数据库管理系统，提供了表、查询、窗体、报表、页、宏、模块等 7 种用来建立数据库系统的对象；提供了多种向导、生成器和模板，使数据存储、数据查询、界面设计、报表生成等操作规范化；为建立功能完善的数据库管理系统提供了方便，也使得普通用户不必编写代码就可以完成大部分数据管理的任务。Access 2010 通过最新添加的 Web 数据库，可以增强用户运用数据的能力，从而可以更轻松地跟踪、报告和与他人共享数据。

八、InfoPath 2010

InfoPath 最早出现于 Office2003 中，又可细分为 InfoPath Designer 和 InfoPath Filler 这

两个产品。但由于其相对的专业性，因此使用范围及用户都比较少，甚至有很多人都不知道它的存在。对于很多在企业工作的人来说可能经常需要填写零用金报销单、考勤卡、调查表或保险单等业务表单，甚至还可能需要负责设计、分发和维护这些表单，而 InfoPath 的主要功能就是搜集信息和制作、填写表单。InfoPath 2010 可以让用户设计更为复杂的电子表单，从而快速、经济地收集信息。

九、SharePoint Workspace 2010

SharePoint Workspace 2010 是 SharePoint 2010 的客户端程序，主要功能是用来离线同步基于微软 SharePoint 技术建立的网站中的文档和数据。SharePoint Workspace 2010 使用改进的功能区快速访问常用的命令创建自定义选项卡来个性化工作风格，更好地同步协助操作，更轻松的查看 SharePoint Server 上存储的不同版本文件。

十、Communicator 2010

Communicator 集成了各种通信方式，是一个类似于 MSN 和 QQ 的一个局域网即时通信工具。在最新的 Office 2010 中，Communicator 与 Outlook 2010、Word、Excel、PowerPoint 及 OneNote 等应用软件集成得更加紧密。例如：用户可以在 Outlook 中看到 Communicator 联系人列表，可以进行语音沟通、安排视频会议；另外在会话期间，用户还可以启动 OneNote 记笔记，显示呼叫中联系人的姓名；如果用户在 Outlook 2010 中存储会话历史记录，也将在其中存储指向 OneNote 页的链接。

5.1.2　Office 2010 的安装和卸载

一、Office 2010 安装及运行的环境

微软很早就发布了 Office 2010 对系统和硬件的需求，从微软官方公布的信息上看，与 Office 2007 相差不大。

1．硬件配置要求

(1) 处理器：1 GHz 或更快的 x86 或 x64 位处理器(采用 SSE2 指令集)。

(2) 内存：256 MB(最低)，2 GB(推荐)。

(3) 硬盘：硬盘空间使用量随选装组件的多少而不同。在最小安装模式下，安装操作系统的硬盘上必须具有 1GB 的可用磁盘空间。而在完全安装模式下，大约需要 3 GB 的硬盘空间；另外，若用户要将安装的源文件保留在本机硬盘，还需额外的 1.3 GB 的硬盘空间。

(4) 显示器：Super VGA (1024 × 768)或更高分辨率，256 色或更高。

(5) 光盘驱动器：DVD-ROM 驱动器(如果需要从光盘安装)。

(6) 指针设备：Microsoft Mouse 或兼容鼠标。

另外，微软在介绍 Office 2010 系统配置时提到，独立显卡运行 Office 2010 速度要快很多，因为 Office 组件中有许多耗费 GPU 运算处理的程序，比如在 Excel 中画图表和 PowerPoint 中的动画，所以建议使用独立显卡。

2. 操作系统要求

(1) 32 位的 Office 2010 可以运行在 32 位或 64 位的 Windows 操作系统之上，包括 Windows 7、Windows Vista SP1、Windows XP Sp3、Windows Server 2008 以及 Windows Server 2003 R2 with MSXML 6.0 上；而 64 位的 Office 2010 只能运行在 64 位的 Windows 操作系统之上，包括 Windows 7、Windows Vista SP1、Windows Server 2008 及 R2。但 64 位 Windows XP Sp3 以及 Windows Server 2003 R2 with MSXML 6.0 不能正常运行 64 位 Office 2010，使用该系统的用户需要特别注意。

(2) Office 2010 还需要系统支持 DirectX 9.0c、64 MB 的显存，以此来保证 Excel 中画图表和 PowerPoint 中的动画顺利运行。

二、安装 Office 2010

安装 Office 2010 会因来源、版本、介质及计算机配置不同而有差异，这里只介绍一种常用的安装方法。

(1) 打开 Windows 7 资源管理器，找到 Office 2010 安装源文件夹，如图 5-1 所示。

图 5-1　Office 2010 安装目录

(2) 在根目录下双击 setup.exe 文件，启动安装向导，如图 5-2 所示。

图 5-2　启动 Office 2010 安装向导

(3) Office 2010 提供了两种安装模式，单击"立即安装"可安装系统推荐的绝大部分常用组件，如果用户不了解系统模块的特点和功能，可选择此选项；"自定义"则由用户决定安装或不安装哪些组件，如果用户对系统功能有详细的了解，并且知道自己在今后的工作中需要用到哪些组件，可选择此项。这里我们选择"自定义"，然后打开如图 5-3 所示的对话框。

图 5-3　自定义安装 Office 2010

(4) 在该对话框中单击准备安装的组件右侧的下拉按钮，在"从本机运行"(先部分安装此组件的功能，用到不安装的部分时再安装)、"从本机运行全部程序"(安装此组件的全部功能到本机)、"首次使用时安装"(暂时不安装该组件，用到时再安装)、"不可用"(不安装该组件)中选择一种安装方式；如果需要，还可单击"文件位置"选项卡更改 Office 2010 的默认安装路径，单击"用户信息"选项卡更改 Office 2010 的注册用户信息，如图 5-4 所示。

图 5-4　设置 Office 2010 安装位置和用户信息

(5) 设置完相应信息后，单击"立即安装"按钮，安装向导将自动完成相应的安装工作，如图 5-5 所示。

图 5-5　完成 Office 2010 安装

　　(6) 安装完成后，还需注册 Office 2010。可在启动 Office 2010 组件后，依次打开"文件"菜单—"帮助"—"需要激活产品"—"更改产品密钥"按钮，打开如图 5-6 所示的对话框，然后输入产品密钥，以激活 Office 2010。激活后的 Office 2010 如图 5-7 所示。

图 5-6　激活 Office 2010

图 5-7　激活后的 Office 2010

三、卸载 Office 2010

当 Office 2010 运行异常需要重装或添加、删除相应功能时，可按以下步骤操作：

(1) 依次打开"开始"—"控制面板"—"程序和功能"，在程序列表中选择"Microsoft Office Professional Plus 2010"，如图 5-8 所示。

图 5-8　　Windows 程序列表

(2) 如果要完全卸载 Office 2010，可在程序列表的上方单击"卸载"按钮，确认卸载后可打开如图 5-9 所示的对话框，单击"是"按钮可将 Office 2010 所有组件及功能从计算机中删除。

图 5-9　卸载全部 Office 程序

(3) 如果要更改 Office 2010 组件，可在程序列表的上方单击"更改"按钮，打开如图 5-10 所示的更改安装对话框，选择"添加或删除功能"并单击"继续"按钮，按照前述安装程序第(3)步选择需要添加或删除的组件功能，再完成后续安装。

图 5-10　更改 Office 组件

5.2 Word 2010 基本操作

利用 Word 2010 创建一篇文档的整个工作流程包括启动(打开)Word 2010、命名并保存文档、编辑文字、表格、图形、图像、页面排版、输出打印、退出(关闭)Word 2010 等环节。本节介绍软件启动与关闭、界面构成、文件管理等基本操作。

5.2.1 启动与退出

Word 2010 是 Windows 环境下的一个应用程序，因此，我们可以像启动其他 Windows 应用程序一样来启动 Word 2010。常用操作有如下四种：

(1) 用鼠标单击"开始"按钮，依次从开始菜单中选择"所有程序"—"Microsoft Office"—"Microsoft Word 2010"命令，如图 5-11 所示。

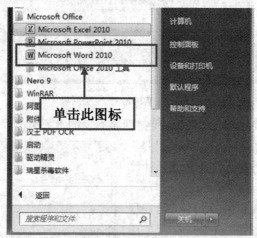

图 5-11　从开始菜单启动 Word 2010

(2) 在桌面上双击"Microsoft Word 2010"图标。(如果桌面上没有此图标，可在上一步打开的"Microsoft Office"菜单中右击"Microsoft Word 2010"，从快捷菜单中选取"发送到"—"桌面快捷方式"命令，如图 5-12 所示，就会为 Word 2010 在桌面上创建快捷图标，以后可使用此图标来快速启动 Word 2010。后面将要学习的其他 Office 组件的快捷图标均可按此方法创建。)

图 5-12　从桌面快捷图标启动 Word 2010

（3）依次打开"C:\Program Files\Microsoft Office\OFFICE14"文件夹，然后在窗口中双击"WINWORD.EXE"图标，如图 5-13 所示。

图 5-13　从安装目录启动 Word 2010

（4）在计算机中双击某个扩展名为 .docx 的文件图标，如图 5-14 所示。

图 5-14　从文件启动 Word 2010

Word 2010 的工作界面是一个窗口，因此用 Windows 关闭窗口的操作均可退出 Word 2010。最常用的方法有：

（1）单击 Word 2010 窗口右上角的"关闭"按钮(注意：标题栏右侧的关闭按钮是退出 Word 2010，而菜单栏右侧的关闭按钮是关闭文档但不退出 Word 2010)。

（2）选择窗口"文件"菜单下的"退出"命令(注意：不是"关闭"命令)。

（3）使用 Alt + F4 快捷键。

5.2.2　用户界面

Word 2010 相比 Word 2003 及更早期版本的用户界面风格有了很大变化。自 2007 版开始，微软引入了灵活通畅的功能区界面(Microsoft Office Fluent 用户界面)，每个功能区根据功能的不同又分为若干个组，用于取代早期版本中的菜单栏和工具栏，而且"文件"菜单也演变成了"后台视图"(Backstage 视图)。

Word 2010 成功启动后，将在桌面上显示 Word 2010 的工作窗口，如图 5-15 所示。

图 5-15　Word 2010 窗口组成

一、标题栏

标题栏可用来显示快速访问工具栏(此工具栏用户可以自定义项目和位置，具体可参考《大学计算机基础实训教程》)和用户当前正在编辑的文档名字，并提供对主窗口进行"最大化"、"最小化"、"还原"及"关闭"操作的控件。启动 Word 2010 之后，系统会自动地打开一个新的文档并将该文档命名为"文档 1"，供用户建立新文档时使用。

二、"文件"按钮与后台视图

"文件"按钮包含了有关文档管理和执行文件操作的命令，如查看和管理文档属性，新建、保存文件等，通过单击位于 Word 2010 用户界面左上角的"文件"按钮(以深蓝色区别于功能区选项卡)打开，如图 5-16 所示。

图 5-16　Word 2010 后台视图

"文件"按钮左侧为命令菜单，而右侧的大部分区域则是展示各项命令所包含的详细信息和相关工具的区域，由于该区域中展示的内容属于后台信息和后台操作，因此微软公司将其称为 Microsoft Office Backstage 视图，即后台视图。

三、功能选项卡及功能选项组

　　(1)"开始"功能区：包括剪贴板、字体、段落、样式和编辑等 5 个组，对应 Word 2003 的"编辑"和"格式"菜单中的部分命令。该功能区主要用于帮助用户对 Word 2010 文档进行文字编辑和格式设置，是用户最常用的功能。

　　(2)"插入"功能区：包括页、表格、插图、链接、页眉和页脚、文本、符号和特殊符号这几组，对应 Word 2003 中"插入"菜单的部分命令，主要用于在 Word 2010 文档中插入各种对象。

　　(3)"页面布局"功能区：包括主题、页面设置、稿纸、页面背景、段落、排列这几组，对应 Word 2003 的"页面设置"菜单命令和"格式"菜单中的部分命令，用于帮助用户设置 Word 2010 文档的页面样式。

　　(4)"引用"功能区：包括目录、脚注、引文、书目、题注、索引和引文目录这几组，用于实现在 Word 2010 文档中插入目录等比较高级的编辑功能。

　　(5)"邮件"功能区：包括创建、开始邮件合并、编写和插入域、预览结果和完成这几组，该功能区的作用比较专一，主要用于在文档中进行邮件合并的操作。

　　(6)"审阅"功能区：包括校对、语言、中文简繁转换、批注、修订、更改、比较和保护这几组，主要用于对 Word 2010 文档进行校对和修订等操作，适用于多人协作处理 Word 2010 长文档。

　　(7)"视图"功能区：包括文档视图、显示、显示比例、窗口和宏这几组，主要用于帮助用户设置 Word 2010 操作窗口的视图类型。

　　(8)"加载项"功能区：包括菜单命令一个分组，加载项是可以为 Word 2010 安装的附加属性，如自定义的工具栏或其他命令扩展。"加载项"功能区可以在 Word 2010 中添加或删除加载项。

　　(9)"自定义"功能区：在 Word 2010 中允许用户自定义功能区，既可以创建功能区，也可以在功能区下创建组，让功能区能更符合自己的使用习惯。操作方法如下：

　　依次单击"文件"—"选项"—"自定义功能区"，或在功能选项卡右侧空白处右击，在快捷菜单中选择"自定义功能区"命令，均可打开如图 5-17 所示的"自定义功能区"选项卡。

　　在"自定义功能区"列表中，可通过右侧的上、下按钮来改变各功能选项卡在窗口中的排列顺序，勾选相应的主选项卡，即可在自定义功能区显示主选项。要创建新的功能区，则应单击"新建选项卡"按钮，在"主选项卡"列表中将鼠标指针移动到"新建选项卡(自定义)"上，单击鼠标右键，在弹出菜单中选择"重命名"。在"显示名"右侧文本框中输入名称，单击"确定"按钮，为新建选项卡命名。单击"新建组"按钮，在选项卡下创建组，鼠标右键单击新建的组，在弹出的菜单中选择"重命名"，弹出"重命名"窗口，选择一个图标，输入组名称，单击"确定"按钮，在选项卡下创建组。

图 5-17　自定义 Word 2010 功能区

四、文档编辑区

文档编辑区是 Word 中面积最大的区域，是用户的工作区，可用于显示编辑的文档和图形，在这个区域中有两个重要的控制符，它们是：插入点(Ⅰ)和段落标记(↵)。

(1) 插入点(Ⅰ)：也称光标，它指明了当前文本的输入位置。用鼠标单击文本区的某处，可定位插入点，也可以使用键盘上的光标移动键来定位插入点。

(2) 段落标记(↵)：标志一个段落的结束。

另外，在文本区还有一些控制标记，如空格等，选择"开始"功能区中的"显示、隐藏编辑标记"按钮，就可以显示或隐藏这些标记。

五、标尺

标尺是位于工具栏下面的包含有刻度的栏，常用于调整页边距、文本的缩进、快速调整段落的编排和精确调整表格等。Word 有水平和垂直两种标尺，水平标尺中包括左缩进、右缩进、首行缩进、悬挂缩进、制表符等标记。

六、状态栏

状态栏位于窗口底部，提供当前文档的当前页数、总页数、字数统计等信息按钮，还包括插入/改写状态转换按钮、拼写和语法状态检查按钮、视图切换按钮等，用来显示与当前操作相关的一些状态，其内容会随用户的操作或系统状态变化而变化，单击这些显示信息的位置会弹出相应的对话框。在状态栏空白处右击，可打开用于对状态栏设置的快捷菜单，如图 5-18 所示。

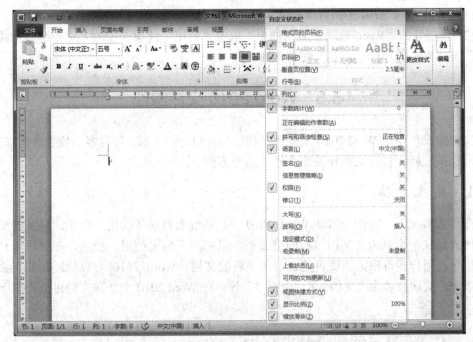

图 5-18 自定义 Word 2010 状态栏

七、浮动工具栏

浮动工具栏是 Word 2010 中一项极具人性化的功能,当 Word 2010 文档中的文字处于选中状态时,如果用户将鼠标指针移到被选中文字的右侧位置,将会出现一个半透明状态的浮动工具栏,如图 5-19 所示。该工具栏中包含了常用的设置文字格式的命令,如设置字体、字号颜色、居中、对齐等命令。将鼠标指针移动到浮动工具栏上将使这些命令完全显示,进而可以方便地设置文字格式。

图 5-19 Word 2010 浮动工具栏

如果不需要在 Word 2010 文档窗口中显示浮动工具栏,可以在"Word 选项"对话框中将其关闭,操作步骤如下:

（1）打开 Word 2010 文档窗口，依次单击"文件"—"选项"。

（2）在打开的"Word 选项"对话框中，取消"常用"选项卡中的"选择时显示浮动工具栏"复选框，并单击"确定"按钮即可。

5.3　Word 2010 文件操作

文件的操作是用 Word 2010 来处理文档的最先进行的步骤，其内容一般包含建立文档、保存及保护文档、打开文档和关闭文档等几个方面。

5.3.1　建立文档

在默认情况下，每次当启动 Word 2010 后，系统会自动帮助用户以系统默认的页面、文字格式建立一个名为"文档 1"的空文档，以供用户编辑使用。当然，在编辑现有文档的过程中，用户也可根据需要再建立若干个新的文档。Word 2010 对以后新建的文档以创建的顺序，依次命名为"文档 2"、"文档 3"等。在 Word 2010 中新建文档可分为以下几种操作。

一、在资源管理器中创建空白文档

一般来说，在正常安装 Microsoft Office 后，安装程序会自动修改 Windows 注册表，在"新建"快捷菜单中增加创建相应文档的菜单项。因此，我们可以打开准备创建文档的文件夹窗口，在空白处右击，从快捷菜单中选择"新建"—"Microsoft Word 文档"，即可以创建一个名为"新建 Microsoft Word 文档.docx"的文件，并自动处于重命名状态，用户输入所需的文件名即可，如图 5-20 所示。

图 5-20　利用快捷菜单创建 Word 文档

二、利用"空白文档"模板创建空白文档

空白文档默认的页面设置是 A4 页面(宽 21 cm 长 29.7 cm)，纵向，上、下页边距为 2.54 cm，左、右页边距为 3.17 cm，默认样式为"正文"，5 号宋体，单倍行距，两端对齐，这些设置都是保存在 Word 2010 程序自动创建的 Normal 模板中。

在 Word 2010 窗口中单击"文件"选项卡，选择"新建"命令，并在"可用模板"列表中双击"空白文档"图标，如图 5-21 所示。

图 5-21　利用文件按钮创建 Word 文档

三、使用模板来快速创建新文档

所谓模板，就是系统中预先定义好格式(可以包含页面布局、段落设置、文字格式等)和框架(包含对应主题建议性的目录层次、标题、表格、图表等)，但是没有具体内容的一种特殊文档，其扩展名为 .dotx (末启用宏的模板)、.dot (兼容 Word 97-2003 文档)或 .dotm(启用宏的模板)，一般保存在 "C:\Program Files\Microsoft Office\Templates\2052" 文件夹中。Word 2010 为用户提供了许多预先设计的模板(包括安装在本机上的本地模板和需要从 Office.com 网站下载的在线模板)，当用户基于该模板创建新文档时，新建的文档就自动带有模板中的所有设置的格式，这样就能省去很多重复性的设置工作，为制作大量同类格式文档带来很大的方便。

例如：我们可以利用"业务"模板来快速创建一个"商业新闻稿"，其中新闻稿的各种格式(如纸张大小、页面边距、标题及正文的位置、字体、颜色等)系统已根据实际情况设置好了，我们要做的仅仅是输入新闻稿的文字和数据即可，具体步骤如下：

(1) 单击"文件"选项卡，选择"新建"命令，并在"Office.com 模板"列表中单击"业务"类别图标，如图 5-22 所示。

图 5-22　利用模板创建 Word 文档

(2) 在"业务"模板列表中找到并单击"商业新闻稿"图标，可在窗口右侧看到模板缩略图，确认无误后再双击"商业新闻稿"图标，系统会从网站下载此模板并创建文档，如图 5-23 所示。

图 5-23　利用模板创建 Word 文档的效果

注意：如果预览或使用 Office.com 模板，必须要保证用户的计算机能够正确地连入 Internet。

5.3.2　保存及保护文档

文档创建后，或在对文档进行了一些修改操作后，为防止 Word 2010 意外关闭(如停电、死机等)而导致文档信息的丢失，我们应当及时对文档进行保存，即将临时保存在内存中的文档转移到各种外存中去，以便将来使用。在 Word 2010 中，保存文档可分为手工保存和自动保存两种类型。

一、手工保存

(1) 单击"文件"选项卡，选择"保存"或"另存为"命令，或使用 Ctrl + S 快捷键。如果文件是第一次执行存盘操作，屏幕上将出现"另存为"对话框，如图 5-24 所示。如果不是第一次存盘，则不会打开此对话框，而直接以文件原来的文件名、文件类型及位置保存，即更新原文件。

(2) 在"另存为"对话框中的保存位置下拉列表框中，用户可以选择一个常用位置，或者在对话框的左侧导航面板中选择一个要保存文档的磁盘驱动器和文件夹。如未作选择，文件将保存在"C:\Users\dd16(实际登录的用户名)\Documents"文件夹中，即"开始"菜单的"文档"文件夹中。

(3) 在"文件名"文本框中，用户可以输入或选择要保存的文档的名字。

(4) 在保存类型下拉列表框中，用户可以选择文档要保存的类型，Word 2010 默认的文件类型是"Word 文档"，即扩展名为 .docx，如果不是很必要，用户一般不要修改。当然，如果要保证文档的兼容性，以便运行早期版本 Word 的计算机能够打开此文档，也可以选择保存为"Word 97-2003 文档(*.doc)"，或者已经编辑好的文档格式以后经常要用到，我们也可以选择保存为"文档模板"。

(5) 设置完成后，单击"确定"按钮，将当前文档保存并返回编辑状态。

图 5-24　"另存为"对话框

注意： Word 的文件菜单中提供了"保存"与"另存为"命令，虽然它们都可以完成存盘功能，但"保存"是直接以文件原来的文件名、文件类型及位置保存，即更新原文件，而"另存为"则可保持原文件不变，将在原文件基础上进行更改后的内容用新的文件名、文件类型或新的位置另外保存，即产生两个文件。

二、自动保存

在文档编辑过程中，为防止软件意外关闭而丢失修改的内容，Word 软件采用了后台自动保存机制，每隔一段时间会自动保存文档，这样即使文档因断电等意外原因导致未保存而关闭，也可以在下次打开该文件时找到意外关闭前系统最后一次自动保存的版本。但如果文档关闭前弹出了是否保存的对话框，无论单击"是"或"否"关闭文档，后台自动保存的版本均会全部消失。启用系统自动保存并设置间隔时间，请打开"Word 选项"设置面板，单击左侧的"保存"选项进行设置，如图 5-25 所示。

图 5-25　设置文件自动保存

如果在文档打开后超过设置的系统自动保存间隔时间未使用保存命令，系统就会在后台自动保存版本，这些自动保存的版本可通过"文件"选项卡的"信息"视图查看，如图5-26所示。

图 5-26　查看自动保存的版本

单击任一自动保存的版本，就会弹出"还原"和"比较"两个选项，选择"比较"将自动启动"审阅"选项卡中的"比较"命令，用以对比两个版本。

三、文档的保护

如果所编辑的文档是一份重要的文档，不希望无关人员查看或修改，则可以对文档进行保护。Word 提供了非常完善的文档保护机制，这里仅简单介绍给文档加密的方法。

（1）单击"文件"选项卡，选择"信息"打开 Word 选项对话框，单击"保护文档"按钮，如图 5-27 所示。

图 5-27　加密 Word 文档

(2) 依次在"加密文档"对话框中输入密码和确认密码，单击"确定"按钮，如图 5-28 所示。

图 5-28　设置文档密码

(3) 在"确认密码"对话框的文本框中重复键入所设置的密码，单击"确定"按钮。文档关闭后，下次打开时需要输入密码才能打开，如图 5-29 所示。

图 5-29　打开设密的文档

注：要修改或取消"文档保护密码"可在打开文档后重新执行以上操作。

5.3.3　打开文档

对于保存在磁盘上的文档，再次使用时应先将其打开。在 Windows 中打开文档的方法通常有两种：第一种是先在资源管理器窗口中找到该文档，然后用鼠标双击即可打开(可参见 5.2.2 Word 2010 的启动)；另一种是先启动 Word 2010，再从"文件"菜单打开，其具体步骤如下：

(1) 启动 Word 2010。

(2) 单击"文件"选项卡，选择"打开"，打开如图 5-30 所示的对话框。

图 5-30　"打开"对话框

(3) 在对话框中打开位置的下拉列表框里选择一个常用位置，或者在对话框的左侧导航面板中选择一个要打开的文档。

　　(4) 在文件列表中双击准备打开的文件名。当然也可在对话框中先选定准备打开的文档，再单击"打开"按钮右侧的下拉按钮来选择其他的打开方式。

　　另外，Word 2010 还提供了打开"最近使用文件"功能，即最近打开过的文档名字都会记录在系统当中，用户可通过单击"文件"选项卡，选择"最近所有文件"，即可打开如图 5-31 所示的对话框。

图 5-31　最近使用的文件列表

　　在对话框中双击准备打开的文件名即可快速打开文件。默认情况下 Word 2010 的"文件"能记住 25 个最近使用过的文档名。用户可以通过"文件"—"选项"—"高级"—"显示"—"显示此数目的'最近使用文档'"来设置保留文档名的个数(如果设置为 0，则关闭自动记忆功能，以保证文档安全)，如图 5-32 所示。

图 5-32　设置最近打开文件列表数量

5.3.4　关闭文档

Word 2010 可以同时打开多个文档进行编辑，而当某个文档编辑完成后，为节约系统资源，防止对已编辑好的文档进行意外更改，应该将此文档关闭，也就是将其从内存中退出。

单击文档窗口中的关闭按钮，或者按下 Alt + F4 键均可关闭文档，如果被关闭的文档尚未存盘，Word 2010 将打开一个消息框提示用户存盘，如图 5-33 所示。

图 5-33　关闭文档选项

在此对话框中，如果文档是新建文档，单击"保存"按钮将打开"另存为"对话框；单击"不保存"，则不保存对文档的修改而直接关闭文档；单击"取消"，则取消此次关闭文档操作，返回编辑状态。

5.3.5　查看和编辑文档属性

Word 文档属性包括作者、标题、主题、关键词、类别、状态和备注等信息，在"文件"选项卡的"信息"后台视图中列出了文档的主要信息，可进行查看(部分项目可编辑修改)。要修改或设置文档属性，依次单击"文件"—"信息"—"属性"，在打开的下拉列表中选择"高级属性"选项，打开文档属性对话框，切换到"摘要"选项卡，分别修改作者、单位、类别、关键词等相关信息，然后单击"确定"按钮，如图 5-34 所示。

图 5-34　设置文档属性

5.3.6　文档视图

一、视图及切换

在 Word 中，"视图"是查看文档的方式，一个文档可以在不同的视图下查看，并且在不同的视图下对文档的编辑重点是不一样的。Word 2010 中提供了多种视图模式供用户选择，包括"页面视图"、"阅读版式视图"、"Web 版式视图"、"大纲视图"和"草稿视图"等。用户可以在"视图"功能区选项卡中选择需要的文档视图模式，也可以在 Word 2010 文档窗口的右下方单击视图按钮进行选择，如图 5-35 所示。

图 5-35 视图切换工具按钮

(1) 页面视图：页面视图主要用于版面设计，是编辑文档中使用得最多的一种视图，在此视图模式下，可以完成绝大部分文档的页面、段落、文字、表格、图形及其他对象的编辑和排版，也可以显示文档每一页打印出来的效果(即"所见即所得")。在页面视图方式下占用计算机资源相对较多，使处理速度变慢。

(2) 阅读版式视图：以分栏样式显示 Word 2010 文档，在这种视图下显示和阅读文章最佳。阅读版式视图会隐藏除"阅读版式"和"审阅"工具栏以外的所有工具栏，可以方便地增大或减小文本显示区域的尺寸，而不会影响文档中的字体大小和实际打印效果。

(3) Web 版式视图：在该视图中，文档是以 Web 页的外观进行显示的，使用该视图方式可方便用户在将文档发布到网上前预览发布后的效果，文本和表格将自动换行以适应窗口的大小，图形位置与在 Web 浏览器中的位置一致。同时文档将显示为一个不带分页符的长页，可以创建能在屏幕上显示的网页或文档。

(4) 大纲视图：在大纲视图中，水平标尺由"大纲"工具栏替代，并按级别显示文档的各个标题，使文档的结构更加清晰，用户可通过大纲工具栏对标题进行移动、复制、删除或调整文档的整体结构，并且可以折叠文档以便只查看某一级的标题或子标题，也可以展开文档查看整个文档的内容。

(5) 草稿视图：显示文本格式设置和简化页面的视图，多用于纯文字处理工作，如输入、编辑和格式的编排。该视图方式简化了页面的布局，不再显示页边距、分栏显示、首字下沉、页眉和页脚等内容，给用户更宽广的编辑区域，方便用户对文档进行各种操作。这种视图占用计算机资源少，响应速度快，可以提高工作效率。

二、文档显示比例

单击"视图"选项卡"显示比例"组中的命令，可以调整文档视图的显示比例。在页面视图模式下，"双页"命令会自动根据显示屏宽度缩小显示比例至每屏显示两页，"页宽"命令则会自动放大显示比例使页面宽度占满屏幕。

三、窗口调整

在编辑一篇较长的文档时，如果要同时观察文档的不同区域(如：对比文档的开头和结尾的内容)，可以将编辑区拆分成上、下两个子窗口，分别用于显示文档的不同位置，并且两子窗口都有自己独立的滚动条，可以独立使用，如图 5-36 所示。

拆分窗口的方法有下列两种：

(1) 单击"视图"功能选项卡中"窗口"组中的"拆分"命令，窗口中出现一条灰色的水平横线，移动鼠标到合适的位置，单击鼠标左键即可。如果要把拆分了的窗口合并成一个窗口，可单击"视图"功能选项卡中"窗口"组中的"拆分"命令或双击分隔线即可。

(2) 将鼠标指针移到垂直滚动条顶端的小横条处，当指针变为上下分裂箭头时，拖动鼠标到适当的位置来拆分窗口。如果要取消拆分，将分隔线拖到主编辑区的顶部即可。

图 5-36　拆分编辑区窗口

另外，Word 2010 还提供了并排查看的功能，可以在桌面上打开两个不同的文档，当拖动滚动条时，两个文档的窗口可以同步变化，当需要对比两个文档的不同时，此功能非常有用。应用并排查看的方法如下：

(1) 分别打开需要比较的两个文档。

(2) 在任一文档窗口中单击"视图"功能选项卡中"窗口"下的"并排查看"按钮，打开"并排比较"对话框。在该对话框中可选择并排比较的文档，如图 5-37 所示。

图 5-37　选择并排比较的文档

(3) 在"并排比较"对话框中选定一个需要比较的文档名，单击"确定"按钮即可进行并排比较，如图 5-38 所示。

图 5-38　进行并排比较

(4) 如果要取消并排比较功能，单击"取消并排比较"按钮即可。

四、文档导航

利用"导航"窗格所提供的导航工具，可方便、快捷地浏览和定位长篇文档。单击勾选"视图"选项卡"显示"组中"导航窗格"的复选框，即可打开"导航"窗格。

"导航"窗格由搜索框、标题浏览框、页面浏览框和搜索结果浏览框等部分构成，其中标题浏览只能在使用了标题样式的文档中使用。

1. 标题导航

(1) 打开"导航"窗格后，默认为按标题导航，其中列出了文档包含的各级标题。单击任意标题，窗口会快速跳转至该标题的开始处，单击列表右上角的向上 ▲ 或向下 ▼ 按钮，可跳转到上一标题或下一标题，如图 5-39 所示。

(2) 鼠标指向任意标题并右单击，会弹出一个快捷菜单，包含对指定标题进行升级、降级、插入新标题、删除标题及其所包含的内容、全部展开或折叠标题，以及指定标题显示的级别等操作命令。如选择"显示标题级别"—"显示至标题 2(2)"命令，则列表中标题只显示 1、2 级标题。

(3) 左键按住任一标题并向上或向下拖动，可将该标题及其所包含的内容移动到其他标题之上或之下，以重新调整文档的层次结构。

图 5-39　按标题导航

2．页面导航

单击"导航"窗格中的页面导航按钮 ▦，显示文档的页面缩略图，上、下滚动缩略图，可快速概略浏览文档的所有页面，单击某个页面缩略图，文档视图会快速跳转至该页面，如图 5-40 所示。

图 5-40　按页面导航

3．关键词导航

在"导航"窗格的搜索框中输入要搜索的关键词，系统会自动搜索该关键词出现在文档中的位置，并按出现顺序将其展现在搜索结果浏览框中，文档视图也自动跳转到关键词出现的第一个位置，并以黄色底纹突出显示搜索到的关键词，单击浏览框列出的搜索结果，文档窗口将自动跳转。

4．对象导航

单击"导航"窗格搜索框旁的下拉箭头，会弹出搜索选项下拉菜单，单击"查找"下面的图形、表格等对象，可实现按特定对象类型导航。如选择"表格"，则标题浏览框中含有表格的标题会突出显示，且文档视图会自动跳转到第一个表格出现的位置并呈选中状态。页面浏览框和搜索结果浏览框也会列出含有表格的页面和位置，如图 5-41 所示。

图 5-41　按对象(表格)导航

5.4　Word 2010 的基本编辑技术

编辑主要是指如何在 Word 已创建的空文档或打开文档中输入各种信息，并对其进行增、删、改、查等操作，使文档成为正确、通顺、完整的文章。

5.4.1　移动插入点

插入点是文档编辑区内一个竖向的闪烁光标，从键盘输入的内容及粘贴的信息均插入在插入点之后。我们要在文档中插入各种信息之前应当先移动插入点到指定的位置。

一、用鼠标移动插入点

对于一篇长文档，可首先拖动垂直或水平滚动条(也可使用鼠标滚轮)将要编辑区域的文本显示在当前屏幕窗口中，然后移动"I"形鼠标指针到所需的位置并单击左键。这样，插入点就移到该位置了。

二、用键盘移动

在 Word 2010 中，插入点除了用鼠标移动之外，还可以用键盘来移动。表 5-2 列出了键盘移动插入点的几个常用键的功能。

表 5-2　使用键盘按键移动插入点

按　键	功　能	按　键	功　能
向上键	上移一行	Shift + Tab	左移一个单元格
向下键	下移一行	Tab	右移一个单元格
向左键	左侧的一个字符	End	移至行尾
向右键	右侧的一个字符	Home	移至行首
Ctrl + 向左键	左移一个单词	Page Up	上移一屏(滚动)
Ctrl + 向右键	右移一个单词	Page Down	下移一屏(滚动)
Ctrl + 向上键	上移一段	Alt + Ctrl + Page Up	移至窗口顶端
Ctrl + 向下键	下移一段	Alt + Ctrl + Page Down	移至窗口结尾
Ctrl + Page Down	移至下页顶端	Ctrl + Home	移至文档开头
Ctrl + Page Up	移至上页顶端	Shift+F5	打开文档后，转到上一次关闭时的位置
Ctrl + End	移至文档结尾		

三、用"定位"命令移动插入点

在"开始"功能选项卡的"编辑"选项组中单击"查找"右侧的下拉按钮并选择"转到"命令，可打开"查找和替换"对话框中的"定位"选项卡来快速移动插入点，如图 5-42 所示。

图 5-42 使用"定位"选项卡来移动插入点

四、启用"即点即输"

如果要将光标定位在文档的任意空白位置，可在"Word 选项"设置面板"高级"对话框中勾选"启用'即点即输'"复选框，启用 Word"即点即输"功能。只要在页面的任何空白位置双击左键，便可将插入点光标移动到该位置。若该位置前原来没有段落标记，则系统会自动在前边插入段落标记；若光标位置处于段落中间，这时插入点处还会自动生成一个制表符，如图 5-43 所示。

图 5-43 使用"即点即输"定位录入点

5.4.2 输入文本

新建一个空文档后就可输入文本了。在默认状态下 Word 2010 输入的是英文字符，如要输入汉字，则应先切换到相应的中文输入法。

当输入文本时，插入点会自动自左向右移动。如果输入了一个错误的字符或汉字，可以按 Backspace 键删除该错字，然后再继续输入。Word 有自动换行的功能，当输入到达每行的末尾时不必按 Enter 键，Word 会自动换行，只有想要另起一个新的段落时才按 Enter 键。按 Enter 键表示一个段落的结束，并在段落的后面显示一个回车符"↵"。

5.4.3　插入对象

在文档中，除了可以输入数字、字母、标点符号以外，还可以输入各种键盘上没有的特殊符号、图形、图表、声音和视频(后面单独介绍)及其他对象。

一、插入符号

在输入文档的过程中，可能要输入(或插入)一些键盘上没有的特殊的符号(如俄、日、希腊文字符、数学符号、图形符号等)，除了利用汉字输入法的软键盘外，Word 还提供"插入符号"的功能。

(1) 移动插入点到要插入符号的位置。

(2) 单击"插入"功能选项卡中"符号"下部的下拉按钮，选择"其他符号"项，打开"符号"对话框，如图 5-44 所示。

图 5-44　"符号"对话框

(3) 先选择"字体"下拉列表项中的"普通文本"，再根据需要在"子集"下拉列表中选择一个符号类别(如数学运算符)，则可显示所有数学运算符，双击需要的符号即可将该符号插入到文档中，如图 5-45 所示。

图 5-45　插入特殊符号

二、插入日期和时间

日期和时间是编辑文档中最常用的一种对象。在 Word 2010 中可以直接键入日期和时间，也可以使用"插入"功能选项卡中的"日期和时间"命令来快速插入标准格式或者可以随文档打开的时间而自动更新日期和时间。

(1) 移动插入点到要插入日期和时间的位置。

(2) 单击"插入"功能选项卡中"日期和时间"按钮，打开"日期和时间"对话框，如图 5-46 所示。

图 5-46　"日期和时间"对话框

(3) 在"语言"栏中选择一种日期和时间的风格，以便符合相应的语法习惯(如用户编辑的是英文文章，则选择"英语"，如用户编辑的是中文文章，则选择"中文"，即按年月日时分秒的格式)。

(4) 在"可用格式"列表框中选定所需的格式。

(5) 如果选定"自动更新"复选框，则所插入的日期和时间会自动更新，否则保持原插入的值。如果选定"使用全角字符"复选框，则将日期和时间中的数字转换为全角字符，否则为半角字符。

(6) 单击"确定"按钮，即可在指定位置处插入系统当前的日期和时间。

注：如插入的日期和时间与实际不符，可在"控制面板"的"日期和时间"中调整。

三、插入脚注和尾注

脚注和尾注主要用于对文档中的某些文本提供解释、说明以及相关的参考资料。脚注放在每一页面的底端，尾注放在整篇文档的结尾处，说明引用的文献。脚注和尾注由两个互相链接的部分组成，注释引用标记和其对应的注释文本，如图 5-47 所示。

图 5-47　脚注和尾注示例

(1) 移动插入点到要插入脚注或尾注的位置。

(2) 单击"引用"功能选项卡"脚注"功能选项组右下角的下拉按钮，打开"脚注和尾注"对话框，如图 5-48 所示。

图 5-48　"脚注或尾注"对话框

(3) 在对话框中根据需要单击"脚注"或"尾注"，并选择脚注或尾注的位置。

(4) 在"编号格式"下拉列表框中单击所需格式。

(5) 单击"插入"按钮，Word 将在文本后插入一个注释编号，并将插入点置于相应的注释编辑区上。

(6) 键入注释文本。

(7) 如果要删除脚注或尾注，则选定脚注或尾注标记，按 Delete 键。

注意：脚注或尾注只能在"页面视图"中编辑。

四、插入批注

批注是显示在文档右页边距中的作者或审阅者为文档添加的注释。

(1) 选择要设置批注的文本或内容。

(2) 在"审阅"功能选项卡中单击"新建批注"按钮。

(3) 在批注框中键入批注文字，如图 5-49 所示。

图 5-49　插入批注

(4) 如果要删除批注, 可在批注上右击, 从快捷菜单选择 "删除批注" 命令。

五、插入公式

Word 2010 提供了录入各种数学、物理公式的工具和模板, 位于 "插入" 选项卡 "符号" 组中。

(1) 单击 "插入" 选项卡 "符号" 组中的 "公式" 命令, 或单击公式下拉箭头, 从弹出的公式库列表中选择公式样式或单击 "插入新公式" 命令手动编辑新公式, 如图 5-50 所示。

图 5-50　插入公式命令

(2) 在光标插入点出现公式编辑框 (公式编辑控件), 同时功能区出现 "公式工具" 上下文选项卡, 包含了编辑公式要用到的各项命令。其中 "工具" 组用于设置相关选项, "符号" 组用于在编辑框中录入各种公式符号, 结构组包含了各类公式的结构样式。

如我们在编辑框中用键盘录入 "x=", 再选择 "结构" 组中的 "根式" 结构样式, 就录入了一个带根式的公式, 如图 5-51 所示。若要录入复杂公式, 可选择适当的结构样式嵌套插入, 然后再编辑修改参数。

图 5-51　编辑公式

(3) 单击 "工具" 组 "公式" 命令下拉箭头, 选择 "将所选内容保存到公式库", 或单击公式编辑框 (公式控件) 右侧的下拉箭头, 选择 "另存为新公式" 命令, 可将选中的公式保存起来供以后调用。

5.4.4　选定文本

在编辑文本时，必须选定一块文本作为操作对象，然后才能对其进行进一步的操作，如移动、复制、删除和设置字体等。

一、用鼠标操作

用鼠标选定文本的操作方法如表 5-3 所示。

表 5-3　使用鼠标选定文本

对象范围	操 作 方 法
任意文本	拖过这些文本
一个单词	双击该单词
不相邻的区域	选择所需的第一个区域，按住 Ctrl，继续选择其他所需的区域
一行文本	将鼠标指针移动到该行的左侧，直到指针变为指向右边的箭头，然后单击鼠标
一个句子	按住 Ctrl，然后单击该句中的任何位置
一个段落	将鼠标指针移动到该段落的左侧，直到指针变为指向右边的箭头，然后双击鼠标。或者在该段落中的任意位置三击鼠标
多个段落	将鼠标指针移动到段落的左侧，直到指针变为指向右边的箭头，再单击并向上或向下拖动鼠标
大块文本	当要选择的文本区域较长，用前面的方法不方便操作时，可先单击要选定内容的起始处，然后再按住 Shift 键单击要选定内容的结束位置
整篇文档	将鼠标指针移动到文档中任意正文的左侧，直到指针变为指向右边的箭头，然后三击鼠标
一块垂直文本	按住 Alt，然后将鼠标拖过要选定的文本
取消选择	用鼠标在编辑区任意位置单击

二、用键盘操作

用键盘选定文本的操作方法如表 5-4 所示。

表 5-4　使用键盘选定文本

组合键	选取范围	组合键	选取范围
Shift + 右箭头	右侧的一个字符	Ctrl + Shift + 右箭头	单词结尾
Shift + 左箭头	左侧的一个字符	Ctrl + Shift + 左箭头	单词开始
Shift + PageDown	下一屏	Ctrl + Shift + 下箭头	段尾
Shift + PageUp	上一屏	Ctrl + Shift + 上箭头	段首
Shift + End	移至行尾	Ctrl + Shift + Home	移至文档开头
Shift + Home	移至行首	Ctrl + Shift + End	移至文档结尾
Shift +下箭头	下一行	Alt + Ctrl + Shift + PageDown	窗口结尾
Shift +上箭头	上一行	Ctrl + A	包含整篇文档

5.4.5　插入与删除文本

一、插入文本

确定状态栏上的"插入"、"改写"状态。在默认情况下，该按钮为灰色，则表明处于插入状态，此时，将插入点移到需要插入文本的位置，插入到原文本之间，若用鼠标双击此按钮或按键盘上的 Ins 键，则按钮变成黑色，表明处于改写状态，此时插入点右边的字符或文字将被新输入的文字或字符所替代。

二、删除文本

如果仅删除单个字符，可先将插入点放置到该字符的前方再按 Delete 键，或者将插入点放置到该字符的后方再按 Backspace 键。如果要删除多个字符，可先选定字符，然后按 Delete 键或 Backspace 键。

5.4.6　复制与移动文本

一、复制文本

在输入文本或编辑文档时，常常会重复输入一些前面已经输入过的文本，使用复制操作可以提高输入效率，减少键入错误。

(1) 使用鼠标操作：先选定要复制的对象，按下 Ctrl 键，并将选定的对象拖动到合适位置。

(2) 使用快捷键操作：先选定要复制的对象，按下 Ctrl + C 键，移动插入点到合适位置按下 Ctrl + V 键。

二、移动文本

在编辑文档时，常常需要调整一些字、词、句或段落的先后顺序，这时可使用移动操作。

(1) 使用鼠标操作：先选定要移动的对象，并将选定的对象拖动到合适位置。

(2) 使用快捷键操作：先选定要移动的对象，按下 Ctrl + X 键，移动插入点到合适位置按下 Ctrl + V 键。

5.4.7　查找与替换

Word 2010 提供了丰富的查找功能，用户不仅可以查找文档中的某一指定的文本，而且还可以查找特殊符号(如段落标记、制表符等)。

一、常规查找

(1) 在"开始"功能选项卡的"编辑"组中单击"查找"按钮或直接按下 Ctrl + F 快捷键，即可打"常规查找"导航面板，如图 5-52 所示。

图 5-52 "常规查找"导航面板

(2) 在导航文本框中输入准备查找的文字，Word 就会自动在文档中查找相应内容，并加上黄色底纹显示在窗口中，如图 5-53 所示。

图 5-53 显示查找结果

(3) 单击"查找下一处"按钮开始查找。当查找到指定的信息后，就将文档窗口移动到该信息处，并反色显示所找到的文本。

(4) 如果单击"取消"按钮，可关闭"查找和替换"对话框，插入点停留在当前查找到的文本处；如果还需继续查找下一个，可再单击"查找下一处"按钮，直到整个文档查找完毕为止。

二、高级查找

(1) 在"开始"功能选项卡的"编辑"组中单击"查找"右侧的下拉按钮并选择"高级查找"命令，即可打开"查找和替换"对话框，如图 5-54 所示。

图 5-54　"查找和替换"对话框

(2) 在对话框中单击"更少"按钮，设置好相关选项，单击"查找下一处"按钮即可完成高级查找，如图 5-55 所示。

图 5-55　设置查找选项

三、替换文本

上面叙述的仅仅是一种单纯的查找方法，而查找和替换总是密切联系在一起的，常常要将多次出现在文档中的某些文本替换为另一个文本，例如将"计算机"替换成"电脑"等。这时可以利用替换功能来完成。"替换"的操作与"查找"类似，具体操作如下：

(1) 在上面打开的"查找和替换"对话框中单击"替换"选项卡，如图 5-56 所示。

(2) 在"查找内容"列表框中键入要查找的内容。

(3) 在"替换为"列表框中，键入要替换的内容。

(4) 单击"查找下一处"开始查找，找到后反色显示。

图 5-56　"替换"选项卡

(5) 如要替换，则单击"替换"按钮，如果此处不替换则可单击"查找下一处"按钮。

反复进行第(4)、(5)两步，可以边审查边替换；如果要全部替换，那么只要单击"全部替换"按钮就可一次替换完毕。同样，也可以使用高级功能来设置要替换的文字。

5.4.8　撤销与恢复

考虑到用户可能会出现误操作，或对当前设置不满意，想将文档恢复到以前的某个状态，Word 2010 在标题栏处提供了撤销与恢复工具按钮，如图 5-57 所示。

图 5-57　撤销与恢复工具按钮

(1) 撤销：单击或按下 Ctrl + Z 键可以撤销前一次操作，若要撤销多步，可连续按下该按钮多次，或者单击其右侧的下拉按钮，可以打开记录各次编辑操作的列表框，最上面的是最近的一次操作，拖动鼠标到某项单击，即可撤销到该步，如图 5-58 所示。

图 5-58　撤销多步操作

(2) 恢复：该功能只能在执行撤销操作之后使用，其操作方法与撤销相似，只不过操作方向相反。

5.5　Word 2010 的排版技术

文档经过前面的基本编辑(即增、删、改、查)后，已经成为了一篇正确、通顺的文档，但还需进行排版，才能使之成为一篇层次分明、赏心悦目的文章。Word 提供了丰富的排版功能，如页面排版、文字排版、段落排版、表格排版、图形排版、特殊长文档排版等。在实际的工作中，用户可以根据自己的爱好和习惯来决定排版的先后顺序，但从经验来看，一般要先进行页面排版，从总体上设置好文档的页面属性，再进行文字排版，最后进行段落排版，这样可以减少很多重复的工作。本节先介绍页面、文字、段落的排版，表格、图形、长文档排版相对复杂，单独在后面分节学习。

5.5.1　页面排版

一、页面设置

在创建文档时，Word 预设了一个以 A4 纸为基准的 Normal 模板，其版面几乎可以适用于大部分文档，但对于其他型号的纸张，用户可以按照需要重新进行页面设置。

图 5-59　"页面布局"选项卡

(1) 单击"页面布局"选项卡，在"页面设置"功能选项组中单击各按钮，可对文字方向、页边距、纸张方向、分栏等选项进行设置，如图 5-59 所示。

(2) 在选项组中单击右下角的 ▣ 按钮，或依次单击"文件"—"打印"—"页面设置"按钮，或用鼠标双击水平标尺栏两侧的区域，即可打开"页面设置"对话框，如图 5-60 所示。

图 5-60　"页面设置"对话框

(3) 单击"页边距"选项卡，可对页边距、装订线位置及纸张方向进行设置。

(4) 单击"纸张"选项卡，可对纸张大小及进纸方式进行设置。

(5) 单击"版式"选项卡，可对页眉、页脚的位置进行设置。

(6) 单击"文档网格"选项，可对每页中的行数、每行的字数进行设置。

(7) 在操作过程中，可通过对话框下侧的预览略缩图来观察效果，完成后单击"确定"按钮。

二、设置页面边框和底纹

在默认情况下，Word 2010 文档的页面是没有边框和底纹的，用户可以根据实际情况添加，具体步骤如下。

1．添加页面边框

(1) 在页面布局功能选项卡中单击"页面背景"组中的"页面边框"按钮，打开"边框和底纹"对话框的选择"页面边框"选项卡，如图 5-61 所示。

图 5-61　"页面边框"选项卡

(2) 在"设置"栏中选择一种边框的类型。

(3) 在"样式"列表选择一种边框的线型、颜色、宽度或艺术线型。

(4) 在"应用于"下拉列表选定边框应用的范围。

(5) 如果还想设置边框线与页面的距离，那么可单击"选项"按钮来设置。

(6) 在操作过程中，可通过对话框右侧的预览来观察效果，也可在预览区中双击某一边线来添加或取消该位置的边框。完成后单击"确定"按钮。

注：如果 Word 2010 不是完全安装，则"样式"中的"艺术型"将不可用，如果选取了这个选项，则系统将提示插入 Office 2010 的安装光盘进行安装。

2．添加底纹

(1) 在页面布局功能选项卡中单击"页面背景"组中的"页面颜色"按钮，打开"主题颜色"对话框，如图 5-62 所示。

图 5-62　"主题颜色"对话框

(2) 在对话框中选择一种颜色，可将此颜色设置为页面背景，若已经设置了文档背景，再选择"无颜色"命令，则可以删除背景。

(3) 在对话框中单击"填充效果"命令，则可打开"填充效果"对话框，为文档设置渐变、纹理、图案和图片背景效果，如图 5-63 所示。

图 5-63　设置文档填充效果

(4) 如果需要，也可在"页面背景"选项组中单击"水印"按钮来为文档设置文字或图片水印，如图 5-64 所示。

图 5-64　设置文档水印效果

注：水印是显示在文本下面的文字或图片，它们可以增加趣味或标识文档的状态，例如：注明文档是"草稿"。水印适用于打印文档，在页面视图或打印出的文档中可以看到水印。如果使用图片，可将其淡化或冲蚀，以不影响文档文本的显示。如果使用文字，可从内置词组中选择或自定义。若在对话框中选择"无水印"命令，则可以删除水印。

三、插入分页符

一般情况下，Word 2010 会根据设置的页面参数及输入的内容自动分页，但有时也可根据排版的需要手工插入分页符，将文档的某一部分内容单独放在一页。

(1) 移动插入点到要分页的位置。

(2) 按下组合键 Ctrl+Enter，可在"页面设置"功能选项组中单击"分隔符"按钮，根据需要在"分页符"列表中选择一个项目。

四、插入页码

在默认情况下，Word 2010 的页面是没有页码的，在文档较长时，为便于装订和阅读，应当给文档添加页码，具体步骤如下：

(1) 在"插入"功能选项卡的"页眉和页脚"组中单击"页码"按钮，再根据需要选择一种页码格式即可，如图 5-65 所示。

图 5-65　插入页码

(2) 单击"设置页码格式"可进一步设置页码格式。

(3) 单击"删除页码"可取消页码设置。

注：只有在页面视图和打印预览方式下可以看到插入的页码。

五、插入页眉和页脚

页眉和页脚分别是位于每页上页边距与纸张边缘之间及每页下页边距与纸张边缘之间的图形或文字。例如：页码、日期、文档标题、公司徽标以及文档的水印效果等。

(1) 在"插入"功能选项卡中单击"页眉"或"页脚"按钮，根据需要在列表中选择一种页眉或页脚类型，切换到页眉和页脚编辑状态，如图 5-66 所示。

(2) 根据提示在页眉区域中输入文本和图形。

(3) 若要创建页脚，可在"页眉和页脚工具"中单击"页脚"按钮，切换到页脚区域，然后输入文本或图形。

(4) 若要创建特殊格式的页眉和页脚，可在"页眉和页脚工具"选项中单击"首页不同"或"奇偶页不同"按钮。

(5) 如若要删除页眉和页脚,可在"页眉和页脚工具"选项中单击"页眉"或"页脚"并选择"删除页眉"或"删除页脚"命令。

(6) 页眉和页脚编辑结束后,可单击"页眉和页脚工具"右侧的"关闭",退出页眉和页脚编辑,并返回到页面视图。

图 5-66　插入页眉和页脚

六、分栏排版

在进行简报或公告排版时,经常要把一个页面或部分段落分割成若干个纵向并列的编辑区域,这样就会使文本更便于阅读,版面显得更生动。

(1) 在"页面布局"功能选项卡的"页面设置"组中单击"分栏"按钮,再从列表中选择一种简单分栏方式即可,如图 5-67 所示。

图 5-67　"分栏"按钮

(2) 如果要对页面进行更加复杂的分栏设置,则可在"分栏"命令中选择"更多分栏",打开"分栏"对话框,如图 5-68 所示。

(3) 在"预设"框中选择分栏格式,在"栏数"文本框中键入分栏数。

(4) 在"宽度和间距"框中设置栏宽和间距,若勾选"栏宽相等"复选框,则依据页面平均分配各栏栏宽。

(5) 单击"分隔线"复选框,可以在各栏之间加一分隔线。

(6) 设定"应用于"所选文字,若要将整篇文档进行分栏,可选择"整篇文档"。

图 5-68 　"分栏"对话框

注意:

■ 因为各栏宽度和间距之和等于页面宽度,所以如要同时设置栏宽和间距,则应先调整页面宽度。

■ 如果对整篇文档分栏后,页面上各栏的长度不一致,最后一栏可能比较短,这样版面就显得很不美观,这时可移动插入点到分栏的结尾,再选择"插入"菜单中的"分隔符"命令,单击"连续"选项,Word 2010 将插入一个连续分节符,以平衡各栏中的文本。

七、插入封面

Word 2010 提供了很多设计精美的封面模板,可以让用户在很短的时间内通过简单的操作便能制作出专业的文档封面。

在"插入"功能选项卡的"页"选项组中单击"封面"按钮,再根据需要从系统提供的封面列表中选择一种适合的封面,然后输入或修改相关内容即可,如图 5-69 所示。

图 5-69 　在文档中插入封面

5.5.2　文字排版

一篇文章是否简洁、醒目和美观，除了页面设置合理外，文字格式的设置也是很重要的。在没有设置文字的格式之前，所有的文字都是千篇一律的，既不美观，也不能突出重点，为此，在输入完文本之后，应该对其进行格式设置。Word 2010 提供了非常丰富的文字格式，我们既可以通过"开始"功能选项卡上的"字体"选项组按钮简单、快速地设置，也可以使用快捷菜单中的"字体"对话框来进行详细的设置。

一、更改文字的外观

文字的外观主要包含字体、字形、字号、颜色、边框、加下划线、着重号和改变字间距等，可按以下方法来更改这些属性。

1. 用"字体"功能选项组

(1) 选定要更改外观的一个或多个字符。

(2) 在"开始"功能选项卡中分别单击如图 5-70 所示的"字体"功能选项组按钮来设置。

注：将鼠标停放在某个按钮上，可获得该按钮的功能说明。某些按钮后面带有"▼"表明单击后可以进一步打开详细选项。

图 5-70　"字体"功能选项组

2. 用"字体"对话框

(1) 选定要更改外观的一个或多个字符。

(2) 在"开始"功能选项卡中单击"字体"功能选项组右下角的扩展按钮，打开"字体"对话框，如图 5-71 所示。

图 5-71　在"字体"对话框中设置字体

(3) 单击"字体"选项卡可对字体常规属性及高级效果进行设置。

(4) 单击"高级"选项卡可对文字缩放、字符间距及 OpenType 功能进行设置。

(5) 在操作过程中，可通过对话框下侧的预览来观察效果，完成后按"确定"按钮。

二、给文本加边框和底纹

在 Word 2010 中，除了可以使用"字体"选项组中的"字符边框"和"字符底纹"工具按钮来简单设置边框和底纹外，还可以使用"边框和底纹"对话框来进行更加详细的设置。

(1) 选定要添加边框或底纹的一个或多个字符。

(2) 在"开始"功能选项卡中单击"段落"功能选项组中的□ ▼"边框和底纹"按钮，打开"边框和底纹"对话框，如图 5-72 所示。

图 5-72　"边框和底纹"对话框

(3) 在"边框"选项卡的"设置"、"样式"、"颜色"和"宽度"等选项中设置合适的值。

(4) 在"边框"选项卡的"应用于"列表框中选定"文字"选项。

(5) 在对话框中选择"底纹"选项卡，然后在"填充"区中选择纯色的填充底纹，也可在"样式"列表框中选择底纹的式样，再在"颜色"列表框中选择底纹的颜色。

(6) 在操作过程中，可通过对话框右侧的预览来观察效果，完成后按"确定"按钮。

注意：

■　如果在选项组中没有显示"边框和底纹"按钮□ ▼，则可先单击"下框线" ⊞ ▼右侧的下拉按钮，再选择"边框和底纹"命令即可。

■　要取消边框和底纹只要在此对话框的"设置"栏中选择"无"即可。

三、设置文本艺术特效

在 Word 2010 中除了可以给文字设置以前版本的常规外形外，还提供了"文本特效"功能，对文本设置更加丰富的效果。

(1) 选定要设置特效的一个或多个字符。

(2) 在"开始"功能选项卡的"字体"功能选项组中单击"文本效果"按钮可设置文

字特效，如图 5-73 所示。

图 5-73　设置文字特效

四、格式的复制和清除

在处理文档的过程中，有时我们需要将已设定好的样本格式快速应用到文档或表格中其他部分，使之自动与样本格式一致，则可利用 Word 2010 提供的格式刷来完成这一功能。使用格式刷的具体操作步骤如下：

(1) 选中已经设置好格式的一个或部分字符。

(2) 单击"开始"功能选项卡"剪贴板"选项组中的"格式刷"按钮以提取样本格式，这时鼠标指针变为 📌I 。

(3) 用鼠标在要设置格式的文字上拖动，拖动范围内的所有字符格式自动与样本格式一致。

(4) 若要清除格式，可选定文字，按下 Ctrl + Shift + Z 键，文字即可恢复到系统默认格式。

注意：

■　单击格式刷按钮只能将格式应用一次，双击可使用多次。如果要将格式连续应用到多个文本块，则应将上述第(2)步的单击操作改为双击，或者当执行完一次格式刷操作之后，再选中其他文本，按 F4 键(重复上一步操作)。

■　在文档中选定文本后，按下 Shift+F1 组合键，即可在任务窗格中显示所选文本的格式，单击蓝色的链接文字即可打开相应的对话框，对格式进行修改。

5.5.3　段落排版

为了使文档的结构清晰、层次分明，在完成了文档的页面及文字排版后，通常还需进行段落排版来设置段落格式。在 Word 2010 中，段落就是指以段落标记"↵"(也称为回车符)作为结束标记的一组文字，设置段落格式同样地可以使用"开始"功能选项卡中的"段落"工具来简单、快捷地设置，也可以通过"段落"对话框来全面而精确的设置。

一、段落的创建、拆分与合并

(1) 段落的创建：在输入文字的过程中，当输入超出页面的右边界后，Word 会自动换行或分页，只有在需要开始一个新的段落时才按 Enter 键。每按一次 Enter 键就插入一个段落标记，而且新段落的格式(如字体、字号、左右边界、行间距、边框、底纹等)与前一段相同。

(2) 段落的拆分：就是根据文档结构的需要，将一个大的段落分成几个小的段落，这时可移动插入点到要分段的位置，按回车键即可。

(3) 段落的合并：将多个段落合成一个段落。移动插入点到要合并的第一个段落最后的回车符"↵"前，使用 Delete 键将其删除即可。如果删除了段落标记，那么后面一段文本就连接到前一段文本之后，成为前一段文本的一部分，其段落格式变成与前一段相同，如图 5-74 所示。

图 5-74　合并段落

二、设置段落的缩进

缩进就是指段落文字距纸张左、右边界的距离。根据文档的规范性要求(中英文有所不同)和排版的需要，我们可以调整每个段落相对于页边距的缩进量(以中文字符数、磅或厘米为单位)，也可以调整段落内每行之间的间隔距离或段落前、后与其他段落之间的间隔距离。在 Word 2010 里，段落的缩进可分以下几种类型，如图 5-75 所示。

■ 左缩进：整个段落距纸张左边界的距离，默认情况下与页面的左边界相同。

■ 右缩进：整个段落距纸张右边界的距离，默认情况下与页面的右边界相同。

■ 首行缩进：段落第一行距纸张左边界的距离，按中文习惯，首行缩进为两个汉字宽度。

■ 悬挂缩进：段落第二行起距纸张左边界的距离，悬挂缩进常用于项目符号和编号列表。

图 5-75　段落缩进示例

在 Word 2010 里,要调整段落的缩进,一般可按以下几种方法来完成。

1. 通过水平标尺设置

(1) 选定要调整缩进的一个或多个段落(如果仅是一个段落,可不用选定,只需将插入点放置在段落内任意位置即可)。

(2) 分别拖动标尺上的四个缩进按钮来调整,如果在拖动标记的同时按住 Alt 键,那么在标尺上会显示出具体缩进的数值。

注:如果不显示标尺,可选择"视图"菜单中的"标尺"命令来设置。

2. 通过"段落"对话框设置

(1) 选定要调整缩进的一个或多个段落。

(2) 单击"段落"功能选项组右下角的扩展按钮,打开"段落"对话框,如图 5-76 所示。

图 5-76　"段落"对话框

（3）在"缩进"栏的"左侧"、"右侧"数值调整控件中输入一个数字来改变段落的左、右缩进。

（4）在"特殊格式"下拉列表框中选择"首行缩进"或"悬挂缩进"，再在"磅值"数值调整控件中输入一个数字。

（5）在设置过程中可通过对话框下部的"预览"栏来观察效果，并单击"确定"按钮完成操作。

3．通过工具按钮设置

在"段落"功能选项组中单击"减少缩进量"和"增加缩进量"按钮可缩进或增加段落的左边界，这种方法虽然缩进量固定、灵活性差，但使用方便、快捷。

三、设置段落对齐方式

段落对齐方式是指当段落中的行不满一整行时，其在页面中的显示方式。在 Word 2010 里，段落有"两端对齐"、"左对齐"、"居中"、"右对齐"和"分散对齐"五种方式，可使用"格式"工具栏或"格式"菜单中的"段落"命令来设置。

1．用"格式"工具栏设置

（1）选定要调整对齐方式的一个或多个段落或移动插入点到一个段落内。

（2）分别在"开始"功能选项卡的"字体"选项组中分别单击"两端对齐"、"左对齐"、"居中"、"右对齐"和"分散对齐"按钮，如图 5-77 所示。

图 5-77　段落的各种对齐方式

2．用"段落"命令设置

（1）选定要调整对齐的一个或多个段落。

（2）右击选定的对象，在弹出的快捷菜单中选择"段落"命令，打开"段落"对话框。

（3）在"常规"栏的"对齐方式"下拉列表框中选择一种对齐方式，如图 5-78 所示。

注意：两端对齐是指调整文字的水平间距，使其均匀分布在左、右页边距之间，使两侧文字具有整齐的边缘，在一般情况下和左对齐的效果相同。

图 5-78　设置段落对齐方式

四、设置行距

行距决定段落中各行文本间的垂直距离，其默认值是单倍行距，该设置可容纳所在行的最大字体并附加少许额外间距。如果某行包含大字符、图形或公式，Word 2010 将增加该行的行距，在 Word 2010 中，行距通常有以下类型：

■　单倍行距：将行距设置为该行最大字体的高度，并上、下留有适当的空隙，空隙的大小取决于所用的字体。

■　1.5 倍行距：为单倍行距的 1.5 倍。

■　两倍行距：为单倍行距的 2 倍。

■　最小值：Word 将自动调整高度以容纳最大字体。

■　固定值：将行距设置为用户手工输入的某个固定数值。

■　多倍行距：行距是在单倍行距的基础上按指定百分比增大或减小。

一般情况下，对段落内的行距，Word 会根据用户设置的字体大小自动调整行高的。有时键入的文档不满一页，为了使页面显得饱满、美观，可以适当增加字间距和行距；有时键入的内容稍稍超过了一页(如超出了 1～2 行)，为了节省纸张，可以适当减小行距。其操作步骤如下：

(1) 选定要调整行距的一个或多个段落。

(2) 右击选定的对象，在弹出的快捷菜单中选择"段落"命令，打开"段落"对话框。

(3) 在"间距"栏的"行距"下拉列表框中选择一种行距类型，如果需要，再在"设置值"数值调整控件中输入一个数字，如图 5-79 所示。

(4) 在设置过程中可通过对话框下部的"预览"栏来观察效果，并单击"确定"按钮完成操作。

图 5-79 设置段落行距

注意：

(1) 也可使用"段落"功能选项组中的"行和段落间距"按钮来简单、快速设置。

(2) 如果出现项目显示不完整的情况，可增加行距。

五、设置段落间距

段落间距是指本段落与前、后段落之间空白距离的大小。默认情况下与上一段落设置的行距相同，当然，用户也可以根据实际需要调整，其操作步骤如下：

(1) 选定要调整行距的一个或多个段落。

(2) 右击选定的对象，在弹出的快捷菜单中选择"段落"命令，打开"段落"对话框。

(3) 在"间距"栏的"段前"或"段后"文本框中输入一个数字。

(4) 在设置过程中可通过对话框下部的"预览"栏来观察效果，并单击"确定"按钮完成操作。

注意：也可以使用"段落"功能选项组中的"行和段落间距"按钮来简单、快速设置。

六、设置段落边框和底纹

在文档编辑的过程中，有时为了突出文章的某些重要段落或文字，可以给它们加上边框或底纹，使其更为醒目。可按以下步骤操作：

(1) 选定要添加边框或底纹的一个或多个字符。

(2) 单击"段落"功能选项组中的█▼"边框和底纹"按钮，打开"边框和底纹"对话框，如图 5-80 所示。

图 5-80　"边框和底纹"对话框

(3) 在"边框"选项卡的"设置""样式""颜色"和"宽度"等选项中设置合适的值。

(4) 在"边框"选项卡的"应用于"列表框中选定"段落"选项。

(5) 在对话框中选择"底纹"选项卡。然后在"填充"区中选择纯色的填充底纹，也可在"样式"列表框中选择底纹的式样，再在"颜色"列表框中选择底纹的颜色。

(6) 在操作过程中，可通过对话框右侧的预览来观察效果，完成后单击"确定"按钮。

(7) 在操作过程中，可通过对话框右侧的预览来观察效果，完成后单击"确定"按钮。

注意：如果在对话框中单击"横线"按钮，可在段落前方插入一条艺术横线。

要取消边框和底纹只要在此对话框的"设置"栏中选择"无"即可。

七、设置首字下沉

在对小说、报刊或杂志等进行排版时，经常会遇到某个段落的首行不是用缩进的方式开头，而是将段落的第一个字符放大后放置到段落的前方的情况，这种特殊的排版方式即称为"首字下沉"，如本段开头的"在"字。在 Word 2010 中，要设置"首字下沉"，可按以下步骤进行：

(1) 单击要用下沉的首字开头的段落(该段首必须含有文字)。

(2) 在"插入"功能选项卡的"文本"功能选项组中单击"首字下沉"按钮，并选择"首字下沉"命令，打开"首字下沉"对话框，如图 5-81 所示。

图 5-81　"首字下沉"对话框

(3) 单击"下沉"或"悬挂"选项，选择一种式样，并设置其他所需选项。要取消首字下沉格式，可重新执行(1)~(2)步，并单击"无"选项。

5.6 Word 2010 的表格编辑技术

表格是 Word 2010 中一种由多行和多列构成的特殊的文字、数据组织形式。相对于段落文字而言，表格更具有结构严谨、显示直观等特点，尽管其对数据的处理能力不如后面将要学习的 Excel 2010，但它操作简单、格式丰富，并且容易实现文、表混排，因此广泛应用于各种对数据处理要求不高的场合，如课程表、简历表、人员表等。在 Word 中我们不仅可以以多种方式在文档中创建表格，而且还可以对表格进行编辑、修改、转换、排序及简单计算。

5.6.1 创建及删除表格

在 Word 2010 文档中创建表格的方法非常多，可以使用表格模型、表格对话框来快速创建规则表格，可以使用快速表格来创建某种风格的表格，可以将现有文字转换成表格，还可以手工绘制不规则表格等，每一种方法都有各自的特点，有时还可以将它们结合起来使用，但在创建表格前要注意以下两点：

■ 如果文档以表格开头，为方便以后编辑，在插入表格前应先插入一个空段落，即表格从第二行起插入。

■ 如果表格在文档内部插入，它的单元格会继承上一个段落的文字格式，如图 5-82 所示，一般来说这是我们不希望的，因此，在插入表格前应插入一个空段落，并清除该空段落的格式。

5.7 Word2003 的表格编辑技术				
表格				

图 5-82 表格对上一段落格式的继承

(1) 将鼠标移到该空段落的左侧，当光标变成空心箭头时单击，选定段落。

(2) 在"开始"功能选项卡的"字体"选项组中单击"清除格式"按钮，或者按 Ctrl+Shift+Z 组合键取消新段落格式。

(3) 在空段落后面单击，取消段落的选定状态。

一、使用表格模型创建表格

(1) 移动插入点到要创建表格的位置。

(2) 在"插入"功能选项卡的"表格"选项组中单击 "表格"按钮，并在表格模型中拖动鼠标，选定所需的行数和列数，放开鼠标即可，如图 5-83 所示。

图 5-83　插入简单表格

二、使用表格对话框创建表格

(1) 移动插入点到要创建表格的位置。

(2) 在"插入"功能选项卡的"表格"选项组中单击"表格"按钮，并选择"插入表格"命令，打开"插入表格"对话框，如图 5-84 所示。

图 5-84　"插入表格"对话框

(3) 在"表格尺寸"栏中根据需要设置列数、行数。

(4) 在"'自动调整'操作"栏中选择一种表格栏宽方式，其中：

■　固定列宽：用户输入一个数值决定每列的列宽，若选取"自动"，则自动根据设置的纸张大小、页边距和列数来平均分配各列。

■　根据内容调整表格：创建表格后，各列列宽处于最小值，当用户在列中输入信息时，再根据输入的信息来自动调整列宽。

■　根据窗口调整表格：与"固定列宽"中的"自动"设置相同。

(5) 单击"确定"按钮，完成表格创建。

三、将文本转换成表格

在 Word 2010 文档中，可以将具有固定分隔符(如逗号、空格、制表符或固定的文字及字符等)的一组文字转换成表格，如有以下几段文字：

> 表格是 Word 中一种，由多行和多，列构成的特殊，的文字数据，组织形式
> 相对于段落文字而，言表格更具有，结构严谨显示，直观等特点，尽管其
> 对数据的处理能力，不如后面将，要学习的 Excel，但它操作简，单格式丰富

可以看出，该组文字每段一行，每行被"，"(当然也可以是其他符号)分成五部分，对于这样结构的一组文字，可按以下步骤将其快速转换成表格：

(1) 选定要转换成表格的段落文字。

(2) 在"插入"功能选项卡的"表格"选项组中单击 "表格"按钮，并选择"将文本转换成表格"命令，打开"将文本转换成表格"对话框，如图 5-85 所示。

图 5-85　　"将文字转换成表格"对话框

(3) 在对话框中选择相应的分隔符，并选中"根据内容调整表格"项,结果如下：

表格是 Word 中一种	由多行和多	列构成的特殊	的文字数据	组织形式
相对于段落文字而	言表格更具有	结构严谨显示	直观等特点	尽管其
对数据的处理能力	不如后面将	要学习的 Excel	但它操作简	单格式丰富

注：在本例中尽管文字的分隔符为"，"但它是在中文状态输入的，与对话框中的所指的"逗号"格式不同，因此对话框中应当选择"其他字符"项，并在文本框中输入中文的逗号。

四、使用"快速表格"创建表格

快速表格是 Word 2010 中预先由系统定义并命名的若干个表格模板，用户可以从中选择一种适合的风格以快速创建表格，从而节约设置表格格式的时间。

(1) 移动插入点到要创建表格的位置。

(2) 在"插入"功能选项卡的"表格"选项组中单击 "表格"按钮，选择"快速表格"命令，打开"内置"表格列表，如图 5-86 所示。

(3) 在表格列表中根据需要单击一个项目即可快速创建一个已设置好格式的表格。

图 5-86 使用"快速表格"命令

五、手工绘制复杂表格

(1) 移动插入点到要创建表格的位置。

(2) 在"插入"功能选项卡的"表格"选项组中单击 "表格"按钮，选择"绘制表格"命令，此时鼠标光标会变成铅笔形状，在编辑区拖动鼠标，先绘制出表格的外边框。绘制出外边框后，Word 2010 窗口的功能选项卡中将增加"表格工具"选项卡，如图 5-87 所示。

图 5-87 手工绘制表格外边框

(3) 根据需要先设置线型、粗细、颜色等属性，再用鼠标在边框区域内拖动，绘制出表格内部线条，在绘制线条的过程中，可用"擦除线条"清除不要的线条。

六、删除表格

移动插入点到表格内部，在"表格工具"功能选项卡的"布局"选项组中单击"删除"

-"删除表格"命令。

5.6.2 设置表格属性

在文档中插入的表格默认情况下是以左对齐的方式嵌入到文档的两个段落之间的，用户也可根据实际情况来更改表格的属性。

(1) 在要修改表格属性的表格内选中任一一个单元格，在弹出的快捷菜单中选择"表格属性"命令，打开"表格属性"对话框，如图 5-88 所示。

图 5-88   "表格属性"对话框

(2) 在"表格"选项卡中可以设置表格的总体宽度、表格在页面中的对齐方式、表格与文字之间的环绕方式。单击"边框与底纹"可在打开的对话框中设置表格的边框与底纹，单击"选项"按钮，可在打开的对话框中设置单元格内部文字距边框的距离等。

(3) 在"行"或"列"选项卡中可以设置每一行的行高或每一列的列宽。

(4) 在"单元格"选项卡中可以设置单元格的宽度和其中文本的对齐方式以及单元格内部对象距单元格边框之间的距离等。

5.6.3 在表格中输入及编辑对象

创建表格后，插入点自动定位在首行首列的单元格内，此时可以向表格输入各种信息，包括文字、数字、图片及符号等，它的输入方式、编辑方式和格式设置方法均与普通文本的操作相同。

当输入内容超过单元格右边界后，文本会自动换行，单元格的行高将随之改变。输入过程中按 Enter 键，可以在该单元格中开始一个新的段落。一个单元格输入完成后，按 Tab 键或光标右键、下键可将插入点移动到下一个单元格，按 Shift+Tab 键可将插入点移动到上一个单元格，或者用鼠标单击某个单元格也可将插入点定位到该单元格。

5.6.4　选定表格

在对表格进行进一步操作前，应当先选定相应的一个或一组单元格，具体可分为以下几种情况。

一、选定一个单元格

(1) 用鼠标操作：从单元格的开始位置拖动到结束位置，或将光标放置在单元格左侧边缘，当光标呈黑色实心箭头时单击左键。

(2) 用命令操作：移动插入点到要选定行内任意单元格，在"表格工具"功能选项卡的"布局"布局选项组中单击"选择"—"选择单元格"命令。

二、选定连续的多个单元格

从第一个单元格拖动到最后一个单元格，或者移动插入点到第一个要选定的单元格，按住 Shift 键，单击最后一个单元格。

三、选定不连续的多个单元格

选定的第一个单元格，按住 Ctrl 键不放，再分别单击其他单元格。

四、选定整行

(1) 用鼠标操作：移动光标到行首，当光标呈空心箭头时单击左键。

(2) 用命令操作：移动插入点到要选定行内任意单元格，在"表格工具"功能选项卡的"布局"布局选项组中单击"选择"—"选择行"命令。

五、选定整列

(1) 用鼠标操作：移动光标到列首，当光标呈黑色实心向下箭头时单击左键。

(2) 用命令操作：移动插入点到要选定行内任意单元格，在"表格工具"功能选项卡的"布局"布局选项组中单击"选择"—"选择列"命令。

六、选定整个表格

(1) 用鼠标操作：移动光标到表格内，这时表格左上角将出现一个移动控件，用鼠标单击该控件。

(2) 用命令操作：移动插入点到要选定行内任意单元格，在"表格工具"功能选项卡的"布局"布局选项组中单击"选择"—"选择表格"命令。

七、取消选定

在选定区域之外单击鼠标。

5.6.5　调整行高列宽及表格大小

将光标放置到要调整以上属性的行或列内，Word 2010 窗口的功能选项卡中将自动显示"表格工具"选项卡，从中选择"布局"，利用"单元格大小"组中的"高度"、"宽度"、"分布行"、"分布列"及"自动调整"按钮即可完成，如图 5-89 所示。

图 5-89　调整表格高度和宽度

另外，也可按以下操作来完成：

一、调整行高

(1) 移动光标到行的下边线，当光标呈上下调整箭头时，拖动鼠标到适合位置。

(2) 移动插入点到行内任一单元格，单击鼠标右键，在快捷菜单中选择"表格属性"命令，打开"表格属性"对话框，在"行"选项卡中勾选"指定高度"并输入一个数值，单击"确定"按钮，如图 5-90 所示。

图 5-90　调整表格的行高

二、调整列宽

(1) 移动光标到列的右边线，当光标呈左右调整箭头时，拖动鼠标到适合位置。

(2) 移动插入点到列内任一单元格，单击鼠标右键，在快捷菜单中选择"表格属性"命令，打开"表格属性"对话框，在"列"选项卡中勾选"指定宽度"并输入一个数值，单击"确定"按钮，如图 5-91 所示。

图 5-91　调整表格的列宽

(3) 如果要单独调整一个或部分单元格的列宽，可先选定单元格，移动光标到选定单元格的左边线或右边线，当光标呈左右调整箭头时，拖动鼠标到适合位置，如图 5-92 所示。

图 5-92　调整部分单元格的列宽

三、使用"自动调整"

选定准备自动调整的行或列，单击鼠标右键，根据实际需要在快捷菜单中选择"自动调整"中的"根据内容调整表格"、"根据窗口调整表格"或"固定列宽"命令。

四、调整表格大小

(1) 移动光标到表格内任一单元格，这时表格右下角将出现一个小方形的调整控件，将鼠标移动到该控件上，当光标呈斜向调整箭头时，拖动鼠标到适合位置，如图 5-93 所示。

注：当调整表格大小时，表格内的单元格随之按比例缩放，如果列宽小于单元格内容，则自动换行并增加行高。

图 5-93　调整表格大小

(2) 移动插入点到列内任一单元格，单击鼠标右键，在快捷菜单中选择"表格属性"命令，打开"表格属性"对话框，在"列"选项卡中勾选"指定宽度"并输入一个数值，单击"确定"按钮，如图 5-94 所示。

图 5-94　精确调整表格大小

5.6.6　在表格中插入或删除

一、插入单元格、行或列

(1) 移动插入点到要插入单元格、行或列的位置，右击鼠标，根据需要从快捷菜单中选择"插入"菜单下的"在左侧插入列"、"在右侧插入列"、"在上方插入行"、"在下方插入行"或"插入单元格"命令，如图 5-95 所示。

图 5-95　插入单元格

(2) 也可使用"表格工具"功能选项卡"设计"功能选项组中的"绘制表格"工具按钮在要插入行或列的位置画线，如图 5-96 所示。

↵	↵	↵	↵	↵
↵	↵	↵	↵	↵
↵	↵	↵	↵	↵
↵	↵	↵	↵	↵
↵	↵	↵	↵	↵
↵	↵	↵	↵	↵
↵	↵	↵	↵	↵

图 5-96　使用画线工具增加行或列

二、删除单元格、行或列

(1) 移动插入点到要删除单元格、行或列的位置，根据需要在"表格工具"功能选项卡的"布局"选项组中单击"删除"—"删除单元格"、"删除行"或"删除列"命令，如图 5-97 所示。

图 5-97　删除单元格

(2) 也可使用"表格工具"功能选项卡"设计"功能选项组中的"擦除"工具按钮在要删除行或列的边线上拖动。则可删除行或列，并且原边线两侧的两个单元格数据将合并在一个单元格中，如图 5-98 所示。

姓名	C 语言	操作系统	大学语文	英语	可视化编程
晁盖	94	77	56	59	97
伍松	78	87	75	43	54
李魁	75	67	65	75	67
西门庆	40	79	55	89	80
鲁智深	56	69	67	47	49
燕青	70	50	76	64	75
林冲	80	60	89	96	67
卢俊义	91	80	98	45	55

图 5-98　表格边线

5.6.7　合并或拆分单元格

一、合并单元格

先选定要合并的多个连续单元格，在"表格工具"功能选项卡的"布局"选项组中单击"合并单元格"命令，则原来选定的多个单元格及单元中的数据就合并成一个单元格，如图 5-99 和图 5-100 所示。

姓名	C 语言	操作系统	大学语文	英语	可视化编程
晁盖	94	77	56	59	97
伍松	78	87	75	43	54
李魁	75	67	65	75	67
西门庆	40	79	55	89	80
鲁智深	56	69	67	47	49
燕青	70	50	76	64	75
林冲	80	60	89	96	67
卢俊义	91	80	98	45	55

姓名	C 语言	操作系统	大学语文	英语	可视化编程
晁盖	94	77	56	59	97
伍松	78	87	75	43	54
李魁	75	67	65	75	67
西门庆	40	79	55	89	80
鲁智深	56	69	67	47	49
燕青	70	50	76	64	75
林冲	80	60	89	96	67
卢俊义	91	80	98	45	55

图 5-99　合并单元格前的表格　　　　　图 5-100　合并单元格后的表格

二、拆分单元格

(1) 移动插入点到要拆分的单元格，在"表格工具"功能选项卡的"布局"选项组中单击"拆分单元格"命令，将打开"拆分单元格"对话框，如图 5-101 所示。

图 5-101　"拆分单元格"对话框

(2) 在对话框中输入要拆分的列数和行数，单击"确定"按钮。

5.6.8　拆分或合并表格

一、拆分表格

移动插入点到要拆分的行上，在"表格工具"功能选项卡的"布局"选项组中单击"拆分表格"命令，则表格从当前行位置处被拆分成两个表格。

二、合并表格

(1) 调整两个表格的左、右边线相同(若使用鼠标无法精确调整，可使用"表格属性"命令)。

(2) 移出或删除两个表格间的内容,再使用 Del 键删除两个表格间的回车符,如图 5-102 所示。

图 5-102　合并表格

5.6.9　设置表格对齐方式

在 Word 2010 中,表格除了具有常规的水平对齐方式外,还可以设置垂直方向上的对齐方式,具体操作如下:

(1) 选定要设置对齐方式的一个或多个单元格。

(2) 根据实际需要在"表格工具"功能选项卡的"布局"选项组中单击"对齐方式"命令,或右击选定的区域,在快捷菜单"单元格对齐方式"列表中选择一项,如图 5-103 所示。

图 5-103　设置单元格对齐方式

5.6.10　设置表格边框和底纹

(1) 选定要设置边框的一个单元格、多个单元格或整个表格。

(2) 在"表格工具"功能选项卡的"设计"选项组中单击"底纹"按钮设置底纹,也可单击"边框"按钮设置边框,当然,如果单击"边框"右侧的下拉按钮并选择"边框和底纹"命令,可打开"边框和底纹"对话框,选择"边框"选项卡可设置表格的边框和底纹,如图 5-104 所示。

图 5-104　设置表格的边框和底纹

(3) 在"边框"选项卡中，先设置必要的样式、颜色、宽度，再在"设置"栏中选择一个项目，如果需要，还可在"预览"图例中单击相应的线条，可设定或取消这些线条。

(4) 在"应用于"下拉列表框中设置一个应用范围。

(5) 切换到"底纹"选项卡对底纹进行相应设置。

(6) 在操作过程中，可通过对话框右侧的预览来观察效果，完成后单击"确定"按钮。

5.6.11　套用表格样式

要快速为表格套用一种系统样式，可在表格创建时完成，也可在表格创建后再来操作。具体可移动插入点到表格内任意单元格，根据需要在"表格工具"功能选项卡的"设计"选项组的"表格样式"选项中选择一种样式来完成，如图 5-105 所示。

图 5-105　表格自动套用样式

5.6.12　表格数据的排序

对表格内的各种数据进行排序是表格最常用的操作之一。在 Word 2010 中，对于那些规整的表格可以根据数据审阅和分析的需要，以某列内数据的为依据，重新排列整个表格的先后顺序。另外，如果在对表格进行了多次排序操作后，要想使表格恢复到原来的顺序，可在对表格进行排序前，先在表格中插入一个原始顺序的列，这样，无论对表格进行怎样的排序，最后只要按插入的列排序即可将表格恢复到原序。

在表格中对数据进行排序操作步骤如下：

(1) 移动插入点到表格内，在"表格工具"功能选项卡"布局"选项组的"数据"选项中单击"排序"按钮，打开"排序"对话框，如图 5-106 所示，这时 Word 2010 会自动选定整个表格。

(2) 在"主要关键字"下拉列表中选择要作为排序主要依据的列标题、该列的数据类型及排序的方式。

(3) 如果需要，再在"次要关键字"(即第二关键字，在排序过程中，如作为主要排序依据列中的值相同，则再按此列来排列)或"第三关键字"下拉列表中选择相应的列标题、该列的数据类型及排序的方式。

(4) 在列表中根据实际情况选择"有标题行"(不将表格的第一行参与排序)或"无标题行"(将表格的第一行参与排序)项。

(5) 设置完成后单击"确定"按钮。

图 5-106　"排序"对话框

5.6.13　表格数据的计算

尽管在表格中进行计算不是 Word 2010 的主要功能，但在其"表格工具"功能选项卡"布局"的选项组中仍提供了"公式"按钮来完成一些简单的计算工作，因此这里我们先以在表格中求和、求平均值为例来介绍有关计算的一些概念，其他详细的操作将在后面 Excel 2010 中来学习。

一、表格计算中几个重要概念

- 列号：即第几列，用数字 a，b…，z 来表示。
- 行号：即第几行，用数字 1，2…，n 来表示。

表格中的表结构如图 5-107 所示。

姓名	C 语言	操作系统	大学语文	英语	计算机原理	总分	平均分
晁盖	94	77	56	59	67		
伍松	78	87	75	43	79		
李魁	75	67	65	75	90		
西门庆	40	79	55	89	88		
鲁智深	56	69	67	47	90		
燕青	70	50	76	64	67		
林冲	80	60	89	96	51		
卢俊义	91	80	98	45	58		
时迁	59	64	77	79	64		
孙二娘	77	36	66	65	48		

a 列　　b 列　　c 列　　d 列　　e 列　　f 列

1 行→　2 行→　3 行→　……　11 行→

图 5-107　表格中的表结构

- 单元格地址：用列号＋行号来表示，如表格左上的第一个单元格地址是 a1，第三列的第四个单元格地址是 c4。如要表示不连续的多个单元格，可先依次书写每个单元格地址，再用英文半角的逗号"，"来分开，如：a1,c4,d5；如要表示连续的多个单元格，可先依次书写开始单元格地址和结束单元格地址，再用英文半角的冒号"："来分开，如：a1:d5表示从 a1 到 d5 这个区间。在 Word 2010 中，还可用"above"来表示当前单元格上边的所有单元格，用"left"来表示当前单元格左边的所有单元格。

■　　函数：用于简化计算的一个由特定的英文单词、括号及参数组成的字符串，如：用于对 a1 到 a6 单元格求和的 sum(a1:a6)，用于对当前位置上边的所有单元格求平均值的average(above)。

■　　公式：以等号"="开头，用各种运算符将各参与计算的元素连接起来的式子，如：=a1+3*(average(a1,a6))。

二、在表格中进行求和运算

例如在图 5-107 所示的表格中求学生的总分。

(1) 移动插入点到要保存计算结果的单元格，本例为 g2 单元格。

(2) 选择"表格工具"功能选项卡的"布局"选项组中的"公式"命令，打开"公式"对话框，如图 5-108 所示。

图 5-108　"公式"对话框

(3) 在对话框中，Word 会根据表格的特点，自动给出了一个公式，默认为：=SUM(LEFT)，即对 g2 左边保存数值的单元格求和，单击"确定"按钮，完成本次计算。

(4) 移动插入点到下一行 g3 单元格，重复执行第(2)、(3)步骤，直到全部学生的总分计算完成。

三、在表格中进行求平均值运算

例如在图 5-107 所示的表格中求学生的平均分。

(1) 移动插入点到要保存计算结果的单元格 h2 单元格。

(2) 选择"表格工具"功能选项卡的"布局"选项组中的"公式"命令，打开"公式"对话框，如图 5-108 所示。

(3) 在对话框中 Word 2010 也自动给出了一个公式，默认就是对 h2 左边的保存数字的单元格求和，但这与我们计算意图不合，因此要把系统给出的公式删掉，再手工输入公式：=average(b2:f2)，如图 5-109 所示。

(4) 单击"确定"按钮，完成本次计算。

图 5-109　在表格中完成求平均值运算

(5) 移动插入点到下一行(h3 单元格)，重复执行(2)～(4)步骤(公式中的 b2:f2 应当换成 b3:f3…)，直到全部学生的平均分计算完成。

注意：

(1) 公式中的所有字符必须在英文半角状态下输入，如在编辑文档过程中启动了中文输入法，则在输入时应使用 Ctrl + 空格将其关闭，需要时再次使用 Ctrl + 空格打开。

(2) 如果该行或列中含有空单元格，则 Word 2010 将不对这一整行或整列进行累加，要对整行或整列求和，要在每个空单元格中键入零值。

5.7　Word 2010 的图形编辑技术

图文混排是 Word 2010 的特色功能之一。可以在文档中插入由其他软件制作的图片，也可以直接在文档中绘制各种自选图形，并且还可以使用系统提供的各种工具和命令对图形进行编辑和处理，以便图形更适合文档排版的需要，使文章达到图文并茂的效果。

在 Word 2010 中可以使用的图形通常有图片文件、剪贴画、形状、SmartArt 图形、文本框、艺术字、图表及屏幕截图等，而文件图片和剪贴画具有类似的属性，我们习惯上将其合称为图片。本节先简单介绍前几种图形对象的编辑方法，而图表将放到下一章 Excel 2010 中来学习。

5.7.1　创建图形

一、插入图片

图片是指用户拍摄的、下载的、或用其他图形编辑软件绘制的图形，这些图形通常以文件的形式(如扩展名为 .jpg、.bmp 的文件)存放在计算机磁盘上。

(1) 移动光标到要插入图片的位置。

(2) 在"插入"功能选项卡的"插图"功能选项组中单击"图片"按钮，打开如图 5-110 所示的"插入图片"对话框。

(3) 在对话框的地址栏或左侧的导航面板中选择一个要插入的图片保存的位置。

(4) 在文件列表中双击需要插入的图片。

注：也可以直接在文件夹窗口中右击图片文件，或在各种图形处理软件中选择整个图片或者部分区域并右击，从快捷菜单中选择"复制"命令，再在文档要插入图片的位置单击右键，从快捷菜单中选择"粘贴"命令。

图 5-110 "插入图片"对话框

二、插入剪贴画

剪贴画是 Microsoft Office 中提供的一种特殊部件，通常包含常用的插图、照片、声音、动画等素材，在 Word、PowerPoint 等软件中有着广泛的应用，灵活使用剪贴画可以极大丰富文档的艺术性。

(1) 移动光标到要插入剪贴画的位置。

(2) 在"插入"功能选项卡的"插图"功能选项组中单击"剪贴画"按钮，打开"剪贴画"任务窗格，如图 5-111 所示。

图 5-111 在文档中插入剪贴画

(3) 在"剪贴画"任务窗格的"搜索文字"文本框中，键入描述所需剪贴画的单词或词组，或键入剪贴画文件的全部或部分文件名。

(4) 如果要将搜索结果限制于特定媒体类型，可单击"结果类型"框中的箭头，并选中"插图"、"照片"、"视频"或"音频"旁边的复选框。

(5) 单击"搜索"按钮，将会在任务窗格下方的列表中显示搜索到的剪贴画。

(6) 双击要插入的剪贴画缩略图，即可将其插入到当前位置。

三、插入形状

形状是 Word 2010 中提供的一组现成的矢量图形，包括线条、基本几何形状、箭头、公式形状、流程图形状、星、旗帜和标注等。用户可以在文档中添加一个形状，也可以在其中添加文字、项目符号、编号和快速样式，或者合并多个形状以生成一个绘图或一个更为复杂的形状。

(1) 移动光标到要插入图片的位置。

(2) 在"插入"功能选项卡的"插图"功能选项组中单击"形状"按钮，即可打开"形状"列表，如图 5-112 所示。

图 5-112　在文档中插入形状

(3) 在形状列表中单击一个图标，在编辑区拖动鼠标，即可在文档中插入相应的形状。

(4) 在形状上右击，从快捷菜单中选择"添加文字"命令，即可在形状中加入文字，如图 5-113 所示。

图 5-113　在形状中输入文字

四、插入 SmartArt 图形

SmartArt 是一种全新的信息和观点的视觉表示形式，与纯文字描述相比，SmartArt 更能将文档中的某些理念以图形方式展现出来，从而快速、轻松、有效地帮助读者理解和记住信息。Word 2010 中提供了多种不同布局、设计精美的 SmartArt 图形以供用户选择使用。

(1) 移动光标到要插入 SmartArt 图形的位置。

(2) 在"插入"功能选项卡的"插图"功能选项组中单击"SmartArt"按钮，打开"选择 SmartArt 图形"对话框，如图 5-114 所示。

图 5-114　"选择 SmartArt 图形"对话框

(3) 先在对话框左侧选择一种 SmartArt 图形类别，然后再在中部的列表中单击某个图标，这时在对话框的右侧将显示该 SmartArt 图形的缩略图和详细说明，如果此 SmartArt 图形适合文档需要，则可单击"确定"按钮，将 SmartArt 图形插入到文档当中。

(4) 在 SmartArt 图形中输入相应内容，如图 5-115 所示。

图 5-115　编辑 SmartArt 图形

五、插入文本框

文本框是一种可移动、可调大小的文字或图形容器(注意：它实际上是一种特殊的图形对象，与给文字加边框是不同的概念)。使用文本框，可以在页面上建立一个与文档中其他文字或段落不同的独立编辑区域。如果在文档中有部分文字需要特殊的编辑方式，可将其放置在文本框中。

(1) 移动光标到要插入剪贴画的位置。

(2) 在"插入"功能选项卡的"文本"功能选项组中单击"文本框"按钮，打开插入文本框列表，如图 5-116 所示。

图 5-116　文本框样式列表

(3) 根据需要在"内置"列表中单击一个图标，即可将该风格的文本框插入到文档当中。

(4) 也可在列表下部单击"绘制文本框"或"绘制竖排文本框"命令，然后在文档编辑区拖动鼠标，建立一个传统格式的文本框。

(5) 在文本框中输入所需的文字。

(6) 在文本框边框上单击，使用"绘图工具"功能选项卡上的相应按钮可设置文本的边框(线型、颜色、粗细)、底纹、文字颜色、阴影及三维效果等属性。

(7) 在文本框边框上单击，拖动边框上的控制点，可改变文本框的大小(注意：调整边距后，如果文字被剪掉或看不到，可以拖动尺寸控点以增大文本框)。

(8) 拖动文本框边框可改变其位置。

(9) 在文本框边框上右击，从打开的快捷菜单中选择"设置形状格式"命令，可以打开"设置形状格式"对话框来详细设置文本框的颜色、边框、版式、及内部文字距边框的距离，如图 5-117 所示。

图 5-117　设置形状格式

六、插入艺术字

艺术字是一种特殊的文字样式库，用户可以将艺术字添加到 Office 文档中以制作出装饰性效果，如带阴影的文字或镜像(反射)文字，也可以将现有文字转换为艺术字。

(1) 移动光标到要插入艺术字的位置。

(2) 在"插入"功能选项卡的"文本"功能选项组中单击"艺术字"按钮，即可打开插入艺术字列表，如图 5-118 所示。

图 5-118　插入艺术字

(3) 根据需要在列表中单击一个图标，即可将该风格的艺术字插入到文档当中，如图 5-119 所示。

图 5-119　编辑艺术字内容

(4) 输入艺术字的内容。

(5) 在"绘图工具"功能选项卡的"艺术字样式"功能选项组中单击相应按钮，可对艺术字的各种属性进行更加详细的设置。

七、使用屏幕截图

屏幕截图是 Word 2010 新增的功能，可以让用户方便地在文档中直接插入已经在计算机中开启的应用程序或窗口界面，也可以使用"屏幕剪辑"功能捕获当前桌面选定的范围。

（1）移动光标到要插入图片的位置。

（2）在"插入"功能选项卡的"插图"功能选项组中单击"屏幕截图"按钮，在打开的图像列表中选择一个需要截取的程序界面，即可将该程序界面以图形的方式插入到文档中，如图 5-120 所示。

图 5-120　插入屏幕截图

（3）也可在"屏幕截图"按钮的下方选择"屏幕剪辑"命令，通过鼠标拖动的方式截取 Word 应用程序下方的屏幕区域，并将截取的区域作为图片插入到文档当中。

5.7.2　图形的常规编辑

图形对象插入到文档中后，经常需要对其进行选定、移动、缩放、旋转、复制、添加边框底纹及删除等操作，使图形满足文档的要求。

一、选定图形

（1）在页面中用鼠标单击图形。

（2）当选定一个图形后，将在图形的四周出现控制边框和控制点，同时在 Word 工作窗口中显示"图片工具"或"绘图"功能选项卡，如图 5-121 所示。

图 5-121　在文档中选定图形对象

二、移动图形

(1) 在页面中用鼠标直接拖动图形到适合位置。

(2) 双击图形，在打开的"图片工具"功能选项卡的"排列"组中单击"位置"按钮，打开位置列表框，根据需要从中选择一个位置，如图 5-122 所示。或者在列表框的下部单击"其他布局选项"命令打开"布局"对话框来精确设定图形在页面中的位置，如图 5-123 所示。

图 5-122　设置图形在页面中的位置

图 5-123　设置图形布局

三、缩放图形

(1) 在选定图形后用鼠标拖动图形四周的控制点到适合位置，可快速调整图形的大小。

(2) 或者双击图形，在打开的"图片工具"功能选项卡的"大小"组中单击"高度"或"宽度"按钮，再在文本框输入一个数值来精确设定图形的大小，如图 5-124 所示。

图 5-124 调整图形大小

(3) 使用第二种方法可以改变图形的大小，如果只想精确地改变图形的高度或宽度，可以在"图片工具"功能选项卡的"大小"组中单击右下角的展开按钮，打开如图 5-125 所示的"布局"对话框，在对话框中单击"大小"选项卡，并取消"锁定纵横比"前的复选标记，然后在"高度"和"宽度"文本框中输入一个数值即可。

图 5-125 精确设置图形大小

四、旋转图形

(1) 在选定图形后用鼠标拖动图形顶部的绿色控制点到适合位置，可快速调整图形的角度。

(2) 或者双击图形，在打开的"图片工具"功能选项卡的"排列"组中单击"旋转"按钮，再在列表框中选择一项来设定图形的方向，如图 5-126 所示。

图 5-126　使用功能选项按钮旋转图形

(3) 如果需要精确地改变图形的其他方向，可在"旋转"按钮列表组中单击最下面的"其他旋转选项"命令，打开如图 5-127 所示的"布局"对话框，在对话框中单击"大小"选项卡，然后在"旋转"文本框中输入一个数值即可。

图 5-127　精确旋转图形角度

五、复制图形

(1) 在选定图形后按下键盘上的 Ctrl 键不放，再用鼠标拖动图形到适合位置。

(2) 或者右击选定的图形，在打开的快捷菜单中选择"复制"命令，再在需要粘贴的位置右击，选择"粘贴"命令即可。

六、给图形添加边框和底纹

(1) 双击准备添加边框和底纹的图形。

(2) 在打开的"图片工具"功能选项卡的"图片样式"组中分别单击"图片边框"或"颜色填充"按钮来对边框和底纹进行设置，如图 5-128 所示。

图 5-128　给图形添加边框和底纹

七、删除图形

先单击准备删除的图形，再按下键盘上的 Delete(删除)键即可。

5.7.3　图形的高级编辑

图形对象除了前面介绍的一些简单编辑外，还可能会根据特殊文档的编辑需要，进行例如色彩、艺术效果、样式、版式、文字环绕、裁剪重置及组合等高级操作。

一、更改图形颜色(适用于图片和剪贴画)

双击图形，在打开的"图片工具"功能选项卡的"调整"组中单击"颜色"按钮，打开"颜色和饱和度"列表框，根据需要从中选择一个颜色，如图 5-129 所示。或者右击图形，从快捷菜单中选择"设置图片格式"命令打开"设置图片格式"对话框，单击"图片颜色"项来对图片颜色的饱和度和色调进行设置，如图 5-130 所示。

图 5-129　使用按钮更改图形颜色

图 5-130　使用对话框更改图形颜色

二、设置图形艺术效果(适用于图片和剪贴画)

双击图形，在打开的"图片工具"功能选项卡的"调整"组中单击"艺术效果"按钮，打开艺术效果列表框，根据需要从中选择一个艺术效果，如图 5-131 所示。

图 5-131　设置图形艺术效果

三、设置图形版式(适用于图片和剪贴画)

双击图形，在打开的"图片工具"功能选项卡的"图形样式"组中单击"图片版式"按钮，打开版式列表框，根据需要从中选择一个版式，如图 5-132 所示。

图 5-132　设置图形版式

四、裁剪图片(适用于图片和剪贴画)

双击图形，在打开的"图片工具"功能选项卡的"大小"选项组中，单击"裁剪"按钮，此时在图形的四周出现 8 个裁剪控件，如图 5-133 所示。将鼠标在相应控件上拖动，可去掉图片中不要的部分。

图 5-133　使用按钮裁剪图形

也可单击"裁剪"下部的下拉按钮，对图形进行特殊裁剪，例如裁剪的形状效果如图 5-134 所示。

图 5-134　将图形裁剪为特殊形状

注意： 在对图形进行裁剪后，虽然看起来图形变小了，但实际上裁剪的区域仍然存在，只不过不可见而已，当对图形进行"重置"操作后，裁剪的区域将被恢复(以下第七点将作介绍)。如果希望彻底删除图形中被裁剪的区域，可以在"图片工具"或"绘图工具"功能选项卡的"调整"组中单击"压缩图片"按钮，在打开的"压缩图片"对话框中选中"删除图片的剪裁区域"选项，然后单击"确定"按钮，如图 5-135 所示。

图 5-135　　"压缩图片"对话框

五、设置图形样式

　　双击图形，在打开的"图片工具"或"绘图工具"功能选项卡的"样式"选项组中，根据需要从中单击一种样式，如图 5-136 所示。

图 5-136　设置图形样式

六、设置文字环绕

　　双击图形，在打开的"图片工具"功能选项卡的"大小"组中单击右下角的展开按钮，打开"布局"对话框，再在"文字环绕"选项卡的"环绕方式"列表中选择一项来设定图形与文字之间的位置关系和层次关系，如图 5-137 所示，其中环绕方式包括：

- ■　嵌入型：图片与文字在同一个平面内，将文字分成上下两部分。
- ■　四周型：图片与文字在同一个平面内，文字环绕图片框的两边。
- ■　紧密型：图片与文字在同一个平面内，当图片为不规则形状时，文字嵌入图片边缘。

图 5-137　设置文字环绕

- 穿越型：图片与文字在同一个平面内，文字围绕着图形的环绕顶点。
- 上下型：图片与文字在同一个平面内，效果与嵌入型类似。
- 衬于文字下方：位于文字的下一个平面，图片作为文字的底纹。
- 浮于文字上方：位于文字的上一个平面，图片将遮盖文字。

七、重置图片

当对图片进行多次设置后，效果仍不满意，可双击图形，在打开的"图片工具"功能选项卡中单击"重设图片"或"重设图形"按钮，将图片恢复成刚插入时的状态。

八、组合图形

即把多个图形(前提是这些图形与文字的层次关系或环绕方式必须相同，如都位于文字的上方或与文字都是紧密型等)合并成一个整体。

先按住 Shift 键，分别单击需要组合的图形，然后右击其中选定的任意图形，在快捷菜单中选择"组合"命令，即可将多个图形组合在一起，如图 5-138 所示。

图 5-138　组合图形

对于已经组合在一起的多个图形，也可以对其进行拆分操作，将其还原成原本独立的图形：右击已经组合的对象，在快捷菜单中选择"拆分"命令。

5.8　Word 2010 长文档编辑技术

制作专业的文档(例如教材、毕业论文等)，除了要对页面、段落、文字、表格、图形进行设置外，还需要注重文档的结构以及排版方式。Word 2010 提供了很多简便的功能，使长文档的编辑、排版、阅读和管理更加轻松、方便。

5.8.1　插入分节符

"节"是 Word 2010 文档中一个非常重要的概念。在默认情况下，Word 将整个文档当成一节来处理，在文档进行的设置对所有页面都是有效的，而当文档需要不同的页面设置、纸型、页眉和页脚和页码格式时，通常要使用分节符来将文档分成若干节，例如：文档的目录部分与正文之间插入一个分节符，然后分别在两个节中设置页码格式、页眉和页脚。或者，如果文档中包含有比较大的横向表格，正常纵向的页面无法容纳得下，这时就需要将表格所在的页设置为独立的节，单独进行横向排版，如图 5-139 所示。

图 5-139　"节"的使用示例

要插入分节符，可在"页面布局"功能选项组中单击"分隔符"按钮，根据需要在"分节符"列表中选择一个项目，如图 5-140 所示，其中包括：

- 下一页：插入一个分节符，新的一节从下一页开始。
- 连续：插入一个分节符，新的一节从同一页开始。
- 奇数页或偶数页：插入一个分节符，新的一节从下一个奇数页或偶数页开始。

选择其中一个分节符后，在当前光标位置处插入了一个不可见的分节符。插入的分节符不仅将光标位置后面的内容分为新的一节，还会使该节从新的一页开始，即插入分节符可同时实现分节和分页的功能。

图 5-140　插入分节符

5.8.2　设置段落项目符号和段落编号

所谓项目符号就是出现在每个段落前面的一个特殊符号或图形，而段落编号则是每个段落前的一个序号，如图 5-141 所示。在文档中合理使用项目符号和段落编号，可以增加文档的可读性和美观性，并且可以极大地提高文档的输入速度和编辑效率。

图 5-141　项目符号和段落编号的使用示例

一、添加项目符号和编号

1．手工添加项目符号和编号

输入文字之前，先在"开始"功能选项卡的"段落"选项组中单击"项目符号"或"编号"按钮，也可先输入一个"*"号再输入一个空格以产生项目符、先输入一个带序号性质的数字或文字(如：一、二；(一)、(二)；1、2；(1)、(2)；①、②等数学序号或大写字母(A、B 等))，再输入一个分隔符(如顿号、冒号、制表符等)以产生段落编号，然后再输入段落文本，输入完成后按下回车键即可。

2．自动产生项目符号和编号

要给已经输入的段落添加项目符号和编号，可先选定段落，在"开始"功能选项卡的"段落"选项组中单击"项目符号"或"编号"按钮即可。

二、中断、删除、追加项目符号和编号

1．中断项目符号和编号

- 按一次 Enter 键，再按一次 Ctrl + Z 组合键，后续段落取消自动编号。
- 按两次 Enter 键，后续段落自动取消编号(不过同时也插入了多余的两个空行)。

2．删除项目符号和编号

- 将光标移到编号和正文之间，然后按 Backspace 键可删除行首编号。
- 先选定要删除项目符号或编号的一个或多个段落，在"开始"功能选项卡的"段落"选项组中单击"项目符号"或"编号"右侧的下拉按钮，在列表中选择"无"即可。

以上方法都可用于删除项目符号和段落编号列表，可根据需要选用，但如果要删除多个编号，只能用第二种方法。

3．追加项目符号和编号

- 将光标移到包含编号的段尾，然后按 Enter 键，即可在下一段插入一个编号，原有后续编号会自动调整。
- 将带有自动编号(或项目符号)的段落复制到新位置时，新段落将应用自动编号(或项目符号)。
- 中断编号并输入多段后，选取中断前任一带编号的文本后单击(或双击)格式刷按钮，然后再单击要接着编号的段落，即可接排编号。
- 如果将包含编号的文本内容复制到新位置，新位置文本的编号会改变，通常会接着前面的列表继续编号。在复制的段落内右击，然后在弹出的菜单中选择"重新开始编号"或"继续编号"选项来设置编号的起始值。

三、更换项目符号和编号

先选定要更换项目符号或编号的一个或多个段落，在"开始"功能选项卡的"段落"选项组中单击"项目符号"或"编号"右侧的下拉按钮，在列表中选择其他项目符号或编号类型即可。

5.8.3　设置样式

样式是一组预先由系统命名定义的字符和段落格式，它规定了文档中标题、正文，以及要点等各个文本元素的格式。用户可以将一种样式应用于某个选定的段落或字符，以使所选定的段落或字符具有这种样式所定义的格式。

使用样式有很多便利之处，它可以帮助用户轻松统一文档的格式，辅助构建文档大纲以使内容更有条理，简化格式的编辑和修改操作。此外，样式还可以用来生成文档目录。

一、在文档中应用样式

Word 2010 提供了非常丰富的"快速样式库",在编辑文档时,用户可以从中选择并快速应用某种样式,以便减少一些格式设置上的重复性操作。要为文档的文字应用 Word 2010 "快速样式库"中的一种样式,可以按照如下操作步骤进行设置:

(1) 在文档中选择要应用样式的标题或文本。

(2) 在"开始"功能选项卡的"样式"选项组中选择一种常用样式。

(3) 如果在常用样式列表中没有适合的样式,也可单击样式列表右下角的"其他"按钮,在打开的"快速样式库"中预览并选择一种适合的样式。

(4) 如果在"快速样式库"样式列表中仍然没有找到适合的样式,也可单击"样式"功能选项组右下角的"展开"按钮,在打开的"样式"任务窗格中预览并选择一种适合的样式(在"样式"任务窗格中选中下方的"显示预览"复选框方可看到样式的预览效果,否则所有样式只以文字描述的形式列举出来),如图 5-142 所示。

图 5-142　文本样式列表

除了单独为选定的文本或段落设置样式外,Word 2010 内置了许多经过专业设计的样式集,而每个样式集都包含了一整套可应用于整篇文档的样式设置。用户可以在"样式"功能选项组中单击"更改样式"—"样式集"并选择了某个样式集,其中的样式设置就会自动应用于整篇文档,从而实现一次性完成文档中的所有样式设置。图 5-143 所示为同一文档在应用样式前、后的效果。

图 5-143　设置文本样式前、后的效果

二、创建样式

如果用户需要添加一个全新自定义样式，则可以在已经完成格式定义的文本或段落上执行如下操作：

(1) 选中已经完成格式定义的文本或段落，并右键单击所选内容，在弹出的快捷菜单中选择"样式"—"将所选内容保存为新快速样式"命令，如图 5-144 所示。

(2) 打开"根据格式设置创建新样式"对话框，在"名称"文本框中输入新样式的名称，例如"二级标题"，如图 5-145 所示。

图 5-144　创建文本样式　　　　　　　图 5-145　设置样式名称

(3) 如果在定义新样式的同时，还希望针对该样式进行进一步定义，则可以单击"修改"按钮，打开如图 5-146 所示的对话框。在该对话框中，用户可以定义该样式的样式类型是针对文本还是段落，以及样式基准和后续段落样式。除此之外，用户也可以单击"格式"按钮，分别设置该样式的字体、段落、边框、编号、文字效果、快捷键等参数信息。

图 5-146　设置样式属性

(4) 单击"确定"按钮，新定义的样式会出现在快速样式库中，并可以根据该样式快速调整文本或段落的格式。

三、复制并管理样式

在编辑文档的过程中，如果需要使用其他模板或文档的样式，可以将其复制到当前的文档或模板中，而不必重复创建相同的样式。复制与管理样式的操作步骤如下：

(1) 打开需要复制样式的文档，单击"开始"功能选项卡中"样式"选项组右下角的展开按钮，打开"样式"任务窗格，单击"样式"任务窗格底部的"管理样式"按钮，打开如图 5-147 所示的"管理样式"对话框。

(2) 单击"导入/导出"按钮，打开"管理器"对话框中的"样式"选项卡，如图 5-148 所示。在该对话框中，左侧区域显示的是当前文档中所包含的样式列表，而右侧区域则显示出在 Word 默认文档模板中所包含的样式。

图 5-147　"管理样式"对话框　　　　　　　　图 5-148　"样式"选项卡

(3) 在右边的"样式的有效范围"下拉列表框中显示的是"Normal.dotm (共用模板)"，而不是用户所要复制样式的目标文档。为了改变目标文档，单击"关闭文件"按钮。将文档关闭后，原来的"关闭文件"按钮就会变成"打开文件"按钮。

(4) 单击"打开文件"按钮，打开"打开"对话框。在文件类型下拉列表中选择"所有 Word 文档"，然后通过查找找到目标文件所在的路径，然后选中已经包含了特定样式的文档。

(5) 单击"打开"按钮将文档打开，此时在样式"管理器"对话框的右侧将显示出包含在打开文档中的可选样式列表，这些样式均可以被复制到其他文档中，如图 5-149 所示。

图 5-149　复制样式

(6) 选中右侧样式列表中所需要的样式类型，然后单击"复制"按钮，即可将选中的样式复制到新的文档中(在复制样式时，如果目标文档或模板已经存在相同名称的样式，Word 会给出提示，可以决定是否要用复制的样式来覆盖现有的样式。如果既想要保留现有的样式，同时又想将其他文档或模板的同名样式复制出来，则可以在复制前对样式进行重命名)。

(7) 单击"关闭"按钮，结束操作，此时就可以在自己文档中的"样式"任务窗格中看到已添加的新样式了。

注意： 在复制样式操作过程中，也可以将右边的文件设置为源文件，左边框中的文件设置为目标文件。在源文件中选择样式时，可以看到中间的"复制"按钮上的箭头方向发生了变化，从左指向右就变成了从右指向左，实际上箭头的方向就是从源文件到目标文件的方向，也就是说，在执行复制操作时，既可以把样式从左边打开的文档或模板中复制到右边的文档或模板中，也可以从右边文档或模板中复制到左边的文档或模板中。

5.8.4　创建目录

目录通常是长篇幅文档不可缺少的一项内容，它列出了文档中的各级标题及其所在的页码，便于文档的阅读者快速查找到所需内容。Word 2010 提供了一个内置的"目录库"，其中有多种目录样式可供选择，从而可代替用户完成大部分工作，使得插入目录的操作变得快捷、简便。

一、使用"目录库"创建目录

(1) 将鼠标指针定位到需要建立文档目录的地方，通常是文档的最前面。

(2) 在"引用"功能选项卡的"目录"选项组中，单击"目录"按钮，打开如图 5-150 所示的下拉列表。

图 5-150　选择目录样式

(3) 根据需要选择一种目录样式，Word 2010 就会自动根据所标记的标题在指定位置创建目录，如图 5-151 所示。

图 5-151　自动创建目录

二、使用自定义样式创建目录

如果用户已将自定义样式应用于标题，则可以按照如下操作步骤来创建目录。用户可以选择 Word 在创建目录时使用的样式设置。

(1) 将鼠标指针移动在需要建立文档目录的位置。

(2) 在"引用"功能选项卡的"目录"选项组中，单击"目录"下方的"插入目录"命令，打开如图 5-152 所示的"目录"对话框。

(3) 在"目录"选项卡中单击"选项"按钮，打开如图 5-153 所示的"目录选项"对话框，在"有效样式"区域中可以查找应用于文档中的标题的样式，在样式名称旁边的"目录级别"文本框中输入目录的级别(可以输入 1～9 中的一个数字)，以指定希望标题样式代表的级别。如果希望仅使用自定义样式，则可删除内置样式的目录级别数字，例如删除"标题 1"、"标题 2"和"标题 3"样式名称旁边的代表目录级别的数字。

图 5-152　"目录"对话框

图 5-153　设置目录选项

(4) 在有效样式和目录级别设置完成后，单击"确定"按钮，关闭"目录选项"对话框返回到"目录"对话框，用户可以在"打印预览"和"web 预览"区域中看到 Word 在创建目录时使用的新样式设置。另外，如果正在创建读者将在打印页上阅读的文档，那么在创建目录时应包括标题和标题所在页面的页码，即选中"显示页码"复选框，从而便于读者快速翻到需要的页。如果创建的是读者将要在 Word 中联机的文档，则可以将目录中各项的格式设置为超链接，即选中"使用超链接而不使用页码"复选框，这样读者通过按下 Ctrl 键的同时单击目录中的某项标题就可以转到对应的内容。

(5) 单击"确定"按钮完成所有设置。

三、更新目录

如果用户在创建好目录后，又添加、删除或更改了文档中的标题或其他目录项，可以按照如下操作步骤更新文档目录：

(1) 在 Word 2010 的功能区中，打开"引用"选项卡。

(2) 在"引用"选项卡上的"目录"选项组中，单击"更新目录"按钮，打开如图 5-154 所示的"更新目录"对话框，在该对话框中选中"只更新页码"单选按钮或者"更新整个目录"单选按钮，然后单击"确定"按钮即可按照指定要求更新目录。

图 5-154 　"更新目录"对话框

5.8.5 邮件合并

Word 2010 提供了强大的邮件合并功能，该功能具有极佳的实用性和便捷性。如果用户希望批量创建一组具有相同框架但又有细节区别的文档时(例如一个寄给多个学生的学期考试成绩单、公司名片等)，就可以使用邮件合并功能来实现。

一、什么是邮件合并

Word 的邮件合并可以将一个主文档与一个数据源结合起来，最终生成一系列主体相同、细节不同的输出文档，利用"邮件合并"功能可以创建信函、电子邮件、传真、信封、标签、目录(打印出来保存在单个 Word 文档中的姓名、地址或其他信息的列表)等文档。

在使用邮件合并之前需要明确以下几个基本概念：

(1) 主文档：主文档是经过特殊标记的 Word 文档，它是用于创建输出文档的模板，其中包含了基本的文本框架，这些文本框架在所有输出文档中都是相同的，例如：信件的信头、主体以及落款等。另外还有一系列指令(称为合并域)，用于插入在每个输出文档中都要发生变化的信息，比如收件人的姓名和地址等。

(2) 数据源：数据源实际上是一个数据列表，其中包含了用户希望合并到输出文档中的数据。通常保存姓名、通讯地址、电子邮件地址、传真号码等数据字段。Word 的邮件合并功能支持很多类型的数据源，其中主要包括以下几类：

■ Office 地址列表：在邮件合并的过程中，"邮件合并"任务窗格为用户提供了创建简单的"Office 地址列表"操作，用户可以在新建的列表中填写收件人的姓名和地址等相关信息。此方法最适用于不经常使用的小型、简单列表。

■ Word 数据源：可以使用某个 Word 文档作为数据源。该文档应该只包含 1 个表格，该表格的第 1 行必须用于存放标题，其他行必须包含邮件合并所需要的数据记录。

■ Excel 工作表：可以从工作簿内的任意工作表或命名区域选择数据。

■ Outlook 联系人列表：可直接在"Outlook 联系人列表"中直接检索联系人信息。

■ Access 数据库：在 Access 中创建的数据库。

■ HTML 文件：使用只包含 1 个表格的 HTML 文件。表格的第 1 行必须用于存放标题，其他行则必须包含邮件合并所需要的数据。

(3) 邮件合并的最终文档：邮件合并的最终文档包含了所有的输出结果，其中有些文本内容在输出文档中都是相同的，而有些会随着收件人的不同而发生变化。

二、利用邮件合并制作邀请函

如果用户要制作或发送一些信函或邀请函之类的邮件给客户或合作伙伴，这类邮件通常分为固定不变的内容和变化的内容，例如：有一份如图 5-155 所示的邀请函文档，在这个文档中已经输入了邀请函的正文内容，这一部分就是固定不变的内容。邀请函中的姓名及称谓等信息就属于变化的内容，而这部分内容保存在如图 5-156 所示的 Excel 工作表中。

图 5-155　编辑邀请函主文档

图 5-156　保存在 Excel 工作表中的邀请人信息

下面就来介绍如何利用邮件合并功能中的"邮件合并分步向导"功能将数据源中邀请人的信息自动填写到邀请函文档中。

　　(1) 在"邮件"功能选项卡的"开始邮件合并"选项组中，单击"开始邮件合并"下的"邮件合并分步向导"命令，打开"邮件合并"任务窗格，如图 5-157 所示，进入"邮件合并分步向导"的第(1)步(总共有 6 步)。

图 5-157　启动邮件合并向导

　　(2) 在"选择文档类型"选项区域中选择一个希望创建的输出文档的类型，如"信函"。

　　(3) 单击"下一步：正在启动文档"超链接，进入"邮件合并分步向导"的第(2)步，在"选择开始文档"选项区域中选中"使用当前文档"单选按钮，以当前文档作为邮件合并的主文档。

　　(4) 单击"下一步：选取收件人"超链接，进入"邮件合并分步向导"的第(3)步，在"选择收件人"选项区域中选中"使用现有列表"单选按钮，然后单击"浏览"超链接，打开如图 5-158 所示的"选取数据源"对话框。

图 5-158　"选取数据源"对话框

　　(5) 在"选取数据源"对话框中找到保存客户资料的 Excel 工作表文件，然后单击"打开"按钮。此时打开"选择表格"对话框，选择保存客户信息的工作表名称，如图 5-159 所示，然后单击"确定"按钮，打开"邮件合并收件人"对话框。

图 5-159　"选择表格"对话框

(6) 在打开的"邮件合并收件人"对话框中可以对需要合并的收件人信息进行修改。然后，单击"确定"按钮，完成现有工作表的链接工作，如图 5-160 所示。

图 5-160　设置邮件合并收件人信息

(7) 选择了收件人的列表之后，单击"下一步：撰写信函"超链接，进入"邮件合并分步向导"的第(4)步。如果用户此时还未撰写信函的正文部分，可以在活动文档窗口中输入与所有输出文档中保持一致的文本。如果需要将收件人信息添加到信函中，先将鼠标指针定位在文档中的合适位置，然后单击"地址块"、"问候语"等超链接，如图 5-161 所示。

图 5-161　设置邮件合并超链接

(8) 本例单击"其他项目"超链接，打开"插入合并域"对话框，在"域"列表框中，选择要添加到邀请函中邀请人姓名所在位置的域并单击"插入"按钮。全部域添加完成后，单击"关闭"按钮，文档中的相应位置就会出现已插入的域标记，如图 5-162 所示。

图 5-162　设置邮件合并活动域

(9) 在"邮件"选项卡上的"编写和插入域"选项组中，单击"规则"—"如果…那么…否则…"命令，打开"插入 Word 域:IF"对话框，在"域名"下拉列表框中选择"性别"，在"比较条件"下拉列表框中选择"等于"，在"比较对象"文本框中输入"男"，在"则插入此文字"文本框中输入"先生"，在"否则插入此文字"文本框中输入"女士"，如图 5-163 所示。然后，单击"确定"按钮，这样就可以使被邀请人的称谓与性别建立关联。

图 5-163　设置邮件合并域规则

(10) 在"邮件合并"任务窗格中，单击"下一步：预览信函"超链接，进入"邮件合并分步向导"的第(5)步。在"预览信函"选项(如图 5-164 所示)区域中，单击"<<"或">>"按钮，查看具有不同邀请人姓名和称谓的信函。

(11) 预览并处理输出文档后，单击"下一步：完成合并"超链接，进入"邮件合并分步向导"的最后一步。在"合并"选项区域中，用户可以根据实际需要选择单击"打印"或"编辑单个信函"超链接，进行合并工作。本例单击"编辑单个信函"超链接。

图 5-164 预览信函

(12) 打开"合并到新文档"对话框，在"合并记录"选项区域中，选中"全部"单选按钮，如图 5-165 所示，然后单击"确定"按钮。

图 5-165 设置信函合并记录

这样，Word 会将 Excel 中存储的收件人信息自动添加到邀请函正文中，并合并生成一个如图 5-166 所示的新文档，在该文档中，每页中的邀请函客户信息均由数据源自动创建生成。

图 5-166 生成并显示全部信函

三、使用邮件合并技术制作信封

Word 2010 的邮件合并技术提供了非常方便的中文信封制作功能，只要通过几个简单的步骤，就可以制作出既漂亮又标准的信封。

(1) 在 Word 2010 的功能区中，打开"邮件"选项卡。在"邮件"选项卡上的"创建"选项组中，单击"中文信封"按钮，打开如图 5-167 所示的"信封制作向导"对话框开始创建信封。

(2) 单击"下一步"按钮，在"信封样式"下拉列表框中选择信封的样式．并根据实际需要选中或取消选中有关信封样式的复选框。

(3) 单击"下一步"按钮，选择生成信封的方式和数量，本例选中"基于地址簿文件，生成批量信封"单选按钮，如图 5-168 所示。

图 5-167　"信封制作向导"对话框

图 5-168　选择生成信封的方式和数量

(4) 单击"下一步"按钮，从文件中获取并匹配收信人信息，单击"选择地址簿"按钮，打开"打开"对话框，在该对话框中选择包含收信人信息的地址簿文件，然后单击"打开"按钮，返回到"信封制作向导"对话框。

(5) 在"地址簿中的对应项"区域中的下拉列表框中，分别选择与收信人信息匹配的字段，如图 5-169 所示。

图 5-169　匹配收件人信息

（6）单击"下一步"按钮，在"信封制作向导"中输入寄信人信息，然后单击"下一步"按钮，进入"信封制作向导"的最后一个步骤，单击"完成"按钮，关闭"信封制作向导"，完成多个标准信封的制作，如图 5-170 所示。

图 5-170　生成并显示全部信封

5.8.6　文档比较

在编辑重要长文档时，一般需要将文档以不同的文件名保存在不同的磁盘上，从而保证文档不会因为某个磁盘的损坏而丢失，也可以为文档保存不同的修订版本。但如果保存文档过多，时间一长，用户可能自己也不知道哪个文档是哪个版本，经常出现用旧文档覆盖新文档的情况，为此，Word 2010 提供了"精确比较"的功能，帮助用户显示两个文档的差异。使用"精确比较"功能对比文档的方法如下：

（1）启动 Word 2010，在"审阅"功能选项卡的"比较"选项组中单击"比较"按钮，然后选择"比较"命令，打开"比较文档"对话框。

（2）在该对话框中，单击"原文档"后面的打开文件按钮，通过浏览找到要用作比较的原始文档，单击"修订的文档"后面的打开文件按钮，通过浏览找到比较的修订文档，如图 5-171 所示。

（3）单击"确定"按钮，此时两个文档之间的差异将突出显示在"比较结果"文档的中间，在左侧的审阅窗格中，自动统计了原文档

图 5-171　选择比较文档名

与修订文档之间的具体差异情况，如图 5-172 所示。如果两个文档一样，则会提示没有找到差别，如图 5-172 所示。

图 5-172　文档比较结果

5.9　Word 2010 打印技术

当文档编辑、排版完成后，通常需要将其打印在纸张上，但是为了节省纸张和墨水，在真正打印输出之前，应当先预览一下排版是否理想，如果满意再打印，否则可继续编辑、修改。

5.9.1　打印预览

在窗口中单击"文件"按钮并选择"打印"命令，进入到打印预览和打印窗口，如图 5-173 所示。

图 5-173　打印预览和打印窗口

默认情况下，打印预览窗口中显示的是当前页的打印效果，用户可以在窗口下中部的页码选择区域单击"前进"及"后退"或者在文本框中输入页码来显示其他页，也可拖动右下部的调节滑块来改变显示比例。

当然，如果用户经常需要使用打印预览功能，也可通过以下操作，将"打印预览"按钮放置到功能选项卡中。

(1) 在 Word 窗口中单击"文件"按钮并选择"选项"命令，并在打开的"Word 选项"对话框中单击"自定义功能区"，切换到"自定义功能区和键盘快捷键"界面，如图 5-174 所示。

图 5-174　将打印预览和打印按钮添加到功能区 1

(2) 在右部"自定义功能区"的下中部依次单击"新建选项卡"、"重命名"按钮，新建一个名为"打印预览"的功能选项卡，然后在左侧的命令列表中单击"打印预览和打印"命令，再单击"添加"按钮，将"打印预览和打印"命令加入到新创建的"打印预览"功能选项卡中，如图 5-175 所示。

图 5-175　将打印预览和打印按钮添加到功能区 2

5.9.2　打印文档

通过"打印预览"确认文档无误后，将打印机和计算机正确连接，就可以正式进行文档打印工作了(打印前最好先保存文档，以免意外丢失)。

Word 2010 提供了许多灵活的打印功能，可以在"打印预览和打印"窗口中单击"打印"按钮，直接将文档的全部内容按系统默认设置打印一份，也可以通过窗口左侧的多个下拉按钮来设置更多的打印选项，再单击"打印"，如图 5-176 所示。

(1) 份数：在默认情况下只将当前文档打印一份，如果需要打印多份，可在"份数"文本框中输入一个数值。

(2) 打印机：如果计算机安装或连接了多台打印机，当前显示的是系统默认打印机，也可以单击右侧的下拉按钮，从列表中选择其他可用的打印机来输出文档。

(3) 打印所有页：如果不设置则打印当前文档的所有页；如果要打印指定范围的页，可在"页数"文本框中输入页码编号(若是连续页，可用短横线"-"分隔页码，若是不连续页，可用逗号"，"分隔页码。例如：打印第 1、第 3 和第 6 页，可在文本框内输入"1，3，6"；打印第 2 至第 6 页，可输入"2-6"；打印第 6 页至第 9 页和第 12 页至第 16 页，可输入"6-9，12-16"等)。

图 5-176　打印设置

(4) 单面打印：为了节约纸张，文档可采用双面打印的方法。即在下拉列表框中选择"手动双面打印"项后，Word 2010 会首先打印纸张正面(奇数页)的内容，当全部奇数页打印完毕，就会通知用户打印纸张背面(偶数页)。

(5) 调整：如果用户在"份数"栏中选择了多份，则此项可设定打印的输出方式。若选择默认"1，2，3　1，2，3　1，2，3"，则先打印第一份的所有页，打印完成后再打印第二份的所有页。若选择"1，1，1　2，2，2　3，3，3"，则按份数打印文档的每一页，再依次打印所有页。

(6) 方向、纸张大小、页面边距：可设置打印时纸张的方向、大小和边距，如果不做修改，则按用户在"页面设置"中设定的参数输出。

(7) 每版打印 1 页：Word 2010 允许按版型进行缩放打印，就是可以将多页缩版到一页上进行打印，例如：选择"每版打印 4 页"，即可将当前文档每 4 页缩版到一页上进行打印。

第 6 章　Excel 2010 电子表格系统

Excel 2010 是 Office 中专门处理电子表格的组件,广泛应用于专业的金融、财务、税务、行政及个人事务处理等数据管理领域。它不仅可以像 Word 2010 一样简单、快捷地创建和美化表格,而且还具有比 Word 2010 更加强大的数据处理功能,例如: 单元格数据快速输入、单元格类型设定、复杂计算公式的创建和智能复制、计算结果自动更新、表格数据的分析统计、快速创建报表和图表等功能。

6.1　Excel 2010 的功能和基本概念

为了帮助读者理解和掌握 Excel 2010,我们先来学习其中几个非常重要的概念:

(1) 工作簿: 即保存在磁盘上扩展名为 .xlsx 或 .xls(Excel 2010 以前版本)的文件,图标为 。一个工作簿中可以包含一个或多个工作表,它像一个表格集合,把若干张相关联的表格或图表存放在一起,以便于集中管理。在 Excel 2010 中,一个工作簿可以含若干个工作表,默认情况下为 3 个,分别命名为 Sheet1、Sheet2 和 Sheet3,当用户打开工作簿后,其中包含的全部工作表也一并被打开。例如: 用户可以创建一个"2015 级物联网专业二班.xlsx"来记录该班的总体信息,在这个工作簿中可以包含"学生名册"表、"学生成绩"表、"体检情况"表、"奖惩记录"表等。

(2) 工作表: 即包含在工作簿中的一个由列和行组成的单表。尽管 Excel 的每张工作表都提供了足够大的容量,但为方便管理,一般一张工作表只记录一类信息或保存一个数据清单,不同的信息应当保存在不同的工作表中。

(3) 单元格: 工作表中行、列交汇处的区域称为单元格,它可以保存数值、文字、声音等数据,是 Excel 中最基本的编辑单位。

工作簿、工作表及单元格之间的关系可用图 6-1 来表示。

图 6-1　Excel 2010 文档结构

(4) 单元格地址: 在 Excel 2010 中,为唯一标识每个单元格在表格中的位置,需要给每一个单元格定义一个唯一的编号，即单元格地址。和 Word 2010 表格一样，Excel 2010 的单元格地址也由列号加行号来组成，例如："C7"表示第 C 列的第 7 行的单元格、"AA45" 表示第 AA 列的第 45 行的单元格等；如果要表示多个不连续的单元格，可依次书写每个单元格地址，其间用","分隔，例如：A4,C7；要表示一个连续的单元格区域，可书写该区域的开始、结束单元格地址，其间用":"分隔，例如：A4:C7 或 C7:A4。当然，也可将这些表示方法混合使用，如 A4:C7,F8,G7:K16 等。

(5) 活动单元格：插入点所在的单元格或者已经选定的单元格组，它表示当前正在进行编辑的区域，其四周用黑色加粗的边框标识，并且在其右下角还会出现一个黑色的小方块，称为填充柄，在 Excel 2010 中，很多智能化的操作都是通过这个填充柄来实现的。

6.2　Excel 2010 的基本操作

6.2.1　启动 Excel 2010

和 Word 2010 一样，Excel 2010 也可以由以下四种方法来启动：

(1) 用鼠标单击"开始"按钮，依次在"开始"菜单中选择"所有程序"—"Microsoft Office"—"Microsoft Excel 2010"命令，启动 Excel 2010，如图 6-2 所示。

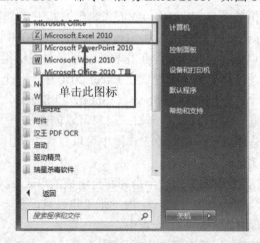

图 6-2　从开始菜单启动 Excel 2010

(2) 在桌面上双击"Microsoft Office Excel 2010"图标，如图 6-3 所示。

图 6-3　从桌面图标启动 Excel 2010

(3) 依次打开"C:\Program Files\Microsoft Office\OFFICE14"文件夹，然后从窗口中双击"EXCEL.EXE"图标，如图 6-4 所示。

图 6-4 从安装目录启动 Excel 2010

(4) 在 Windows 的资源管理器窗口中双击某个扩展名为 .xlsx 的文件图标，如图 6-5 所示。

图 6-5 从资源管理中启动 Excel 2010

6.2.2 Excel 2010 窗口界面的组成

Excel 2010 成功启动后，将在桌面上显示 Excel 2010 的工作窗口，如图 6-6 所示。

图 6-6　Excel 2010 窗口界面

Excel 2010 的标题栏、快速访问按钮、文件按钮、功能选项卡、功能选项组、编辑区、边框边角的结构与 Word 2010 类似，这里我们仅介绍以下几个 Excel 2010 窗口中特有的元素：

(1) 名称框：用于显示和选定活动单元格地址，在进行公式编辑时，可以插入一个函数。

(2) 编辑栏：用来输入或编辑当前单元格的值或公式，其左边有三个按钮，分别用于输入数据的确认、取消和编辑公式。

(3) 列标、行标：位于每一列(行)的上(前)方，用于显示列(行)号。

(4) 单元格：表格中的一个矩形区域，用于保存各种数据。在其四周包围虚线边框，表格在打印输出时，该虚线边框将被忽略，若要打印边框，需要为其设置边框。

(5) 活动单元格：插入点所在的单元格，其四周用黑色加宽的边框表示。

(6) 填充柄：出现在活动单元格右下角的黑色控件，当将鼠标移动到其上面时，光标由"🕂"变成"✚"，拖动鼠标可以在目标单元格中智能填充各种数据。

(7) 工作表标签：用于显示当前工作簿文件中包含的工作表名，位于表层的是当前正在编辑的工作表，用鼠标单击可在不同的工作表间进行切换。

(8) 状态栏：左侧用于显示与当前操作相关的一些信息和窗口状态。如：在为单元格输入数据时显示"输入"，完成输入后显示"就绪"等；当在表格中选定多个包含数值的单元格后，还将在状态栏的中部区域显示这些单元格的各种运算结果；状态栏右部则显示了视图切换按钮和当前的视图模式，同时还显示了窗口比例及比例调节滑块。用户也可右击状态栏，从打开的快捷菜单中来设定状态栏的功能，如图 6-7 所示。

图 6-7　设置 Excel 2010 状态栏

6.2.3　退出 Excel 2010

Excel 2010 的退出和 Word 2010 一样，也有以下几种常用的方法：

(1) 单击 Excel 2010 工作簿窗口右上角的"关闭"按钮

(2) 执行窗口"文件"菜单下的"退出"命令(注意：不是"关闭"命令)。

(3) 使用 Alt+F4 快捷键。

6.3　Excel 2010 文件操作

在 Excel 2010 中，文件的操作与 Word 2010 相似，为了保持内容结构的完整，加深读者印象，这里仅作简单介绍，详细内容可参考第 5 章。

6.3.1　建立工作簿

在默认情况下，每次启动 Excel 2010 后，系统会自动帮助用户以默认格式建立一个名为"工作簿 1"的空工作簿。当然在编辑现有工作簿的过程中，用户也可根据需要再建立新的工作簿，Excel 对以后新建的工作簿以创建的顺序，依次命名为"工作簿 2"、"工作簿 3"等。

一、创建空白工作簿

以系统默认格式就可以建立空工作簿。可单击"文件"按钮，再在"新建"列表框中选择"新建空白工作簿"命令或使用 Ctrl + N 快捷键来完成。

二、根据模板创建工作簿

Excel 2010 预先定义了很多设计精美、格式丰富的表格模板，可以单击"文件"按钮，再在"新建"列表框中选择"Office.com 模板"来完成，如图 6-8 所示。

图 6-8　使用 Excel 2010 模板

6.3.2　保存工作簿

工作簿创建后，或在对工作簿进行了修改操作后，为防止 Excel 2010 意外关闭而导致信息丢失，用户应当及时对工作簿进行保存。

一、手工保存

在快速访问组中单击"保存"按钮，或使用 Ctrl + S 快捷键。如果文件是第一次执行存盘操作，系统将打开"另存为"对话框，在对话框中设置文件名、文件类型及位置保存即可。如果不是第一次存盘，则不会打开此对话框，而直接以文件原来的文件名、文件类型及位置保存。

二、自动保存

(1) 单击"文件"选项卡，选择"选项"命令打开"Excel 选项"对话框，再单击"保存"项，如图 6-9 所示。

图 6-9　设置自动保存功能

(2) 在对话框中勾选"保存自动恢复信息时间间隔"项,启用自动存盘功能,并在其后的数值调节控件中输入一个数值,设置自动保存时间间隔。

6.3.3　打开工作簿

对于保存在磁盘上的工作簿,再次使用时应首先打开,方法通常有以下几种:

(1) 在 Windows 资源管理器中定位到并双击工作簿文件。

(2) 用 Excel 2010"文件"按钮的"打开"命令来打开工作簿。

(3) 从 Excel 2010"文件"按钮的"最近使用的文件"列表中打开工作簿。

6.3.4　关闭工作簿

对于在 Excel 2010 中打开多个工作簿,可使用以下方法关闭:

(1) 在 Excel 2010"文件"按钮中单击"关闭"命令。

(2) 单击工作簿窗口上的"关闭"按钮。

6.4　编辑工作表

在 Excel 2010 创建的工作簿中默认情况下已经包含了名为 Sheet1、 Sheet2 和 Sheet3 三个工作表,用户可根据需要删除工作表、添加工作表,还可以为每个工作表设置名称、调整工作表的位置、隐藏重要的工作表等。

6.4.1　选定工作表

尽管 Excel 2010 在一个工作簿中提供了多张工作表,但在某个时刻只有一个工作表是活动的,如果要对其他工作表进行编辑,必需先将其切换到活动状态,即选定这个工作表,其操作方法非常简单,只需在工作表标签区单击要切换到的工作表名即可。

提示:

(1) 若工作簿中的工作表较多或表名较长,要选取的工作表没有出现在工作表标签区,可用鼠标单击编辑区窗口下方的工作表切换按钮来调整,如图 6-10 所示。

图 6-10　工作表切换按钮

(2) 按 Ctrl + PageUp 或 Ctrl + PageDown 组合键，可以切换到该张工作表的前一张或后一张工作表。

(3) 在 Excel 2010 中，如果要同时对多个工作表进行相同的操作(如：输入或删除数据、设置格式等)，可以先选定一张工作表，按住键盘上的 Shift 键(选定多个连续的工作表)键或 Ctrl 键(选定多个不连续的工作表)，再单击其他工作表标签，将多个工作表组合成工作组。这时，在窗口的标题栏处将显示"工作组"状态，并且用户在工作组中任一工作表中进行的操作对其他工作表都有效，如图 6-11 所示。如果要取消工作组，可在工作组外的任一工作表标签上单击。

图 6-11　创建工作组

6.4.2　插入工作表

插入工作表常用的方法有以下两种。

方法一：

在"工作表标签"区单击右侧的"插入工作表"按钮或使用 Shift + F11 组合键，在工作薄的最后面插入一个新工作表。

方法二：

(1) 在工作表标签区中的任意工作表上右击，从弹出的快捷菜单中选择"插入"命令，打开"插入"对话框，如图 6-12 所示。

图 6-12　"插入"对话框

(2) 在"插入"对话框的"常用"选项卡中，选择"工作表"图标，然后单击"确定"按钮，即可在右击的工作表前插入一个工作表。

6.4.3　重命名工作表

重命名工作表常用的方法有以下两种。

方法一：

(1) 在要重命名的工作表标签上双击，这时原工作表名自动处于选定状态。

(2) 输入工作表新名。

方法二：

(3) 右击要重命名的工作表标签，从弹出的快捷菜单中选择"重命名"命令。

(4) 输入工作表新名。

6.4.4　移动和复制工作表

移动和复制工作表常用的方法有以下两种。

方法一：

(1) 选定一个要移动或复制的工作表。

(2) 直接用鼠标拖动工作表标签到合适位置。

若在拖动工作表标签的同时按下 **Ctrl** 键可完成复制，并自动命名为"原工作表名+(序号)"，如："基本情况表(2)"。

方法二：

(1) 右击要移动或复制的工作表标签，再从快捷菜单中选择"移动或复制"命令，打开"移动或复制工作表"对话框，如图 6-13 所示。

(2) 在"工作簿"下拉列表框中选择目标工作簿，默认情况下是当前工作簿，当然，如果此时还有其他打开的工作簿，也可以把工作表移动或复制到其他工作簿中去。

(3) 在"下列选定工作表之前"列表中选择一个位置。

(4) 在"建立副本"复选选项中根据需要设置，如选中则进行复制操作，否则进行移动操作。

(5) 单击"确定"按钮关闭对话框。

图 6-13　　"移动或复制工作表"对话框

6.4.5　删除工作表

删除工作表的方法如下：

(1) 右击要删除的工作表标签，在快捷菜单中选择"删除"命令。

(2) 若工作表中没有数据则直接删除工作表，否则将弹出删除窗口，如图 6-14 所示。

图 6-14　删除工作表

(3) 根据情况单击"删除"或"取消"按钮。

6.4.6　拆分工作表

在编辑数据的过程中，有时为了在一个大的数据清单中同时显示不同的区域，可将一个工作表拆分为若干个窗格，每个窗格显示表格的不同区域。

方法一：

(1) 在表格中选定一个单元格，该单元格所在的位置将成为拆分点。

(2) 在"视图"功能选项卡的"窗口"选项组中单击"拆分"按钮，在选中的单元格处，工作表将拆分为 4 个独立的窗格，如图 6-15 所示。

图 6-15　拆分窗口

(3) 再次单击"拆分"按钮可取消拆分。

方法二：

(1) 移动鼠标光标到垂直滚动条的顶端，当光标呈上、下分裂箭头时，按下左键并拖动鼠标到适合位置，松开鼠标即可将工作表窗口垂直拆分成上、下两部分。

(2) 移动鼠标光标到水平滚动条的右端，当光标呈左、右分裂箭头时，按下左键并拖动鼠标到适合位置，松开鼠标即可将工作表窗口水平拆分成四个部分，如图 6-16 所示。

(3) 在分割条上双击可取消拆分。

图 6-16　手工拆分工作表窗口

6.4.7　选定工作区

在对表格进行详细编辑之前，应当先选定一个区域，以便确定编辑的范围和对象。在工作表中选定区域主要分为以下几种情况：

(1) 选定一个单元格：单击要选定的单元格或在名称框中输入要选择的单元格地址。

(2) 选定连续的多个单元格：从第一个单元格拖动到最后一个单元格。若多个单元格区域较大，拖动操作不方便或不精确，可先选定区域中的第一个单元格，然后按住 Shift 键，再单击最后一个单元格。或者直接在名称框中输入区域地址，如："d6:m90"。

(3) 选定不连续的多个单元格：先选定第一个单元格或单元格区域，再按住 Ctrl 选中其他的单元格或单元格区域，也可直接在名称框中输入区域地址，如："d6:k9,m14:p30"。

(4) 选定整行或整列：单击行标或列标，用 Ctrl 键或 Shift 键配合可选定不连续的多行、多列或连续的多行、多列。

(5) 选定整个工作表：在编辑区单击最左上角的"全部选定"按钮，如图 6-17 所示。

图 6-17　选定整个工作表

(6) 根据条件来选定特殊类型的单元格区域：

① 在"开始"功能选项卡的"编辑"选项组中单击"查找和选择"按钮，然后单击"定位条件"命令，打开"定位条件"对话框，如图 6-18 所示。

图 6-18　"定位条件"对话框

② 若要选择区域中空白单元格，可单击"空值"。

③ 若要选择包含批注的单元格，可单击"批注"。

④ 若要选择包含常量的单元格，可单击"常量"，再在"数字"、"文本"、"逻辑值"或"错误"复选选项中设定要选取的单元格的类型，默认情况下全部包含这几项，如只想选定表格中包含文本的单元格，可去掉其他选项，只保留"文本"即可。

⑤ 若想选定表格中包含公式的单元格，可勾选"公式"，再在"数字"、"文本"、"逻辑值"或"错误"复选选项中设定公式的类型。

⑥ 若仅选择区域中可见的单元格，虽然该区域也跨越隐藏的行和列，可单击"可见单元格"。

⑦ 若要选择当前区域，如整个列表，可单击"当前区域"。

(7) 选择行或列中已填充数据的单元格区域：

① 单击区域中的第一个或最后一个单元格。

② 按住 Shift 双击活动单元格在待选定方向上的边线。例如，要选定活动单元格上方所有已填充数据的区域，可双击该单元格的顶端边线，则选定区域会扩展到此列中下一个空白单元格为止。

(8) 取消选择：单击选定区域外的任意单元格。

6.4.8　在表格中插入和删除

一、插入单元格

(1) 在要插入位置的单元格上右击，从快捷菜单中选择"插入"命令，打开"插入"对话框，如图 6-19 所示。

图 6-19　"插入"对话框

(2) 在对话框中选择一种新单元格插入后原表格变化的方式，单击"确定"按钮。

二、插入行或列

方法一：移动插入点到要插入行或列的任意一个单元格上，右击单元格，从快捷菜单中选择"插入"命令，在打开的"插入"对话框中选择整行或整列，如图 6-19 所示。

方法二：右击行标或列标，在快捷菜单中选择"插入"命令，即可在当前行的上方插入空行或在当前列的左边插入空列。

注：要插入多行或多列，可在执行插入一行或一列后，按下 F4 键(即重复上一步操作，在 Office 软件中常用该功能键完成多次相同的操作)。

三、删除单元格

(1) 右击要删除的单元格或单元格区域，在快捷菜单中选择"删除"命令，打开"删除"对话框，如图 6-20 所示。

图 6-20　"删除"对话框

(2) 在对话框中选择一种单元格删除后原表格变化的方式，单击"确定"按钮。

四、删除行或列

(1) 选中需要删除的一行(列)或多行(多列)。

(2) 在选定区域右击，在快捷菜单中选择"删除"命令，或在"开始"功能选项卡的"单元格"组中单击"删除"按钮。

6.4.9　合并单元格

通常在设计表格时，用户都希望将标题名称放在整个数据的中间，最为简单的方法就是使用单元格合并和居中功能，其具体操作步骤如下：

(1) 选中要合并及居中的多个单元格。

(2) 在"开始"功能选项卡的"对齐方式"选项组中单击"合并及居中"按钮，如图 6-21 所示。

图 6-21　合并及居中单元格

(3) 如果选定的区域中包含有数据，还会弹出如图 6-22 所示的窗口来提示用户，选定范围内各单元格在合并后只保留最左上一个单元格的数据。

图 6-22　合并单元格提示

(4) 若要取消合并的单元格，可再次单击"合并及居中"按钮，也可在已合并的单元格上右击，从快捷菜单中选择"设置单元格格式"命令，在打开的对话框中单击"对齐"选项卡，并去掉"合并单元格"前的复选按钮，如图 6-23 所示。

图 6-23　取消合并单元格

6.4.10 调整单元格的行高和列宽

在默认情况下，单元格的行高指定为 13.5 磅，列宽为 8.38 字符，如果觉得这个数值不适合，可以根据实际需要对其进行调整。

注： 在 Excel 中，行高与列宽分别使用了不同的单位。其中：行高的单位是磅(point，即一种印刷业描述印刷字体大小的专用尺度，1 磅近似等于 0.352 78 mm)，列宽的单位是字符(表示这一列所能容纳的半角字符个数。列宽的最大限制为 255 字符)。

一、使用命令调整

(1) 选定要调整的一行(列)或多行(多列)。

(2) 右击选定的行标或列标，从快捷菜单中选择相应的"行高"或"列宽"命令，也可以在"开始"功能选项卡的"单元格"组中单击"格式"下方的下拉按钮，再从列表中选择"行高"或"列宽"命令，打开"行高"或"列宽"对话框，然后在其中输入一个数值，如图 6-24 所示。

图 6-24 调整行高及列宽

二、使用鼠标调整

(1) 选定要调整的一行(列)或多行(多列)。

(2) 将鼠标移到选定的行或列的下边线或右边线上，当鼠标光标呈现双向调整箭头时，按下鼠标左键并拖动，这时会显示一条虚线指示要调整到的边线的位置，并且指针的右上角也显示出一个数值，调整到适合位置后释放鼠标，如图 6-25 所示。

	A	B	C	D	E	F
		C语言		宽度: 12.50 (105 像素)		
1	姓名	C语言	操作系统	大学语文	英语	可视化编程
2	晁盖	94	77	56	59	97
3	伍松	78	87	75	43	54
4	李魁	75	67	65	75	67
5	西门庆	40	79	55	89	80
6	鲁智深	56	69	67	47	49

Sheet1 / Sheet2 / Sheet3

就绪 平均值=70.60416667

图 6-25 用鼠标调整列宽或行高

三、自动调整

(1) 选定要调整的一行(列)或多行(多列)。

(2) 将鼠标指针移到选定行的下边线或选定列的右边线上，当鼠标光标呈现双向调整箭头时，双击鼠标左键，Excel 会自动根据行或列内的信息来调整行高及列宽。

6.4.11 设置单元格格式

作为一个专业的表格处理软件，Excel 2010 为表格或单元格提供了丰富的格式类型，它除了可以像 Word 一样简单、快速地设置单元格框架及单元格数据的外观格式以外，还可以对单元格的内部数据复杂格式(即保存在其中的不同数据类型，如指定单元格存储数值，并定义小数位数、负数的形式、千位符样式等)进行设置。

单元格的格式可以通过功能选项卡来设置，也可以通过对话框来完成。

一、通过功能选项卡操作

(1) 选定要设置格式的单元格。

(2) 分别在"开始"功能选项卡的"字体"、"对齐方式"、"数字"选项组中单击相应按钮进行设置，如图 6-26 所示。

图 6-26　用工具按钮设置单元格格式

二、通过格式对话框操作

(1) 选定要设置格式的单元格。

(2) 单击"开始"功能选项卡"单元格"选项组中的"格式"下方下拉按钮并选择"设置单元格格式"命令，或右击选定的单元格，执行快捷菜单下的"设置单元格格式"命令，打开"设置单元格格式"对话框，如图 6-27 所示。

图 6-27　通过对话框设置单元格格式

■ 在"数字"选项卡中设置单元格中要保存的数据类型,并在其右侧设置该数据具体格式。

■ 在"对齐"选项卡中设置单元格内部数据的对齐方式及文字方向。

■ 在"字体"选项卡中设置单元格内文字的字体。

■ 在"边框"选项卡中设置选定单元格区域的外边框及内部线条(注:Excel 2010 工作表中显示的灰色网格线不能打印,要在表格中增加边框才能打印出表格线)。

■ 在"图案"选项卡中设置选定单元格的底纹。

■ 在"保护"选项卡中设置对选定单元的锁定或隐藏。

6.4.12　设置条件格式

在使用 Excel 2010 处理数据时,经常需要在表格中直观地查看和分析数据、发现关键问题以及识别模式和趋势,例如:哪些学生考试分数低于 60 分;在过去五年的利润汇总中,有哪些异常情况;过去两年的营销调查反映出哪些倾向;这个月谁的销售额超过¥50,000;雇员的总体年龄分布情况如何;哪些产品的年收入增长幅度大于 10%等。利用 Excel 2010 提供的条件格式可以轻松快捷地实现这些功能。

所谓条件格式,就是根据用户设定的条件来突出显示所关注的单元格或单元格区域,强调异常值,使用数据条、颜色刻度和图标集来直观地显示数据。条件格式基于条件更改单元格区域的外观。如果条件为真(True),则使用该条件设置单元格区域的格式;如果条件为假(False),则不使用该格式。并且在设置了条件格式之后,如果单元格的值发生变化,不满足设定的条件时,Excel 会恢复这些单元格以前的格式,又或者单元格的值发生变化,满足设定的条件时,Excel 会自动应用条件格式。

相对于早期版本而言,Excel 2010 不仅加强了传统的"突出显示单元格规则"功能,还提供了更加丰富的其他条件格式,例如"项目选取规则"、"数据条"、"色阶"、"图标集"

等，Excel 2010 还允许用户自己定义其他规则，如图 6-28 所示。

图 6-28　不同条件下单元格的显示效果

一、设置条件格式

例如：在一个考试成绩表中，用户需要将成绩为优秀(大于等于 90 分)的单元格显示为红色、加粗；为成绩中等(大于 70 分但小于 80 分)的单元格添加灰色底纹；将成绩不及格的单元格显示为斜体，可按照以下操作完成：

(1) 选定成绩表中保存分数的单元格区域。

(2) 在"开始"功能选项卡的"样式"选项组中单击"条件格式"按钮，再在打开的列表中选择"突出显示单元格规则"下的"其他规则"命令，打开"新建格式规则"对话框，如图 6-29 所示。

图 6-29　"新建格式规则"对话框

(3) 在"编辑规则说明"栏中分别选定"单元格值"、"大于或等于"，并在文本框中输入"90"。

(4) 单击"格式"按钮，弹出"设置单元格格式"对话框，如图 6-30 所示。

图 6-30　"设置单元格格式"对话框

(5) 在对话框的"字形"列表中选择"加粗"，在"颜色"列表中选择红色，单击"确定"按钮，完成第一个条件的格式设置。

(6) 不取消当前选定的区域，再次单击"条件格式"按钮，再在打开的列表中选择"突出显示单元格规则"下的"介于"命令，打开"介于"对话框，如图 6-31 所示。

图 6-31　设定数值条件

(7) 在对话框的两个文本框中分别输入"70"和"80"，在"设置为"下拉列表框中选择"自定义格式"，并在打开的对话框中依次选择"填充"—"灰色"，单击"确定"按钮完成第二个条件的格式设置。

(8) 参照第(6)和第(7)步，完成第三个条件的格式设置，结果如图 6-32 所示。

图 6-32　应用条件格式后的效果

注：也可先对空单元格设置条件格式再输入数字。

例如：在数据表中用色阶显示数据变化趋势。

(1) 选定温度表中保存数值的单元格区域，如图 6-33 所示。

图 6-33　选定条件格式区域

(2) 在"开始"功能选项卡的"样式"选项组中单击"条件格式"按钮，再在打开的列表中选择"色阶"下的"红-白-蓝色阶"命令，设置完成后如图 6-34 所示。

图 6-34　设置色阶后的效果

二、更改和删除条件格式

(1) 要更改一个或多个条件格式，可在原区域重新设置条件格式。

(2) 要删除一个或多个条件，可以在"开始"功能选项卡的"样式"选项组中单击"条件格式"按钮，再在打开的列表中选择"清除规则"命令。

6.4.13　格式复制与套用

和 Word 2010 一样，Excel 2010 也提供了快速应用格式的格式刷及自动套用格式功能，其操作也基本相同，这里不再重复，具体可参考 5.5.2 节中的相关内容。

6.4.14　保护工作簿和工作表

任何人都可以自由访问并修改未经保护的工作簿和工作表，因此，对重要的工作簿或工作表进行保护是完全必要的。

Excel 2010 比 Word 2010 提供了更丰富、更强大的文档安全措施，可以有效地对工作簿中的结构和数据进行保护，如设置密码，不允许无关人员访问；也可以保护某些工作表或工作表中某些单元格的数据，防止别人非法修改；还可以把工作簿、工作表、工作表中某行(列)以及单元格中的重要公式隐藏起来，不让别人看到这些数据及其计算公式等。

一、保护工作簿、工作表和单元格

1. 保护工作簿

工作簿的保护有两个方面：第一是给工作簿设置打开或修改密码，防止他人非法访问；第二是允许他人打开、浏览内容，但禁止对工作簿中工作表或对工作簿窗口进行操作。前一种情况我们已经学习过，现主要来学习后一种情况。

对工作簿中的工作表和窗口的保护就是不允许对工作簿中工作表进行移动、删除、插入、隐藏、取消隐藏、重新命名或禁止对工作簿窗口的移动、缩放、隐藏、取消隐藏或关闭等操作：

(1) 在"审阅"功能选项卡的"更改"选项组中单击"保护工作簿"按钮，打开"保护结构和窗口"对话框，如图 6-35 所示。

图 6-35　"保护结构和窗口"对话框

(2) 选中"结构"复选框，表示保护工作簿的结构，工作簿中的工作表将不能进行移动、删除、插入等操作。

(3) 如果选中"窗口"复选框，则每次打开工作簿时保持工作表窗口的固定位置和大小，不能移动、缩放、隐藏、取消隐藏或关闭。

(4) 键入密码，可以防止他人取消工作簿保护。

(5) 若要取消保护，可重新执行以上操作并按提示输入密码。

2. 保护工作表

除了保护整个工作簿外，也可以保护工作簿中指定的工作表。其操作方法如下：

(1) 选定要保护的工作表。

(2) 在"审阅"功能选项卡"更改"选项组中单击"保护工作表"按钮，或者右击要保护的工作表标签并从快捷菜单中选择"保护工作表"命令，打开"保护工作表"对话框，如图 6-36 所示。

图 6-36　"保护工作表"对话框

(3) 在密码栏中输入一个取消保护的密码。

(4) 设置保护工作表后还允许用户进行的操作项目(默认可以"选定锁定单元格"和"选定非锁定单元格",如果还有其他项目,可以选中项目前方的复选框)。

(5) 单击"确定"按钮。

(6) 若要取消保护,重复以上操作并根据提示输入密码。

3. 保护单元格

一般来说,在 Excel 2010 中,如果设置了保护工作表就意味着锁定了它的全体单元格。然而,有时并不需要保护所有的单元格,例如只需要保护重要的公式所在的单元格,其他单元格允许修改,这样才能增加表格的灵活性。

(1) 首先需要使工作表处于非保护状态,即取消工作表保护。

(2) 选定需要保护的单元格区域并右击,从快捷菜单中选择"设置单元格格式"命令,打开"设置单元格格式"对话框,再单击"保护"选项卡,如图 6-37 所示。

图 6-37　"保护"选项卡

(3) 取消"锁定"前的复选标记。

(4) 重新对工作表实施保护后，本操作中取消锁定的单元格就是可以进行修改的单元格，其余单元格为保护单元格。

二、隐藏工作表和单元格

对工作表和单元格除了上述密码保护外，也可以赋予"隐藏"特性，使之可以使用，但其内容不可见，从而得到一定程度的保护。

1. 隐藏工作表

(1) 在窗口的工作表标签区右击需要隐藏的工作表，并在快捷菜单中选择"隐藏"命令。

(2) 若要取消工作表的隐藏，可再次执行以上操作并单击"取消隐藏"命令，在打开的"取消隐藏"对话框中选择需要取消隐藏的工作表并单击"确定"按钮，如图 6-38 所示。

注：隐藏工作表后，窗口中不再出现该工作表，但可以引用该工作表中的数据。

图 6-38　取消隐藏工作簿

2. 隐藏行或列

(1) 选定需要隐藏的行或列，在标号上右击，从快捷菜单中选择"隐藏"命令，则隐藏的行(列)将不显示，但可以引用其中单元格的数据。

(2) 全部选定工作表，在任意一个行标或列标上右击，执行快捷菜单中的"取消隐藏"命令，或者在任意一行标或列标的下边线(右边线)上双击，可取消隐藏。

3. 隐藏单元格的内容

隐藏单元格内容是指单元格的真正内容不在单元格或编辑栏中显示。例如，对存有重要公式的单元格进行隐藏后，人们只能在单元格中看到公式的计算结果，但在数据编辑区中看不到公式本身。

(1) 选定要隐藏的单元格区域。

(2) 右击该区域，从快捷菜单中选择"设置单元格格式"命令，打开"设置单元格格式"对话框，再单击"保护"选项卡，如图 6-39 所示。

(3) 取消"锁定"复选框，选中"隐藏"复选框。

(4) 单击"确定"按钮。

(5) 执行前面的保护工作表操作，使隐藏功能生效。

(6) 若要取消单元格隐藏，可先解除工作表的保护，再选择要取消隐藏的单元格区域，在此对话框中清除"隐藏"复选框。

图 6-39　隐藏单元格

6.4.15　冻结工作表窗口

如果工作表的数据很多,当使用垂直滚动条或水平滚动条查看时,可能出现行标题或列标题的内容无法显示的情况,使得查看数据很不方便。冻结窗口功能可将工作表的上窗格和左窗格冻结在屏幕上,在滚动工作表时行标题和列标题会一直在屏幕上显示。

一、冻结行或列

(1) 先选定要冻结行的下一行或要冻结列的下一列,如:要冻结第 1 行,则在行号"2"上单击,选定第 2 行。

(2) 在"视图"功能选项卡的"窗口"选项组中单击"冻结窗格"—"冻结拆分窗格"命令,这时在工作表窗口中将出现一条冻结线,如图 6-40 所示。

图 6-40　将窗口第一行冻结

二、同时冻结行和列

(1) 先选定非冻结区域左上的第一个单元格，例如要同时从第 3 行、第 2 列开始冻结，则应先选定"B4"单元格。

(2) 在"视图"功能选项卡的"窗口"选项组中单击"冻结窗格"—"冻结拆分窗格"命令，这时在工作表窗口中将出现两条冻结线，如图 6-41 所示。

图 6-41　同时冻结行和列

三、取消冻结

依次在"视图"功能选项卡的"窗口"选项组中单击"冻结窗格"—"取消冻结窗格"命令即可取消冻结。

6.5　在表格中输入数据

Excel 2010 的单元格支持非常多的数据类型，例如：数值型、货币型、会计专用型、日期时间型、文本型等，用户甚至还可以定义自己的数据类型。在系统中，每一种数据类型都有它自己的格式、用途、存储要求、计算方法和显示格式，因此，为规范数据的操作，在输入各种类型的信息时，应严格按照系统规定的要求来进行，否则可能会输入出错或不能完成对输入数据预期的操作。

在 Excel 2010 中，数据除了可直接在单元格中输入外，也可在编辑栏中进行。首先选定准备输入数据的单元格，然后按系统规定的格式输入，完成后可按键盘上的上、下、左、右光标键及 Tab 键、Enter 键来确认输入，并将活动单元格移动到其四周的一个单元格上。

一、设置 Excel 的编辑选项

为了方便和规范在单元格中输入数据，再正式输入之前，用户可以在"文件"按钮中单击"选项"命令打开"Excel 选项"对话框，再在"高级"选项中选择"编辑选项"组，对 Excel 2010 的编辑选项进行设置，如图 6-42 所示。

图 6-42　设置 Excel 2010 编辑选项

在该组中的项目很多，其中与数据输入联系较密切的主要有以下几项：

(1) 按 Enter 键后移动所选内容：设置在单元格编辑完成并按下 Enter 键后，活动单元格的移动方向。默认值是向下，也可以根据需要设置其他方向。

(2) 自动插入小数点：选中则自动将用户输入数字的后几位转换成小数。例如，在"位数"框中输入 3，然后在单元格中键入 2834，则其值为 2.834。如果在"位数"框中输入-3，然后在单元格中键入 283，则其值为 283000。若要暂时取消"自动设置小数点"功能，可在输入数字时键入小数点。

(3) 启用填充柄和单元格拖放功能：选中则允许使用填充柄功能，并可以使用鼠标拖动单元格的边框来实现单元格的移动或复制。

(4) 允许直接在单元格内编辑：选中则可以直接在单元格区域内进行输入或修改数据，否则只能在编辑栏中进行。

(5) 为单元格值启用记忆式键入：选中则可在同一数据列中自动填写已经录入的字符，即如果在单元格中键入的起始字符与该列已有的录入项相符，Excel 2010 可以自动填写其余的字符。如果接受建议的录入项，可按 Enter 键；如果不想采用自动提供的字符，可继续键入；如果要删除自动提供的字符，可按 Backspace 键。

二、Excel 的灵活运用

用户在输入数据时，还应该注意以下几点，灵活应用可极大提高输入的效率。

1．同时在多个单元格中输入相同数据

(1) 选定需要输入数据的多个连续或不连续的单元格(注意：选定后可直接输入数据，不要再在选定的区域内单击任何单元格)。

(2) 键入相应数据，然后按 Ctrl+Enter。

2．同时在多张工作表中输入或编辑相同的数据

(1) 同时选定需要输入数据的多张工作表，让它们组成工作组。

(2) 在组内任意一张表中进行输入或编辑，可将当前表中的操作应用到同组的所有表的相应单元格中。

（3）若要取消工作组，可单击工作组外任意一个工作表的标签。

3．将数据填充到其他工作表

如果已在某个工作表中输入了数据，而其他一个或多个工作表也需要同样的数据，则可快速将该数据填充到其他同组工作表的相应单元格中。

（1）同时选定已包含数据和需要填充数据的多张工作表，让它们组成工作组。

（2）在源数据表中选定数据区域。

（3）在"开始"功能选项卡的"编辑"组中单击"填充"按钮，再选择"成组工作表"命令。

6.5.1　输入文本

文本也称字符或字符串，是表格中最常用的数据类型之一，在单元格中默认被设置为左对齐。文本通常由汉字、字母、符号组成，特殊情况下也可以包含数字。在默认情况下，不能将文本加入数学运算，否则系统会显示"#VALUE！"的错误提示信息。

文本的输入非常简单，先定位到要输入文本的单元格，然后输入字符串，如需要在单元格内部换行输入，可按 Alt + Enter 组合键，输入完成后可按 Enter，转到下一单元格，继续输入。当输入的字符串超出单元格的宽度时，如果右侧单元格内容为空，则字符串超宽部分将一直延伸到右侧单元格显示。如果右侧单元格有内容，则字符串超宽部分被隐藏，但在编辑栏中可显示。

在表格编辑的过程中，有时需要使用一些由数字组成的文本字符(如身份证号、电话号码、邮政编码、产品编号 001 等)，为了与其他数值区别，可先输入单引号，然后再输入数字型文本，也可先将单元格属性设置为"文本"型，再输入数字。数字型文本在单元格中靠左对齐，并且在单元格上还有一个"文本标记"。数字型文本不参加计算，并且在超过12 位时不会被转换成科学计数法形式，如图 6-43 所示。

图 6-43　在单元格中输入文本

6.5.2　输入数值

在 Excel 2010 中，数值是一个有大小、正负值的数，可以进行算术运算，也可以比较大小。可以在单元格中输入或使用以下类型的数值：

■　整数：例如 1000、56、+78、−97、10,000 等。

■　小数：例如 1.23。

- 分数：例如 1/2。
- 百分数：例如 10%。
- 科学记数：例如 1.5E4，值为 15000。
- 带货币符号的数值：例如￥100，$100。

　　要输入数值，可先定位到要输入数值的单元格，然后输入相应的数字或字符，输入完成后可按 Enter，转到下一单元格，继续输入。输入的数字在单元格中默认靠右对齐。当输入的数字超出单元格的宽度时，将以连续的"#"表示，或将其转换成科学记数法形式，但在编辑栏中会正确显示，这时可调整单元格的列宽来解决。

　　注意：

　　(1) 如果要输入分数(如 3/8)，应先输入"0"和一个空格，然后输入"3/8"，否则 Excel 会把该数据作为日期处理，显示"3 月 8 日"。

　　(2) 负数有两种输入法，分别用"－"或"()"来表示。例如：负 10 可以用"－10"或"(10)"来表示。

　　(3) 如果在"设置单元格式"对话框的"数字"选项卡中设置了单元格的小数位数，则输入的小数将以"四舍五入"的方式去掉多余的位数。

　　(4) 如果某单元格中已经按系统格式输入过日期或设置为日期格式，则输入的数字将自动转换为距 1900 年 1 月 1 日相应天数的日期或时间，例如：输入"12345"则显示为"一九三三年十月十八日"，输入"12345.6"则显示"1933-10-18　14:24:00"等。若要使该单元格显示数值，必须重新将单元格格式更换为数值格式。

　　(5) 对于输入的数字，还可使用格式工具栏中相应的按钮设置其格式。如：若某单元格中已经输入了数值"12345"，单击"货币样式"按钮则显示为"￥12,345.00"；单击"百分比样式"按钮则显示为"1234500%"；单击"千位分隔符"按钮则显示为"12,345.00"。

6.5.3　输入日期时间

　　在 Excel 2010 中，提供了非常丰富的日期和时间格式。用户要使用日期和时间，必须按系统提供的格式来输入，才能对其进行排序、计算等操作，否则 Excel 2010 会把输入的日期和时间当成文本来处理，如图 6-44、图 6-45 所示。

图 6-44　Excel 2010 的日期格式列表

图 6-45　Excel 2010 的时间格式列表

注意：

(1) 若单元格首次输入的是日期，则该单元格就格式化为日期格式，以后再输入数值仍然换算成日期。例如，在某单元格首次输入"99-10-1"，按 Enter 键，然后再次在单元格输入"32"，按 Enter 键后单元格中不是"32"，而是"00-2-1"(即 1900 年 2 月 1 日)。

(2) 在单元格中可以用各种格式显示日期或时间，例如，在当前单元格中输入"1999年 7 月 1 日"，若要改成"一九九九年七月一日"形式，可在"设置单元格格式"对话框中选择相应格式。

(3) 在 Excel 2010 中，单元格中的日期和时间是以数值(其值等于距 1900 年 1 月 1 日的天数)来存储的，并且可以在"设置单元格格式"对话框菜单下的"数字"或"日期"项来相互转换。

(4) 日期可以参与计算，例如在某列中已经按系统格式输入了员工的出生日期，则可以通过公式计算出年龄等。

6.5.4　设置数据有效性

在 Excel 2010 中，有时为了简化数据的输入或保证数据输入的正确性，用户可以为若干单元格设置数据的有效性。例如，设置在单元格中输入的文本、数字、日期的取值范围和文本字符的长度，甚至还可以将单元格设置成下拉列表框的形式，用户只需用鼠标单击即可快速有效地输入信息。

一、添加数据有效性

(1) 选定要限制其数据有效性范围的单元格。

(2) 在"数据"功能选项卡的"数据工具"选项组中单击"数据有效性"按钮，打开"数据有效性"对话框，如图 6-46 所示。

图 6-46　"数据有效性"对话框

(3) 在"设置"选项卡中的"有效性条件"栏中选择以下一种所需的有效性类型。

① 整数、小数：指定单元格能输入的整数或小数的范围，例如：年龄必须介于 30～60 岁之间，如图 6-47 所示。

图 6-47　设置单元格输入的整数范围

② 序列：指定单元格只能从用户设定的下拉列表项中选择或输入一个，如职称只能为助教、讲师、副教授、教授之一，如图 6-48 所示。

图 6-48　设定单元格能输入的字符范围

选中"提供下拉箭头"复选框后，单元将提供下拉列表框单击来代替键盘输入信息，否则，只能键盘输入其中的一个值，如图 6-49 所示。

图 6-49　设置有效性序列后的单元格

③ 日期或时间：指定单元格能输入的日期或时间的范围，如退休日期必须在 2008 年 2 月 25 日之后，如图 6-50 所示。

图 6-50　设定单元格的日期范围

④ 文本长度：指定单元格能输入的字符的个数(一个汉字、字母或数字标点符号均算一个字符)，如姓名必须在 2～8 个字符之间，如图 6-51 所示。

图 6-51　设定单元格的文本长度

(4) 指定单元格是否可为空白单元格，如果希望空白单元格(空值)有效，选中"忽略空值"复选框，如果要避免输入空值，可清除"忽略空值"复选框。

(5) 若要在单击该单元格后显示一个输入信息，可单击"输入信息"选项卡，选中"选定单元格时显示下列输入信息"复选框，然后输入该信息的标题和正文，如图 6-52 所示。

图 6-52　设置单元格输入提示信息

(6) 若要指定在单元格中输入无效数据时，Excel 2010 的响应方式可以单击"出错警告"选项卡，选中"输入无效数据时显示下列出错警告"复选框，再根据需要设置"样式"、"标题"和"错误信息"项，如图 6-53 所示。

图 6-53　设置单元输入出错信息及处理方式

注意：在第(5)、(6)步骤中，如果不输入标题或正文，则标题就被默认为"Microsoft Excel"，信息默认为"输入值非法"，表明用户已经对输入到该单元格的数值作了限制。

二、删除数据有效性

(1) 执行"编辑"菜单中的"定位"命令。

(2) 在打开的对话框中单击"定位条件"。

(3) 在"定位条件"对话框中单击"数据有效性"并选择"全部"选项。

(4) 执行"数据"菜单中的"有效性"命令，在"数据有效性"对话框中单击"全部清除"按钮。

6.5.5　智能填充数据

在 Excel 2010 中，数据可以单个输入，也可以使用填充柄来快速在相邻的多个单元格中输入相同数据或按某种规律变化的数据，以提高数据输入的效率。

一、填充相同数据

(1) 在第一个单元格中输入一个文本数据。

(2) 将鼠标指针移到该单元格的填充柄上，当鼠标指针变成十字形状时，按住鼠标拖动到要结束的位置。

(3) 如果选择的是一行或一列，向下或向右拖动填充柄可同时得到多行或多列的相同数据。

注意： 处于拖动范围内单元格原有的数据将被覆盖。

二、填充一个自定义序列

序列是日常生活中人们经常用到的一组具有某种变化规律数据排列，例如表示月份的一月、二月…十二月、表示星期的星期一、星期二…星期日等。

在 Excel 2010 中，用户可以输入系统预先定义好的各种序列，也可以根据需要定义自己的序列，其操作为：依次单击"开始"—"排序和筛选"—"自定义排序"—"次序"—"自定义序列"，打开"自定义序列"对话框，再在"输入序列"栏中依次换行输入序列的每一个元素，最后单击"添加"，如图 6-54 所示。

先在某个单元格中输入序列中的任一元素，再拖动填充柄到其他单元格，系统会自动循环将序列的项依次填充到相应单元格中。

图 6-54　系统已定义序列和自定义序列

三、填充一个数列

(1) 在第一个单元格中输入起始值。

(2) 选定要填充的单元格区域。

(3) 依次单击"开始"—"编辑"—"填充"—"序列",打开"序列"对话框,如图 6-55 所示。

图 6-55　填充一个数列

(4) 在对话框的"类型"栏中选择一种填充规律,并在"步长值"栏中输入公差或公比。

(5) 单击"确定"按钮。

四、智能填充

(1) 填充数字序列:例如要快速输入 1、2、3、4、5…,可在前两个单元格中输入 1 和 2,并同时选定这两个单元格,然后拖动填充柄;如果要输入 2、4、6、8…,可先输入 2 和 4,并同时选定这两个单元格,然后拖动填充柄;如果要为新生编学号,可先输入前两个学习的学号 201303001、201303002,并同时选定这两个单元格,然后拖动填充柄等。

(2) 填充包含数字(如 1、(1)等)的文本序列:例如要填充第 1 名、第 2 名…,可先在前两个单元格中输入第 1 名和第 2 名,选定后再拖动填充柄;如要填充条件 1、条件 2…,可先在前两个单元格中输入条件 1、条件 2,选定后再拖动填充柄等。

6.5.6　插入符号批注与对象

Excel 2010 中的单元格除了可以输入数字、文字以外,还可以插入各种键盘上没有的符号、图形、声音、视频及批注等对象,并且还可以使用在前面 Word 2010 中学习过的各种编辑技巧来对其进行编辑和修饰。

一、插入特殊符号

(1) 双击要插入特殊符号的单元格。

(2) 依次单击"插入"—"符号"—"符号",打开"符号"对话框,如图 6-56 所示。

(3) 根据需要选择一个特殊符号类别,并在列表框中双击要插入的符号。

图 6-56　在单元格中输入特殊符号

二、插入图形

图形的插入和编辑方法同 Word 2010 中相似，但图形只能浮动在表格的上方，不能嵌入到单元格内部。

三、插入批注

在 Excel 2010 中可以为单元格添加一些注释和说明，即批注，但和 Word 2010 中的独立批注不同，在 Excel 2010 单元格中添加的批注成为单元格的一部分，平时状态下批注的内容不显示，当用鼠标指针停留在带批注的单元格上时，才可以查看其中的内容。当然，也可以依次单击"审阅"—"批注"—"显示所有批注"，同时查看所有的批注。

1．建立批注

依次单击"审阅"—"批注"—"新建批注"，即可在弹出的批注框中输入内容。

2．修改编辑批注

单击已插入批注的单元格，再依次单击"审阅"—"批注"—"编辑批注"或"显示所有批注"，然后根据需要进行以下操作之一：

■　　如果要修改批注外框的大小，可以拖动批注框边或控制点。

■　　如果要移动批注，只需拖动批注框的边框。

■　　如果要设置批注更多的属性，可在批注边框上右击，并在快捷菜单中选择"设置批注格式"命令，打开"设置批注格式"对话框进行设置，如图 6-57 所示。

图 6-57　设置批注格式

3. 复制批注

先右击带有批注的单元格，从快捷菜单中选择"复制"命令，再在要粘贴批注的单元格中右击，从快捷菜单中选择"选择性粘贴"命令，并在打开的对话框中选择"批注"选项。

4. 删除批注

右击带有批注的单元格，从快捷菜单中选择"删除批注"命令。

5. 打印批注

要打印批注，就必须打印包含该批注的工作表。打印位置可以与原位置相同，也可以出现在工作表末尾的列表中。单击相应的工作表标签，再依次单击"文件"—"打印"—"页面设置"，然后在打开的"页面设置"对话框中选择"工作表"选项卡，如图 6-58 所示。

图 6-58　打印批注

如果要在工作表的底部打印批注，可以在"批注"下拉列表框中选择"工作表末尾"选项。如果要在工作表中出现批注的原地点打印批注，则在下拉列表框中选择"如同工作表中的显示"选项。

6.5.7　移动、复制数据

其操作方法与在 Word 2010 中移动或复制文本的方法基本相同，可以使用快捷菜单，也可以直接拖动单元格的边框或先按下 Ctrl 键再拖动单元格的边框来完成，但由于 Excel 2010 的单元格中包含的信息较多，除了直接显示出来的信息以外，还包含单元格数据类型、单元格格式、条件格式、批注等，在默认的情况下，对单元格的移动或复制操作均包含单元格的全部信息，但有时用户只想复制其中的一部分信息，例如，如果要复制的单元格包含有计算公式，尽管它显示出来的是一个数字，但复制后的结果可能会变成其他数字，甚至还会出错。这时我们就不能直接粘贴，而应当使用"选择性粘贴"，具体操作如下：

(1) 选定要移动或复制的源单元格或区域。

(2) 使用 Ctrl + X 或 Ctrl + C 将内容放入剪贴板。

(3) 右击要粘贴的单元格或区域的开始单元格，从快捷菜单中选择"选择性粘贴"命令，打开"选择性粘贴"对话框，如图 6-59 所示。

图 6-59　"选择性粘贴"对话框

(4) 根据需要在"选择性粘贴"对话框的"粘贴"栏中选择一种粘贴方式。

6.5.8　清除单元格

通过前面的学习我们已经知道，在 Excel 2010 的单元格中可以包含多种类型的信息，有可见的，也有不可见的，因此，要清除单元格，不能像在 Word 2010 表格中按 Del 键删除单元格数据一样，而应按下列步骤来操作：

(1) 选定要清除信息的单元格。

(2) 依次单击"开始"—"编辑"—"清除"，再在菜单中选择一种方式，如图 6-60 所示。

图 6-60　清除单元格

注：如果选定单元格后按 del 键，仅删除其内容，但其他格式仍然存在。

6.6　公式与函数的使用

在 Word 2010 中尽管提供了对表格数据进行计算的功能，但在实际操作时非常麻烦，功能也非常有限。例如：构建一个公式只能完成一次计算，如果要求 1000 名学生的平均成绩就得重复构建 1000 个公式，另外，如果某名学生或某个成绩发生了变化，还得重新编辑公式。而在 Excel 2010 中，用户不仅可以通过系统提供的各种运算符和函数来完成各种复杂的计算，也可通过公式的复制及智能填充来快速、自动地完成规则相同的运算，并且当参与计算的单元格数据发生变化后，系统会自动重新计算并更新结果，给数据操作带来极大的方便。

6.6.1　构建公式

在 Excel 2010 中，公式是指以等号"="开头，并用各种运算符将常量、变量、函数连接起来，能完成特定计算功能的一个表达式。

一、运算符

运算符是为了对公式中的元素进行某种运算而规定的符号，Excel 2010 中，常用的运算符有四种：

(1) 算术运算符：能完成基本的数学运算的符号，如加号(+)、减号(−)、乘号(*)、除号(/)、百分比(%)和乘幂(^)。

(2) 比较运算符：能比较两个数值并产生布尔代数逻辑值 True 或 False 的符号，如等于(＝)、大于(>)、小于(<)、大于等于(>=)、小于等于(<=)、不等于(<>)等。

(3) 文本运算符：用"&"来表示的，它的功能是将多个文本连接成一个文本。

(4) 引用运算符：主要包括逗号运算符"，"冒号运算符"："，它可以产生一个包括多个区域的引用，可以将单元格区域合并计算。

注：在 Excel 2010 中，各运算符都具有优先级，其规则与数学中的相关规定相同，并且可以用括号"()"来改变其优先级。运算符的优先级如表 6-1 所示。

表 6-1　运算符的优先级

运算符	说　明	优先级
()	括号	1
−	负号	2
%	百分号	3
^	乘方	4
*和/	乘、除	5
+和−	加、减	6
&	文本连接	7
=，<，>，>=，<=，<>	比较运算	8

二、常量

常量是指在计算过程中，值不会发生变化的量。在 Excel 2010 中常量主要有两种类型，一种是数值型常量，即某个具体的数值，如 56、78 等；另一种是字符型常量，即某个特定的字符或字符串，如："end"、"民族大学"、"56" 等，在公式中，字符或字符串常量要用英文半角的引号(" ")括起。

三、变量

变量是指在计算过程中，值会发生变化的量。在 Excel 2010 中变量主要是指单元格地址或地址区域，如 B5、A2:B5 等。在计算过程中，系统会自动将单元格地址转变成保存在单元格中的数据。

四、函数

函数有 SUM、MAX、AVERAGE 等，具体内容将在下面介绍。

下面是几个典型的公式示例：

=36+B3/C3：返回将 B3 单元格中保存的数值除以 C3 单元格中的数值再加上 36 的值。

=A3&"的总分是"：返回将 A3 中保存的字符串与"的总分是："连接在一起后的新字符串。

=SQRT(SUM(B2:G2))*10+5：返回将 B2～G2 单元格区域的和开平方根再乘以 10 再加 5 的值。

6.6.2　使用函数

一、函数的定义

函数是系统中预先定义好的具有某种特定运算规则的式子。一般情况下，函数会对合法输入的参数按预先定义的法则进行运算，并返回一个或多个值。函数可以单独使用，如："=SUM(D1：D6)"，也可以出现在公式中，如："=A1*3+SUM(D1：D4)"。在数据的计算过程中合理地使用函数可以极大地简化公式的输入，提高计算的速度。

例如，在成绩表中要计算学生的平均分可使用：

■　=(67+89+68+95+45+89+77+70+86+81)/10

这种方法原理最简单，但最不科学，因为其只适用于某个特定的学生，公式不具备通用性，并且当该生的某门功课成绩发生变化后，运算结果不会自动更新。

■　=(C5+D5+E5+F5+G5+H5+I5+J5+K5+L5)/10

这种方法用单元格地址代替了具体的数值，虽然增加了公式的灵活性，公式也可以在本列内复制，但仍然输入量大，容易出错。

■　=AVERAGE(C5:l5)

这种方法使用了求平均值函数，输入简单，使用灵活。

二、函数的组成

Excel 2010 中的函数通常由函数名(一个能反映函数功能的英文单词或单词缩写，如 SUM、MAX、AVERAGE)、括号"()"(函数标志，用于包括函数参数)和参数(参与函数运算的常量、变量或表达式，如：100、B5、B2:F5、C6>=50。函数可以包含 0 个、1 个或多个参数，当包含多个参数时，各参数间用逗号分隔)三部分组成，其中函数名和括号是必需的，而参数有时是可选的。

三、常用的函数

1. 数学函数(见表 6-2)

表 6-2　数 学 函 数

函　数	功　能	应用举例	结　果
INT(number)	返回参数向下舍入到最接近的整数	=INT(5.7)	5
		=INT(−5.7)	−6
MOD(number,divisor)	返回两数相除的余数	MOD(14,3)	2
PI()	π 值	=PI()	3.141592654
ROUND(number,n)	按指定位数四舍五入	ROUND(76.32,1)	76.3
SQRT(number)	返回 number 的平方根值	SQRT(25)	5
SUM(number1,…n)	返回若干个数的和	SUM(2,3,4)	9
SUMIF(range,criteria,sum_range)	按指定条件求若干个数的和	SUMIF(C1:c15,"<50,A1:A15)	将 C1:C15 中值<50 的 A1:A15 求和

2. 统计函数(见表 6-3)

表 6-3　统 计 函 数

函　数	功　能	应用举例	结　果
AVERAGE(number1,…)	返回参数中数值的平均值	=AVERAGE(79,84,90)	84.33333333
COUNT(number1, …)	求参数中数值数据的个数	=COUNT(79,84,90)	3
COUNTIF(range,criteria)	返回区域 range 中符合条件 Criteria 的个数	=COUNTIF(A4:A19,"杨*")	在区域 A4:A19 中，统计姓"杨"的有几人
MAX(number1…)	返回参数中数值的最大值	=MAX(79,84,90)	90
MIN(number1,…)	返回参数中数值的最小值	= MIN(79,84,90)	79

3. 文本函数(见表 6-4)

表 6-4　文 本 函 数

函　数	功　能	应用举例	结　果
LEFT(text,n)	取 text 左边 n 个字符	=LEFT("ABCD",3)	"ABC"
LEN(text)	求 text 的字符个数	=LEN("ABCD")	4
MID(text,n,p)	从 text 中第 n 个字符开始连续取 p 个字符	=MID("ABCD",2,3)	"BCD"
RIGHT(text,n)	取 text 右边 n 个字符	=RIGHT("ABCD",3)	"BCD"

4．日期和时间函数(见表 6-5)

表 6-5　日期和时间函数

函　　数	功　　能	应用举例	结　　果
DATE(year,month,day)	生成日期	=DATE(99,7,25)	1999-7-25
DAY(date)	取日期的天数	=DAY(date(99,7,25)	25
MONTH(date)	取日期的月份	=MONTH(date(99,7,25)	7
NOW()	取系统的日期和时间	=NOW()	2015/2/11 23:48
TIME(hour,minute,second)	返回指定时间的序列数	=TIME(16,48,10)	4:48 PM
TODAY()	取系统当前日期	=TODAY()	2015/2/11
YEAR(date)	取系统当前年份	=YEAR(today())	2015

下面以 Excel 中一个非常重要且使用非常广泛的 IF 函数为例，简单介绍函数的用法：

IF(P,T,F)

其功能是根据一个逻辑表达式的值，从两个备用值中返回一个(二选一)，其中：

■　P 为一个逻辑表达式(或判断式)其运算结果只能为真(T)或假(F)。

■　T 可以是一个常量、单元格地址或一个表达式，当 P 的结果为真时函数返回该值。

■　F 可以是一个常量、单元格地址或一个表达式，当 P 的结果为假时函数返回该值。

例如：H2 单元格中保存的是学生的高考成绩，高考录取分数线是 520 分，而需要在 K2 单元格中显示该学生是否被录取，则可在 K2 单元格中输入：

=IF(H2>520, "已录取","")

即如果 H2 中的值大于 520，则在 K2 单元格显示"已录取"，否则什么也不显示。

例如：A3 单元格中是公司员工的姓名，需要在 E3 单元格中计算员工工资，可在 E3 中输入：

=5000+IF(LEFT(A3,1)= "杨",2000,0)

即员工的基本工资为 5000，但如果员工姓"杨"，则再加 2000。

再如：H2 单元格中保存的是学生考试的平均成绩，需要在 K2 单元格中显示该学生平均分的等级，则可在 K2 单元格中输入：

=IF(H2<60,"不及格",IF(H2<90,"中等","优秀"))

即如果平均成绩小于 60 分，则显示"不及格"，否则再对平均成绩进行判断，如果分数仍小于 90 分(即：60 分<平均成绩<90 分)，则显示"中等"，否则显示"优秀"。在此例中，第二个(内层)IF 函数作为第一个(外层)IF 的一个参数出现，我们把这种情况称为函数的嵌套。在实际应用中，如果备选条件多于两个时，通常使用 IF 数的嵌套功能来实现，例如要将成绩分成优、良、中、差，则公式可改为：

=IF(H2<60,"差",IF(H2<80,"中",IF(H2<90,"良","优")))

或者

=IF(H2>=90,"优",IF(H2>=80,"良",IF(H2>=60,"中","差")))

6.6.3　输入公式

在 Excel 2010 中，公式也可像其他对象一样输入，同时也要严格注意以下几点：

(1) 公式可直接在单元格中输入，也可在编辑栏中输入，但必须以"="开头

(2) 公式的所有符号都应当在英文半角状态下输入(字符型常量除外)。

(3) 保存公式的单元格不能包含在计算的区域当中，否则会出现循环逻辑错误。

(4) 如果公式中包含简单的、较短的函数，可以手工输入，而未知的、复杂的函数可以使用粘贴函数的方法，在函数向导的帮助和指导下来完成，避免在输入过程中产生错误。

输入公式的具体操作步骤如下：

(1) 准备输入函数时，单击编辑栏左侧的"插入函数(fx)"按钮，如图 6-61 所示。

图 6-61　插入函数

(2) 打开"插入函数"对话框，可搜索所需的函数，如图 6-62 所示。

图 6-62　搜索函数

(3) 如果能根据函数的用途判断出它的所属类别，在"或选择类别"下拉列表框中选择一个类别，这样就可以在"选择函数"栏中显示该类别的所有函数，然后用向下光标键浏览列表中的函数，每选中一个，在列表的下方即有该函数的功能和用法，直到找到所需的函数为止。

(4) 如果知道能代表函数的关键字，也可直接在"搜索函数"栏的文本框中输入该关键字，再单击"转到"按钮。例如：要查找一个从文本字符串左边开始取指定个数的字符的函数(如前面例子中判断员工是否姓"杨")，则可直接在文本框中输入"字符左"(如果有多个关键字则用空格将其分开)，再单击"转到"按钮，系统就会根据用户输入的关键字在函数库中搜索，并将满足条件的函数在"选择函数"列表中显示出来，用户再用浏览的

方法来进一步查找。

(5) 如果已经知道要使用函数的第-个字母，例如要找以字母"b"开头的函数，则可先在"选择类别"下拉列表框中选择"全部"，再在"选择函数"列表中单击任意函数，将输入焦点定位在该列表框中，然后按键盘上的 b 键，这时，就会自动选中列表中以 b 开头的第一个函数。

(6) 找到所需函数后，可单击对话框下方的"有关该函数的帮助"按钮，打开"Excel 帮助"对话框，可查阅该函数的详细信息及示例，如图 6-63 所示。

图 6-63　显示函数帮助

(7) 确定函数名后，可单击"确定"按钮，打开"函数参数"对话框，如图 6-64 所示。

图 6-64　"函数参数"对话框

(8) 在"函数参数"对话框中，可直接在文本框中输入函数的参数，也可单击其右侧的"选择区域"按钮在工作表中拖动选择单元格。单击该按钮后，"函数参数"对话框将自动隐藏，区域选择完成后，可再单击此按钮返回到"函数参数"对话框，直到所有参数设置完成，如图 6-65 所示。

图 6-65　选择参数

(9) 设置完毕后,单击"确定"按钮,即可在公式中插入一个函数。

6.6.4 使用自动求和按钮

为方便用户快速输入一些最常用的函数,Excel 2010 在"开始"功能选项卡的"编辑"组中提供了一个"∑"按钮(求和按钮)。在默认情况下,直接单击该按钮可以完成对选定的多个单元格进行求和运算(相当于使用 SUM 函数),而单击其右侧的下拉三角形,则会打开一个下拉列表项来完成平均值、计数、最大值、最小值及其他功能的运算,其操作方式有以下两种:

(1) 先选定要执行运算的多个单元格,并多选一个保存计算结果的空单元格(如未选,Excel 2010 会自动分析用户选取的是行还是列,并将结果保存到该行后的第一个空单元格或该列第一个空单元格),然后再单击"∑"按钮(或先单击其右边的下拉按钮再选择一种运算类型)完成计算,如图 6-66 所示。

图 6-66　先选区域,再使用 ∑ 按钮

(2) 先单击要保存运算结果的单元格，然后单击"Σ"按钮或其右边的下拉按钮，这时 Excel 2010 会根据该单元格的位置自动给出一个运算区域(如图 6-67 所示)，如果该区域不符合计算需求，可拖动鼠标重新选取正确的区域，然后按回车键，如图 6-68 所示。

图 6-67　Σ按钮默认计算区域

图 6-68　拖动鼠标重新选定计算区域

6.6.5　复制公式

在计算过程中，为提高公式的输入效率，对于运算规律相同的公式应采用复制公式或智能填充的方法完成。例如要在图 6-68 所示的成绩表中计算每个学生的平均成绩，只需先在第一个学生的平均成绩栏中输入公式，对于下面其他的学生，可以使用拖动填充柄的方法将已经输入的公式复制下来即可，而不必像在 Word 表格中那样对每个学生都输入公式。

在复制公式时，Excel 2010 并不是简单地把单元格中的公式原样照搬(如果这样，那上表中的每个学生的平均成绩都会是一样的)，而是根据公式原来所在的单元格位置及复制到的目标单元格位置的偏移量来自动推算出新公式中的参与计算的单元格地址，如图 6-69 所示，因此，Excel 中公式的复制(填充)实际上就是"运算规则"的复制。

	A	B	C	D	E	F	G	H	I
								I2	=AVERAGE(B2:G2)
1	姓名	C语言	操作系统	大学语文	英语	行政管理	组成原理	总成绩	平均成绩
2	晁盖	94	77	56	59	97	67	450	75
3	伍松	78	87	75	43	54	79		
4	李魁	75	67	65	75	67	90		
5	西门庆	40	79						
6	鲁智深	56	69	6					
7	杨大郎	70	50						
8	林冲	80	60						
9	卢俊义	91	80	98	45	58			
10	时迁	59	64	77	79	68	64		
11	孙二娘	77	36	66	65	96	48		
12	王英	86	58	74	86	54	97		
13	吴用	89	79	32	90	32	65		
14	宋江	58	98	67	89	57	45		
15	杨林	45	92	84	87	30	79		
16	杨雄	88	45	35	53	75	97		
17	阮小七	81	87	78	65	43	76		

运算规则：
对其左边的第 2 到第 7 个单元格进行计算

图 6-69　公式中的相对地址

在图 6-69 中，计算第 1 个学生的平均分是在 I2 单元格中输入公式 "=AVERAGE(B2:G2)"，而当此公式复制 I15 时，即计算第 14 个学生的平均成绩时，相对于源单元格 I2 而言，目标地址 I15 的列号偏移了 I−I=0，行号偏移了 15−2=13，因此公式中参与计算的单元格列地址不变，而行地址号增加 13，即由原来的 2 变成 15，这样 I15 中的公式会变成 "=AVERAGE(B15:G15)"。同理，如果将 I2 中的公式复制到 K5，则 K5 中的公式会变成 "=AVERAGE((B+2)(2+3):((G+2)(2+3))" 即 "=AVERAGE(D5:I5)"。Excel 把这种在公式复制过程中会自动发生变化的地址称为相对地址或相对引用。

公式在复制过程中默认使用的都是相对地址。虽然相对地址增加了计算的灵活性，但有时也会给公式复制带来麻烦或错误。例如，在图 6-70 所示的表格中，员工的基本工资已预先保存在 B4 单元格中，则在 H7 中输入公式 "=B4+SUM(B7:E7)−F7"，则可正确地计算出第一个员工的实发金额。

	A	B	C	D	E	F	G	H	I
					H7	=B4+SUM(B7:E7)-F7			
4	基本工资：	1200							
5									
6	姓名	职务工资	高原补贴	交通费	奖金	代扣个税	应发金额	实发金额	
7	晁盖	94	77	56	59	67		1419	
8	武松	78	87	75	43	79			
9	李逵	75	67	65	75	90			
10	西门庆	40	79	55	89	88			
11	鲁智深	56	69	67	47	90			
12	燕青	70	50	76	64	67			
13	林冲	80	60	89	96	51			
14	卢俊义	91	80	98	45	58			
15	时迁	59	64	77	79	64			

成绩表　相对地址　绝对地址　混合地址　图表引用

图 6-70　使用相对地址计算金额

对其他员工进行计算时，如果直接将公式复制下来，则会得到如图 6-71 所示的结果。

图 6-71　相对地址计算金额错误

　　显然，除第一个员工外，其他员工的实发金额都是不正确的。原因是由于在计算第一个员工实发金额时，公式"=B4+SUM(B7:E7)−F7"中使用的全是会自动变化的相对地址，当其复制到下面的行后会自动变化成："=B5+SUM(B8:E8)−F8"、"=B6+SUM(B9:E9)−F9"等等。由此可见，虽然员工的"职务工资"、"高原补贴"、"代扣个税"等项正确，但是保存每个员工基本工资的单元格却由 B4 自动改变成了 B5(空单元格，计算时为 0 值)、B6(内容为文本，因文本不能进行算术运算，所以结果显示"#VALUE！")等等，因此才会出现了结果错误。

　　因此，为了保证计算正确，我们应当在公式中固定引用 B4 这个单元格，使得无论公式复制到哪，该单元格地址都不会自动变化。Excel 将这种在公式复制过程中不会发生变化的地址称为绝对地址或绝对引用，其表示方法是在单元格地址的行标和列标前面加上"$"符号。如上例中为正确计算每个员工的工资，可将公式改为："=B4+SUM(B7:E7)−F7"，其中的"B4"就是一个绝对地址。当然，在上例中，由于公式是在 B 列复制，也就是说不论公式复制到哪个员工，"B"是不会变化的，因此，公式也可表示为："=B$4+SUM(B7:E7)−F7"，Excel 将这种只需固定行"B$4"或只需固定列的"$B4"形式的地址也称为混合地址或混合引用。

　　在 Excel 2010 中，地址的引用除了上述的三种形式外，还经常出现跨工作簿或工作表的地址引用，即参与运算的单元格除了可以是本工作表外，还可以是本工作簿中的其他工作表中的单元格，甚至是其他工作簿中的工作表中的单元格，其使用格式为：[工作簿名]工作表名!单元格地址。在图 6-72 中，计算奖金的公式为："=IF(成绩表!K2>=60,1000,0)"，即奖金是依据另外一张"成绩表"中的 K2 单元格来判断的，如果该员工在"成绩表"中的平均成绩大于 60 分，则奖金为 1000 元，否则为 0。这里的"成绩表!K2"就是一个跨工作表的地址引用。

图 6-72　在公式中引用其他工作表的数据

6.6.6　关于单元格错误信息

在单元格中输入数据或编辑公式后，有时会出现诸如"#####!"或"#VALUE!"等错误信息，令初学者莫名其妙，茫然不知所措。下面分别对各错误信息可能产生的原因与纠正方法作一些简单的说明。

一、#####!

(1) 单元格中公式所产生的结果太长，该单元格容纳不下。可以通过调整单元格的宽度来消除该错误。

(2) 日期或时间格式的单元格中出现负值。如果准备对日期和时间格式的单元格进行计算，要确认计算后的结果日期或时间必须为正值。

二、#DIV/O!

单元格的公式中出现除零问题，即输入的公式中包含除数为 0，也可能在公式中的除数引用了零值单元格或空白单元格。解决办法是修改公式中的零除数或零值单元格或空白单元格引用，或者在用作除数的单元格中输入不为零的值。

当作除数的单元格为空或含有值为零时，如果希望不显示错误，可以使用 IF 函数。例如，如果单元格 B5 包含除数而 A5 包含被除数，可以使用"=IF(B5=0,"",A5/B5)"(两个连续引号代表空字符串)，表示 B5 值为 0 时，什么也不显示，否则显示 A5/B5 的商。

三、#N/A

在函数或公式中没有可用数值时会产生此错误信息。

四、#NAME?

在公式中使用了 Excel 2010 所不能识别的文本，可以从以下几方面进行检查：

(1) 公式中的名称或函数名拼写错误。

(2) 公式中区域引用不正确。如某单元格中有公式"=SUM(G2G3)"，显然应使用冒号":"表达区域 G2:G3，系统无法识别 G2G3，所以出现该错误信息。

(3) 在公式中输入文本时没有使用双引号。如若想将文本"The is"和单元格 G1 中的文本合并在一起，应使用公式"="The is"&G1"，如果单元格中的公式错写为"=The is&Gl"，就会出现错误信息。

五、#NUM!

表示在公式或函数中某个数值越界，即公式产生的结果太大或太小，超出了范围：$-10^{307} \sim 10^{307}$。如某单元格中的公式为"=1.2E+100*1.2E+290"，其结果大于 10^{307}，就出现该错误信息。

六、#NULL!

表示在单元格中试图为两个并不相交的区域指定交叉点。例如，使用了不正确的区域运算符或不正确的单元格引用等。

七、#REF!

表示该单元格引用了无效的结果。假设单元格 A9 中有数值 5，单元格 A10 中有公式"=A9+l"，单元格 A10 显示结果为 6。若删除单元格 A9(注意：不是删除数值 5，而是删除 A9 单元格)，则单元格 A10 中的公式"=A9+l"对单元格 A9 的引用无效，就会出现该错误信息。

八、#VALUE!

表示公式中使用了不正确的参数或运算符，这时应确认公式或函数所需的运算符或参数类型及数量是否正确，公式引用的单元格中是否包含有效的数值。如果需要数字或逻辑值时却输入了文本，就会出现这样的错误信息。

6.7　工作表的数据管理

Excel 2010 不仅具有数据计算的能力，还提供了强大的数据管理功能，实现对工作表数据的排序、检索、筛选、分类汇总等操作，帮助用户从大量的数据中获取所需信息。

在 Excel 中，数据表通常是由若干行和若干列组成的二维表格，表格中第一行往往是各列的列标题，称为"字段名"，字段名以下该列的数据称为该字段的"值"，由各字段的值组成的每一行称为"记录"，如图 6-73 所示。

图 6-73　工作表中的字段与记录

6.7.1 数据排序

在工作表中，通常需要按某字段值调整记录的显示顺序，以帮助观察数据。例如，在成绩表中可按总分从高到低进行排序，来观察哪些学生的成绩更为优秀。排序依据的字段称为关键字，有时关键字不止一个，例如，在成绩表中，可以先按"英语"(此时称其为"主关键字")从高到低排序，若"英语"相同，则再按"总分"(称为"次关键字")高的记录排在前面。关键字的值可以是数字、字母、汉字，还可以是日期、时间甚至是某个序列，而对于汉字可以按声母排序，也可按笔画排序。

在 Excel 2010 中，数据的排序可分为以下两种情况：

(1) 对整个数据清单排序。

(2) 对数据清单中的部分区域排序。

两者的操作方法类似，若只对数据清单中的部分区域排序，要先选定排序的区域，然后再进行排序，排序完成后选定的区域按指定顺序排列，其他区域的顺序不变。注意：这样会改变表格原有的各记录的值，一般不提倡使用。

一、简单排序 (排序依据只有一个)

(1) 在要作为排序依据的字段列内任意位置单击(不能双击，也不能在列号上单击)。

(2) 分别在"数据"功能选项卡的"排序和筛选"组中单击"升序"和"降序"按钮，如图 6-74 所示。

图 6-74 使用排序按钮排序

二、复杂排序 (排序依据有多个)

(1) 移动插入点到数据清单内任意单元格。

(2) 在"数据"功能选项卡的"排序和筛选"组中单击"排序"按钮，Excel 会自动选定当前表格的有效区域(如果自动选定不符合要求，需执行手工选定)并打开"排序"对话框，如图 6-75 所示。

图 6-75　设定排序条件

(3) 在对话框的"主要关键字"下拉列表中选择排序主关键字，并在其后选择排序依据和次序。如果需要还可单击"添加条件"按钮，并在新增的列表中进行相关设置。

(4) 根据实际情况在"数据包含标题"栏中选中或取消复选标记，决定标题行是否参加排序。

(5) 单击"确定"按钮。

三、恢复排序

若要将多次排序后的数据表恢复到未排序前的状况，可以在表格中找到原序的字段，再按该字段进行简单排序即可。如果表格中没有这样的字段，则排序前应当先在数据表中增加一个名为"记录号"的字段，并使用自动填充的方法产生记录号，在所有的排序完成后再按"记录号"为关键字排序即可将数据表恢复到原来的顺序。

6.7.2　数据筛选

在一个大的数据清单中，有时参加操作的只是一部分记录，为了加快操作速度，往往把那些与操作无关的记录隐藏起来，使之不参加操作，而把要操作的数据记录筛选出来作为操作对象，以减小查找范围，或者要将数据清单中满足某种条件的记录挑选出来单独成为一个新数据。Excel 2010 提供了两种类型的数据筛选操作，可以快速实现上述功能。

一、自动筛选

(1) 在工作表中选定有效数据区域。

(2) 在"数据"功能选项卡的"排序和筛选"组中单击"筛选"按钮，这时在工作表的每个字段名右侧将出现一个下拉按钮，如图 6-76 所示。

图 6-76 自动筛选数据

(3) 单击需要筛选字段名右侧的下拉按钮，并依次在打开的列表中选择"数字筛选"—"自定义筛选"命令，打开如图 6-77 所示的筛选对话框。

图 6-77 "自定义自动筛选方式"对话框

(4) 根据需要从下拉列表中单击相应命令，在打开的对话框中输入相应筛选条件(例如：筛选所有"英语"成绩介于 60～70 分之间的记录)，完成后单击"确定"按钮，筛选操作结果如图 6-78 所示。

(5) 筛选完成后，若要重新进行其他的筛选或结束自动筛选操作，可在"数据"功能选项卡的"排序和筛选"组中单击"清除"命令，或再次单击"筛选"命令。

图 6-78　自动筛选后的结果

二、高级筛选

在自动筛选中，筛选条件可以是一个，也可以用"自定义筛选"指定两个条件，但通常都只针对一个字段进行。如果筛选条件涉及到多个字段，例如：筛选条件为"英语不及格并且大学语文不及格"的记录，用自动筛选实现较麻烦(需要分两次实现)；再如：筛选条件为"英语不及格或者大学语文不及格"的记录，则用自动筛选就不能实现了。Excel 2010 为用户提供了高级筛选功能，来完成涉及多个字段的筛选。

1. 构造筛选条件

在数据表的空白区域(一般在数据表的下方，且与数据区至少相隔一行以上)中先输入涉及筛选的多个字段名(字段名必须在同一行，为防止输入出错，一般采用复制粘贴完成)，然后依次在每个字段名的下方输入筛选的条件。注意：如果多个条件属于"与"关系，条件必须出现在同一行，如图 6-79 所示。

图 6-79　"与"关系筛选条件区的建立

如果多个条件属于"或"的关系，条件分行书写，如图 6-80 所示。

图 6-80　"或"关系筛选条件区的建立

2．执行高级筛选

(1) 在"数据"功能选项卡的"排序和筛选"组中单击"高级"按钮，打开"高级筛选"对话框，如图 6-81 所示。

图 6-81　"高级筛选"对话框

(2) 在对话框的"方式"栏中选择筛选结果的显示位置。

■　　在原有区域显示筛选结果：在原来的数据区域中显示满足条件的记录，而隐藏不满足条件的记录。

■　　将筛选结果复制到其他位置：不改变原有的数据区域，而将满足条件的记录复制到工作表的区域中去。如果选择了这项，要在对话框的"复制到"栏中输入或选择要保存筛选结果区域的开始单元格地址，例如本例中选择 A25。

（3）在"列表区域"栏中指定需要筛选的数据区域，如图 6-81 所示，可以直接输入"A3：I19"，也可以单击右侧的"选择区域"按钮，这时"高级筛选"对话框将自动隐藏，然后用鼠标从数据区的第一个单元格拖动到最后一个单元格，选定数据区域后再次单击"选择区域"按钮，返回"高级筛选"对话框。

（4）用同样的方法选定"条件区域"并单击"确定"按钮，筛选结果如图 6-82 所示。

图 6-82　执行高级筛选后的结果

6.7.3　数据分类汇总

分类汇总就是在一个大的数据清单中，以某个字段为关键字将其分成若干个组，按顺序将每个组排在连续的区域，再分别对每组的数据进行各种统计运算。例如：在图 6-82 的成绩表中，可以统计每个班的总成绩，看看哪个班的总成绩平均值最高，哪个班的最低，或在工资表中按性别分类比较男、女员工的平均工资等。数据分类具体操作如下：

(1) 在数据表中按要分类汇总的字段(如果没有分类字段则需先创建并输入数据，如本例中学生考试成绩表没有班级字段，可从工作簿的"基本情况表"中复制过来)进行排序。

(2) 在"数据"功能选项卡的"分级显示"组中单击"分类汇总"命令，打开"分类汇总"对话框，如图 6-83 所示。

图 6-83　　"分类汇总"对话框

(3) 在"分类字段"的下拉列表中选择分类字段，如"所在班级"。

(4) 在"汇总方式"的下拉列表中选择汇总方式，如"平均值"。

(5) 在"选定汇总项"列表框中选定要汇总的一个或多个字段，如"总成绩"、"英语"等。

(6) 在"替换当前分类汇总"中设置如果本次汇总前，已经进行过某种分类汇总，是否保留原来的汇总数据。

(7) 在"每组数据分页"中设置每类汇总数据是否独占一页。

(8) 在"汇总结果显示在数据下方"中设置汇总结果的显示方式。

(9) 单击"确定"按钮，完成分类汇总操作，并显示如图 6-84 所示的结果。

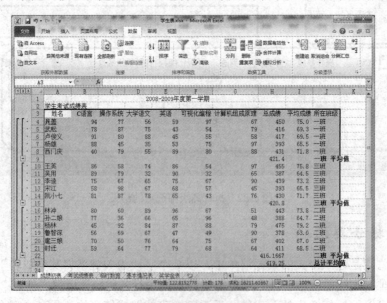

图 6-84　　分类汇总的结果

默认情况下，分类汇总表将显示每一类的全部数据及汇总数据，用户也可以根据需要单击左侧的减号"－"按钮来隐藏该类的详细数据而只显示汇总结果，也可以单击"3"按钮来展开全部数据及汇总结果、单击"2"按钮来隐藏全部原始数据而只显示每一类的汇总结果，单击"1"按钮来隐藏全部原始数据及每一类的汇总结果而只显示总的汇总结果。

6.8　编 辑 图 表

在现实生活中，人们通常无法记住一长串的数字，但却能很容易记住一幅图形。Excel 2010 提供了非常丰富的图表功能，把工作表中的数据及数据变化的规律和趋势以图形的方式来展示，使数据更容易被接受和理解。图表是以工作表的数据为依据的，数据的变化会立即反映到图表中。图表建立后，还可以对其进行修饰(如字体、颜色、图案等)，使图表更美观。

6.8.1　建立迷你图

迷你图是 Excel 2010 一个新增的功能，是以单元格为绘图区域来创建的微型图表。相对于传统图表来说，迷你图占用空间小，它不仅可以作为单元格背景美化表格，还可以帮助用户快速、直观地分析一系列复杂的数据，并且当数据发生更改时，可以立即在迷你图中看到相应的变化。

在 Excel 2010 中，除了可以为一行或一列数据创建一个迷你图之外，还可以通过选择与基本数据相对应的多个单元格来同时创建若干个迷你图，并通过包含迷你图的单元格上的填充柄，实现迷你图的智能填充和设置。

一、创建迷你图

在 Excel 2010 中创建迷你图的方法非常简单，现以"2014 年贵阳地区气温记录表"为例，介绍创建迷你图的一般步骤：

(1) 打开工作簿文件，并单击要插入迷你图的单元格。

(2) 在"插入"功能选项卡的"迷你图"选项组中，根据需要单击一种迷你图类型按钮(如折线图、柱形图、盈亏图)，打开"创建迷你图"对话框，如图 6-85 所示。

图 6-85　"创建迷你图"对话框

(3) 在对话框中，分别单击"数据范围"和"位置范围"框右侧的选择区域按钮，在数据表中选定迷你图的数据源和存放位置，单击"确定"按钮即可以将迷你图插入到指定单元格中。

(4) 如果相邻区域也需要创建迷你图，可以像复制公式一样，拖动已创建迷你图单元格下的填充柄来快速创建。

(5) 由于迷你图是以背景方式插入到单元格中的，所以可以在含有迷你图的单元格中直接键入文本，并设置文本格式，为单元格填充背景颜色等。

迷你图创建完成后的结果如图 6-86 所示。

图 6-86　创建迷你图的结果

二、更改迷你图类型

在 Excel 2010 中，迷你图的类型既可以在创建时指定，也可以根据需要在后期进行更改。

(1) 在工作表上单击某个需要更改类型的迷你图，功能区中将自动显示"迷你图工具"—"设计"选项卡。

(2) 在"迷你图工具"下的"设计"选项卡的"类型"组中重新选定其他类型，如图 6-87 所示。

图 6-87　整体更改迷你图类型

注意：图 6-87 中四个迷你图由于是以拖动填充柄的方式生成，所以默认情况下这组图被自动组合成一个图组，任意改变其中一个的类型，其他的也会自动变化。如需单独更改某一个迷你图，则先在"迷你图工具"下的"设计"功能选项卡的"分组"中，单击"取消组合"按钮，取消组合的图组，即可单独设置不同的迷你图类型，效果如图 6-88 所示。

图 6-88　部分更改迷你图类型

三、突出显示数据点

可以通过设置来突出显示迷你图中的各个数据标记。

(1) 选择需要突出显示数据点的迷你图。

(2) 在"迷你图工具"下的"设计"选项卡的"显示"组中，根据需要设置"高点"(突出显示最大值)、"低点"(突出显示最小值)、"负点"(突出显示负值)、"首点"(突出显示开始值)、"尾点"(突出显示结束值)及"标记"(突出显示所有数据点)等项目，如图 6-89 所示。

图 6-89　设置迷你图的突出显示数据点

四、设置样式和颜色

(1) 选择要设置样式和颜色的迷你图。

(2) 在"迷你图工具"下的"设计"功能选项卡的"样式"组中，单击应用某个样式，也可单击该组右下角的"其他"按钮查看更多样式。

(3) 单击"样式"组中的"迷你图颜色"按钮，在下拉列表中更改迷你图的颜色及线条粗细。

(4) 单击"样式"组中的"标记颜色"按钮，在下拉列表中为不同的标记值设定不同的颜色。

五、处理隐藏和空单元格

当迷你图所引用的数据系列中含有空单元格或被隐藏的数据时，可指定处理该单元格的规则，从而控制如何显示迷你图。

选择要进行设置的迷你图，在"迷你图工具"下的"设计"功能选项卡的"迷你图"组中，单击"编辑数据"下方的按钮，从下拉列表中选择"隐藏和清空单元格"命令，打开"隐藏和空单元格设置"对话框，如图 6-90 所示，在该对话框中按照需要进行相关设置即可。

图 6-90　　"隐藏和空单元格设置"对话框

六、清除迷你图

选择要进行清除的迷你图，在"迷你图工具"下的"设计"功能选项卡的"分组"组中，单击"清除"按钮。

6.8.2　建立图表

除了简单、直观的迷你图外，Excel 2010 还提供了类型更为丰富、功能更为强大的图表对象。图表既可作为元素嵌入到表格中，也可作为独立的对象放置到其他工作表中。Excel 2010 提供了 11 种图表类型，每一类又有若干个子类，并且有很多二维和三维图表类型可供选择。常用的图表类型有以下几种：

■ 柱形图：用于显示一段时间内的数据变化或说明各项之间的比较情况。在柱形图中，通常沿横坐标轴组织类别，沿纵坐标轴组织数值。

■ 折线图：将同一数据系列的数据点用直线连接起来，通常用于显示在相等时间间隔下连续数据的变化趋势。在折线图中，类别沿水平轴均匀分布，所有的数值沿垂直轴均匀分布。

■ 饼图：能够反映出统计数据中各项数值的大小、各项数值占总和的比例以及整体与个体之间的关系。饼图中的数据点显示为整个饼图的百分比。

■　条形图：可以理解为横着的柱形图，可以用来描绘各个项目之间数据的差别情况，强调在特定的时间点上进行分类和数值的比较。

■　面积图：显示数值随时间或其他类别数据变化的趋势。面积图强调数量随时间而变化的程度，也可用于引起人们对总值趋势的注意。

■　XY 散点图：散点图显示若干数据系列中各数值之间的关系，或者将两组数字绘制为 xy 坐标的一个系列。散点图有两个数值轴，沿横坐标轴(x 轴)方向显示一组数值数据，沿纵坐标轴(y 轴)方向显示另一组数值数锯。散点图通常用于显示和比较数值，例如：科学数据、统计数据和工程数据等。

■　股价图：用来显示股价的波动，也可用于其他科学数据。例如，可以使用股价图来说明每天或每年温度的波动。注意，必须按正确的顺序来组织数据才能创建股价图。

■　曲面图：可以找到两组数据之间的最佳组合。当类别和数据系列都是数值时，可以使用曲面图。

■　圆环图：像饼图一样，圆环图显示各个部分与整体之间的关系，但是它可以包含多个数据系列。

■　气泡图：用于比较成组的三个值而非两个值。第三个值确定气泡数据点的大小。

■　雷达图：雷达图用于比较几个数据系列的聚合值。

一、创建基本图表

相对于以前版本而言，Excel 2010 使用了图表按钮代替了图表向导，使得图表的创建更为简单、快捷。下面以考试成绩表中的前 8 个学生的"C 语言"、"英语"及"平均分"为数据源来讲解图表的创建。

(1) 打开需要创建图表的工作表并正确选择数据源，同时注意以下几点：

■　用于创建图表的数据，应按照行或列的形式组织，并在数据的左侧和上方分别设置文本格式的行标题和列标题，这样 Excel 会自动根据所选数据区域确定在图表中绘制数据的最佳方式，某些图表类型(如饼图和气泡图)则需要特定的数据排列方式。

■　加入到图表的数据不应该太多，否则显得图表非常复杂，失去直观显示信息的意义。

■　加入到图表的数据的类型应当一致，除第一列外一般都为数值型。

■　不要将量级相差太大的数据同时加入到图表，例如，学生表中的各单科成绩和总成绩。

■　加入到图表中的数据可以是相邻的，也可以是间隔的，如果是间隔的可用 Ctrl 配合选择。

(2) 在"插入"功能选项卡的"图表"组中，单击某一图表类型，然后从下拉列表中选择要使用的图表子类(将鼠标光标停留在任何图表类型或图表子类型上时，屏幕提示都将显示该图表类型的名称及特征)，如图 6-91 所示。如果选择最下边的"所有图表类型"命令或单击"图表"右侧的"插入图表"扩展按钮，则可打开"插入图表"对话框，从中选择合适的图表类型后单击"确定"按钮，则相应图表插入到当前工作表中，如图 6-92 所示。

图 6-91　设定图表类型

图 6-92　插入的基本图表

二、编辑图表

对于插入到工作表中的图表，可以将其整体理解为插入到 Word 文档中的图形对象，其选定、移动、复制、缩放及删除等简单操作均可使用前面学习过的方法来完成，但图表又和 Word 图形不完全相同，它是由若干个子对象组成的，并且与数据源相关联，因此，创建基本图表后，可以根据需要进一步对图表进行修改，使其更加美观，显示的信息更加丰富。

1. 图表的组成

图表中包含许多元素，如图 6-93 所示。默认情况下某类图表可能只显示其中的部分元素，而其他元素可以根据需要添加，也可以将图表元素移动到图表的其他位置、调整图表元素的大小或者更改其格式，还可以删除不希望显示的图表元素。

图 6-93　图表的组成

■　图表区：包含整个图表及其全部元素。一般在图表中的空白位置单击鼠标即可选定整个图表区。

■　绘图区：通过坐标轴来界定的区域，包括所有数据系列、分类名、刻度线标志和坐标轴标题等。

■　数据系列：数据系列是指在图表中绘制的相关数据，这些数据来自数据表的行或列。图表中的每个数据系列具有唯一的颜色或图案标志并且与图例中对应。可以在图表中绘制一个或多个数据系列。

■　横坐标轴(x 轴、分类轴)和纵坐标轴(y 轴、值轴)：坐标轴是界定图表绘图区的线条，用作度量的参照框架。y 轴通常为垂直坐标轴并包含数据；x 轴通常为水平轴并包含分类。数据沿着横坐标轴和纵坐标轴绘制在图表中。

■　图例：图例是一个方框，表示图表中的数据系列或分类。

■　图表标题：是对整个图表的说明性文本，可以自动在图表顶部居中。

■　坐标轴标题：是对坐标轴的说明性文本，可以自动与坐标轴对齐。

■　数据标签：表示数据系列中数据点的详细数值。

2．更改图表位置

默认情况下，图表作为嵌入对象放在工作表上。如果要将图表放在单独的图表工作表中，则可以通过执行下列操作来完成：

(1) 单击图表区中的任意位置以将其激活，此时功能区将会显示"图表工具"下的"设计"、"布局"和"格式"选项卡。

(2) 在"设计"功能选项卡"位置"组中单击"移动图表"按钮，打开"移动图表"对话框，如图 6-94 所示。

(3) 在"选择放置图表的位置"下选中"新工作表"，然后在"新工作表"框中输入工作表的名称。

(4) 单击"确定"按钮，包含图表的新工作表将插入到当前数据工作表之前。

图 6-94　"移动图表"对话框

3．更改图表的布局和样式

　　创建图表后，可以为图表应用预定义布局和样式以快速更改它的外观。Excel 2010 提供了多种预定义布局和样式，必要时还可以根据需要手动更改各个图表元素的布局和格式。

　　(1) 应用预定义图表布局。

　　① 单击要使用预定义图表布局的图表中的任意位置。

　　② 在"设计"功能选项卡的"图表布局"组中单击要使用的图表布局，也可单击右下角的"其他"箭头按钮，查看更多的预定义布局类型。例如，选择"布局9"，该布局将会在基本图表中增加图表标题和坐标轴标题元素，如图 6-95 所示。

图 6-95　更改后的图表布局

　　(2) 应用预定义图表样式。

　　① 单击要使用预定义图表样式的图表的任意位置。

　　② 在"设计"功能选项卡的"图表样式"组中单击右下角的"其他"按钮，可查看更多的预定义图表样式，根据需要单击要使用的图表样式。

　　(3) 手动更改图表元素的布局。

　　① 在图表中单击选择要更改其布局的图表元素。

　　② 在"布局"功能选项卡上，分别从"标签"、"坐标轴"或"背景"组中，单击与所选图表元素相对应的图表元素按钮，然后单击所需的布局选项。

　　(4) 手动更改图表元素的格式。

　　① 单击要更改其样式的图表元素。

　　② 在"图表工具"的"格式"选项卡上，根据需要进行下列格式设置：

　　■　设置形状样式：在"形状样式"组中单击需要的样式，或者单击"形状填充"、"形状轮廓"或"形状效果",按照需要设置相应的格式。

■ 设置艺术字效果:如果选择的是文本或数值,可在"艺术字样式"组中选择相应艺术字样式,还可以单击"文本填充"、"文本轮廓"或"文本效果",然后按照需要设置相应效果。

■ 设置元素全部格式:在"当前所选内容"组中单击"设置所选内容格式",将会打开与当前所选元素相适应的设置格式对话框,从中设置相应的格式后,单击"关闭"按钮。

4. 更改图表类型

已创建的图表可以根据需要改变类型,但要注意改变后的图表类型要支持所基于的数据列表,否则 Excel 2010 会提示错误。

(1) 单击要更改其类型的图表或者图表中的某一数据系列。

(2) 在"设计"功能选项卡的"类型"组中单击"更改图表类型"按钮,打开"更改图表类型"对话框,如图 6-96 所示。

图 6-96 "更改图表类型"对话框

(3) 选择新的图表类型后,单击"确定"按钮。

5. 添加图表标题

为了使图表更易于理解,可以给图表分别添加图表标题、坐标轴标题(如果已选择了包含图表标题和坐标轴标题的预定义布局,那么标题文本框会自动显示在图表相应位置,只需进行修改即可)。

(1) 添加图表标题。

① 单击要为其添加标题的图表。

② 在"布局"功能选项卡的"标签"组中,单击"图表标题"按钮。

③ 从下拉列表单击"居中覆盖标题"或"图表上方"命令。

④ 在"图表标题"文本框中输入需要的标题文字。

⑤ 如果需要,可在图表标题上双击,打开"设置图表标题格式"对话框,按照需要设置格式,也可在"开始"功能选项卡的"字体"组中设置标题文本的字体、字号、颜色等。

(2) 添加坐标轴标题。

① 单击要为其添加坐标轴标题的图表。

② 在"布局"功能选项卡的"标签"组中，单击"坐标轴标题"按钮。

③ 从下拉列表中按照需要设置是否显示横纵坐标轴标题，以及标题的显示方式。

④ 在"坐标轴标题"文本框中输入相应的文本。

⑤ 按照需要设置标题文本的格式，方法与设置图表标题相同。

注意：如果转换到不支持坐标轴标题的其他图表类型(如饼图)，则不再显示坐标轴标题，再转换回支持坐标轴标题的图表类型时将重新显示标题。

(3) 将标题链接到工作表单元格。

① 单击图表中要链接到工作表单元格的图表标题或坐标轴标题。

② 在工作表上的编辑栏中输入一个等号"="。

③ 单击工作表中包含有链接文本的单元格。例如，工作表中 A1 单元格中已经输入"考试成绩表"，将图表标题设置为"=A1"，则标题中的文字将显示为"考试成绩表"。

④ 按 Enter 键确认。此时，更改数据表中的标题，图表中的标题将会同步变化。

6. 添加数据标签

要快速标识图表中的数据系列，可以给数据系列添加数据标签。默认情况下，数据标签链接到工作表中的数据值，当数据值发生变化时图表中的数据标签会自动更新。

(1) 在图表中单击要添加数据标签的数据系列(如果选择某个系列，则只添加该系列数据标签，如果单击图表区的空白位置，可向所有数据系列添加数据标签)。

(2) 在"布局"功能选项卡的"标签"组中，单击"数据标签"按钮，根据需要从下拉列表中选择相应的显示选项(数据标签选项的具体内容会根据图表类型不同而变化)，即可在相应系列的相应位置显示数据值，如图 6-97 所示。

图 6-97　给图表添加数据标签

7. 设置图例

创建基本图表时会自动显示图例，用户可以根据需要隐藏图例或更改图例的属性。

(1) 单击要进行图例设置的图表。

(2) 在"布局"功能选项卡的"标签"组中，单击"图例"按钮，打开下拉列表。

(3) 从中选择"无"可隐藏图例，选择其他命令可改变图例的显示位置。

(4) 单击"其他图例选项"，打开"设置图例格式"对话框对格式进行设置。

(5) 也可单击选中图表中的图例，通过"开始"选项卡的"字体"组可改变图例字形。

(6) 如需修改图例项的文本内容，可返回数据表中进行修改，图表中的图例将会自动更新。

8．设置坐标轴

在创建基本图表时，一般会为大多数图表类型显示主要的横纵坐标轴。当创建三维图表时则会显示竖坐标轴。可以根据需要对坐标轴的格式进行设置、调整坐标轴刻度间隔、更改坐标轴上的标签等。

(1) 单击要设置坐标轴的图表。

(2) 在"布局"功能选项卡的"坐标轴"组中，单击"坐标轴"按钮，打开下拉列表。

(3) 根据需要分别设置横、纵坐标轴的显示与否，以及坐标轴的显示方式。

(4) 若要指定详细的坐标轴显示和刻度选项，可从"主要横坐标轴"、"主要纵坐标轴"或"竖坐标轴"(当所选图表为三维图表时显示该项)子菜单中单击"其他主要横坐标轴选项"、"其他主要纵坐标轴选项"或"其他竖坐标轴选项"，打开"设置坐标轴格式"对话框，对坐标轴上的刻度类型及间隔、标签位置及间隔、坐标轴的颜色及粗细等格式进行详细的设置。

9．显示或隐藏网格线

为了使图表更为清晰，可以给图表分类轴和数值轴添加水平的、垂直的网格线。

(1) 单击要添加网格线的图表。

(2) 在"布局"功能选项卡的"坐标轴"组中，单击"网格线"按钮，打开下拉列表。

(3) 在相应的子菜单中设置横、纵网格线的显示与否，以及是否显示次要网格线。

(4) 在要设置格式的网格线上双击，可打开"设置主要网格线格式"对话框，对指定网格线的线型、颜色等进行设置。

三、打印图表

在默认的情况下，Excel 2010 会将图表和工作簿一起保存及打印，当然，也可根据需要对图表进行单独的打印设置。

1．整页打印图表

■ 当图表放置于单独的工作表中时，直接打印该工作表即可单独打印图表到一页纸上。

■ 当图表以嵌入方式与数据源位于同一工作表上时，首先单击选中该张图表，然后通过"文件"选项卡上的"打印"命令进行打印，即可只将选定的图表输出到一页纸上。

2．不打印工作表中的图表

先选定需要打印的数据区域(不包括图表)，单击"文件"选项卡中的"打印"命令，并在"设置"下拉列表中选择"打印选定区域"项，即可不打印工作表中的图表，如图 6-98 所示。

当然，也可在"文件"选项卡上单击"选项"打开"Excel 选项"对话框，再在"高级"—"此工作簿的显示选项"-"对于对象，显示"项目中选择"无内容(隐藏对象)"，嵌入到工作表中的图表将会被隐藏起来，此时通过"文件"选项卡上的"打印"命令进行打印，将不会打印嵌入的图表。

图 6-98　取消打印图表

6.8.3　建立数据透视表

数据透视表是 Excel 中提供的一种可以快速汇总、分析大量数据表格的交互工具。它可以按照数据表格的不同字段从多个角度进行透视，建立交叉表格并动态地改变它们的版面布置，以便按照不同方式来查看数据不同层面的汇总信息、分析结果以及摘要。另外，如果原始数据发生更改，也可以自动更新到数据透视表。

数据透视表来源于数据表格，并且要求数据源必须是比较规则的数据(如图 6-99 所示)，否则在创建数据透视表过程中会出现错误。

图 6-99　规则表格示例

从图 6-99 可以看出：

- 原表格的第一行为字段名(文本型)，并且各字段名称不能为空。
- 原表格的第二行起为有效记录项。
- 一个字段中值的数据类型应当保持一致，例如：某考试成绩字段值可以为"优秀"、

"良好"、"中等"及"及格"等文本，也可以为"90"、"70"、"49"等数值，但不能二者同时使用，即包含数字的列不应该包含文本或包含文本的列不应该包含数字等。

■　原表格的数据应当相对完整，表格中不应该包含空行、空列和空单元格。

■　原表格中应当包含大量的数据，否则不能体现数据透视表的优势。

一、创建数据透视表

尽管数据透视表的功能非常强大，但其创建过程却非常简单。

(1) 在数据源的有效区域单击或选取整个有效区域。

(2) 在"插入"功能选项卡的"表格"组中，单击"数据透视表"下拉按钮，并选择"数据透视表"项，打开如图 6-100 所示的"创建数据透视表"对话框。

图 6-100　"创建数据透视表"对话框

(3) 根据需要调整透视表的数据源及放置区域，单击"确定"按钮，即可插入一个空的数据透视表，并在功能区显示"数据透视表工具"，如图 6-101 所示。

图 6-101　创建空数据透视表

其中，左侧为数据透视表的报表生成布局区域，会随着选择的字段不同而自动更新，右侧为"数据透视表字段列表"，该列表上半部分显示来自源数据的所有可用字段名，下半部分为"布局"区域，显示用于重新排列和重新定位的字段，其中"报表筛选"、"列标签"、"行标签"区域用于放置筛选或分类字段，"数值"区域放置数据汇总字段。当将字段分别拖动到这四个区域时，左侧会自动生成相应报表。

(4) 创建出空数据透视表以后，若要生成报表，可以将"数据透视表字段列表"中显示的任何字段移动到布局区域。

默认情况下，如果直接选中字段名称左侧的复选框，非数值字段将会自动添加到"行标签"区域，数值字段会添加到"数值"区域，并对其进行求和运算(若需改变值汇总方式，只需在"数值"区域单击"求和项：…"后面的下拉按钮，选择"值字段设置"选项，在打开的对话框中选择所需的"值字段汇总方式"即可)，日期和时间字段则会添加到"列标签"区域。例如，在图 6-101 所示的字段列表中分别单击"销售地区"、"数量"和"销售额"左侧的复选框，透视表区域将会自动按地区汇总产品销量和销售总金额，如图 6-102 所示。

图 6-102　按地区汇总销量和总金额

若要手工将字段放置到布局部分的特定区域中，可以直接将字段名从列表拖动到"数据透视表字段列表"底部的布局框中；也可右击字段名，再从快捷菜单中选择要将该字段移动到的位置。例如，将"商品名称"放置到"报表筛选"区，再将"销售日期"放置到"列标签"区，数据透视表就会汇总各地区每个不同时间段的销售额，并在数据表的最上方添加用于筛选商品的报表字段，单击其右侧的下拉按钮可以选择筛选条件，如图 6-103 所示。

图 6-103　添加筛选字段

在图 6-103 中，也可根据实际需要，右击任意一个日期单元格，从快捷菜单中选择"创建组"可将日期按月、季、年等分组，以便按固定月份、季度或年度统计数据，单击年份前面的"+"或"-"按钮，还可以显示或隐藏年份下面的详细信息，如图 6-104 所示。

图 6-104　创建分组

总之，数据透视表的构建非常灵活，只需将所关注的字段名放置到相应的区域，即可得到相应的信息。

二、编辑数据透视表

和普通表格一样，数据透视表在创建完成后，也可以对其样式、格式等外观项进行更改，还可对其数据进行刷新。

单击数据透视表中任意一个单元格，Excel 2010 将会在功能区显示"数据透视表工具"的"选项"和"设计"选项卡，可对数据透视表进行进一步编辑，其中在"设计"选项卡中，可以更改数据透视表的布局、标题、边线及样式等项目，如图 6-105 所示。

图 6-105　编辑数据透视表

三、更新数据透视表

数据透视表在创建出来后，其依据的数据源可能会根据实际发生变化，例如数值变化、行、列结构变化等，但由于数据透视表报表所依赖的数据透视表缓存与数据源没有连接，因而不能反映对数据源所进行的修改。在这种情况下，必须更新数据透视表报表来体现对数据源的相应变化。

(1) 当数据源仅仅是某个数据发生改变时，更新透视表数据只需在数据透视表中右击，再从快捷菜单中选择"刷新"命令；或在"数据透视表工具"的"选项"功能选项卡中单击"刷新"按钮，即可将数据源中的更改应用到报表中。

(2) 当数据源的行、列结构发生变化时，需要重新为报表确定数据源。可在数据透视表内任意地方单击，然后在"数据透视表工具"的"选项"功能选项卡中单击"更改数据源"按钮，再从打开的"更改数据透视表数据源"对话框中重新选择正确的数据区域即可，如图 6-106 所示。

图 6-106 更新数据源

四、删除数据透视表

如果数据透视表不再使用，可以将其删除以节约系统资源。根据创建时指定的位置不同，删除数据透视表又分为两种情况。

(1) 如果数据透视表是作为新的工作表插入的，则只需在工作簿中删除该工作表即可。

(2) 如果数据透视表是在现有工作表中插入的，可先在"数据透视表工具选项"的"选项"功能选项卡的"操作"组中单击"选择"按钮，再单击"整个数据透视表"命令，选定整个数据透视表，然后按删除键删除。

注意： 删除数据透视表后，使与之相关的数据透视图变成一个无法再更改的静态图表。

6.8.4 建立数据透视图

数据透视图是数据透视表的图形表达方式，其操作方法与前面的普通图表类似。二者的主要区别是普通图表依据表格数据建立，而数据透视图则是依据数据透视表的数据建立。

一、创建数据透视图

在 Excel 2010 中，根据数据透视表是否存在，创建数据透视图的方法又分为以下两种情况：

1. 根据数据透视表创建数据透视图

如果数据透视表已经存在，可在数据透视表任意单元格单击，再在"插入"功能选项卡的"图表"选项组中选择一种图表类型和样式，然后单击"确定"按钮即可依据该数据透视表创建一个数据透视图，如图 6-107 所示。

图 6-107 根据数据透视表创建数据透视图

在数据透视表中，取消或增加不同的字段、调整字段在报表中的位置，数据透视图将同步发生相应的变化。另外，在建立数据透视图的左下方和右中部将出现系列名称下拉按钮，单击该下拉按钮，在打开的下拉列表中选择相应的命令可以对图表中的数据进行筛选。

2．直接创建数据透视图

与创建数据透视表类似，可以利用源数据直接创建数据透视图。

(1) 将光标移动到要创建数据透视图的工作表内任意单元格

(2) 在"插入"功能选项卡的"表格"选项组中单击"数据透视表"按钮，并选择"数据透视图"命令，弹出如图 6-108 所示的"创建数据透视表及数据透视图"对话框。

图 6-108　"创建数据透视表及数据透视图"对话框

(3) 根据需要在对话框的"请选择要分析的数据"选项区中选择一个准备创建数据透视图的数据区域，再在"选择放置数据透视表及数据透视图的位置"选项区中选择一个位置，然后单击"确定"按钮，即可创建一个空的数据透视表，同时创建一个与之关联的空的数据透视图，如图 6-109 所示。

图 6-109　创建空数据透视图

(4) 根据数据需要将数据透视表字段列表中的字段添加到数据透视表，则数据透视图中会增加相应的内容，如图 6-110 所示。

图 6-110　添加数据后的数据透视图

6.9　预览和打印工作表

工作表和图表编辑完成后，一般需要将其打印出来，但在正式打印之前最好先通过"打印预览"观察实际打印效果，以免多次打印调整，浪费时间和纸张。另外预览模式下可以进行页边距大小、分页等调整。

一、打印预览

在窗口中单击"文件"按钮并选择"打印"命令，即可进入到打印预览和打印窗口，其组成、操作与前面学习的 Word 类似，如图 6-111 所示。

图 6-111　Excel 2010 的打印预览视图

二、页面设置

在"打印预览和打印"窗口中单击"页面设置"按钮，打开"页面设置"对话框，这里可进一步对纸张大小、方向、边距、页眉页脚、打印内容及打印顺序等属性进行设置，如图 6-112 所示。

1．页面选项卡

（1）方向：设置纸张方向，默认为纵向，若表格较宽，可将其设置为横向。

（2）缩放：一般采用 100%(1∶1)比例打印，有时行尾数据未打出来，或者工作表末页只有 1行，应将这行合并到上一页。为此，可以适当缩小打印比例，使末页一行能合并到上一页打印。当然有时也可能需要放大打印比例。

（3）打印质量：即设置打印机在单位平方英寸的面积上打印多少点数，在打印机支持的前提下，该值越高，精度越好。

（4）起始页码：确定工作表的起始页码，当

图 6-112　设定工作表页面

"起始页码"栏为自动时，起始页码为 1，否则输入一个数字，例如：输入 3，则工作表的第一页的页码将为 3。

2．页边距选项卡

可以使用输入数值的方式来更精确地设置页边距、页眉/页脚与纸边的距离及页面的居中方式。

3．页眉/页脚选项卡

可以显示或自定义工作表打印时的页眉/页脚内容，其操作方法与 Word 2010 类似。注意：页眉/页脚在工作表中不可见，只有在打印或预览状态下可见。

4．工作表选项卡

设置工作表打印选项如图 6-113 所示。

（1）打印区域：若只打印部分区域，则在文本框中输入要打印的单元格区域，也可以单击右侧的折叠按钮，然后到工作表中选定打印区域，再单击折叠按钮返回此对话框。

（2）打印标题：若工作表有多页，要求每页均打印表头(顶端或左侧的标题)，则在文本栏中输入相应的单元格地址，也可以直接到工作表中选定表头区域。

图 6-113　设置工作表打印选项

（3）打印：可以决定是否打印网格线、行标、列标等。

（4）打印顺序：若表格太大，一页容纳不下，则系统会自动分页。用户可以根据图例来设置打印顺序。

第 7 章 PowerPoint 2010 电子演示文稿

在社会生活中，人们经常要进行各种各样的信息交流，如产品介绍、学术讨论、项目论证、技术交流、电子教案、论文答辩、个人或公司介绍等。众所周知，一个优秀的报告或演讲，除了有丰富生动的材料、雄辩的口才及表达力外，如果配合一套图文并茂、层次分明、主题突出、有声有色的幻灯片，将使演讲者的演讲更能突出观点、吸引听众、加深印象，提高报告的效果。在 Office 系统中，PowerPoint 组件就可以有效地为用户实现这一功能。

7.1 PowerPoint 2010 的功能和特点

PowerPoint 2010 为制作演示文稿提供了一整套易学易用的工具，它除了能够完成一般的文本演示文稿制作外，还提供了丰富的图形和图表制作功能，可以在幻灯片中创建各类图形、图表，插入图片，使幻灯片图文并茂，生动活泼；同时还增加了动画效果和多媒体功能，可以根据演示的内容设置不同的动画效果、动作及超链接来动态地组织和显示文本、图表，也可以插入演示者的旁白或背景音乐；另外，它还提供了不同的放映方式的设置和演示文稿的“打包”功能。演讲者可以很方便地设计制作出具有显鲜明个性的幻灯片。

目前，PowerPoint 2010 已被公司管理、营销、技术部门的人员广泛采用，也为教师用来编写电子教案、为学生撰写论文答辩提纲提供了方便。

在掌握了 Word 2010 和 Excel 2010 的基本概念与操作前提下，使用和操作 PowerPoint 2010 就很容易了，所不同的是创建演示文稿的目的是为了给观众演示，能否突出重点，给观众留下深刻的印象是衡量一个演示文稿设计是否成功的主要标准。为此，在设计演示文稿时应注意遵循“主题突出、层次分明；文字精练、简单明了；形象直观、生动活泼”等原则，在演示文稿中要尽量避免使用大量的文字叙述，能用图形、图表说明问题的应尽量采用图形、图表，适当加入动画、声音，以增加演示效果。

7.2 PowerPoint 2010 的基本操作

7.2.1 启动 PowerPoint 2010

启动 PowerPoint 2010 的方法有以下几种：

(1) 单击“开始”按钮，依次在开始菜单中选择“所有程序”—“Microsoft Office”—“Microsoft PowerPoint 2010”命令，启动 PowerPoint 2010，如图 7-1 所示。

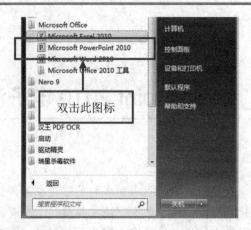

图 7-1 启动 PowerPoint 2010

(2) 在桌面上双击"Microsoft Office PowerPoint 2010"快捷图标，如图 7-2 所示。

图 7-2 从桌面启动 PowerPoint 2010

(3) 依次在资源管理器中打开"C:\Program Files\Microsoft Office\OFFICE14"文件夹，然后在窗口中双击"POWERPNT.EXE"图标，如图 7-3 所示。

图 7-3 从安装目录启动 PowerPoint 2010

(4) 在 Windows 资源管理器中双击某个扩展名为 .pptx 的文件图标，如图 7-4 所示。

图 7-4　从资源管理器启动 PowerPoint 2010

7.2.2　PowerPoint 2010 窗口界面的组成

PowerPoint 2010 成功启动后，即可在桌面上显示其工作界面窗口，如图 7-5 所示。

图 7-5　PowerPoint 2010 界面的组成

PowerPoint 2010 的标题栏、快速访问按钮、文件按钮、功能选项卡、功能选项组、状态栏、边框、边角与 Word 2010 的类似，这里不再重复介绍。

(1) 幻灯片浏览按钮：单击此按钮可在下方的列表中以缩略图的方式显示演示文稿中所有幻灯片的内容，用户可以观察演示文稿的大体结构，可以将主编辑区切换到不同的幻灯片进行编辑，也可以在演示文稿内移动、复制、删除幻灯片，如图 7-6(a)所示。

(a) 　　　　　　　　　　　　　　　(b)

图 7-6 PowerPoint 2010 的边侧栏

(2) 大纲按钮：单击此按钮可在下方的列表中按序号显示全部幻灯片的编号、主标题、各层次标题和文本内容，忽略文字格式和其他图形、图表等对象，可以帮助用户快速了解整个演示文稿的层次和目录结构，如图 7-6(b)所示。

(3) 主编辑区：PowerPoint 2010 的主工作区，默认情况下只显示当前一页幻灯片，可以通过状态栏右下侧的显示比例调节滑块来改变大小。在编辑区中，可以对当前幻灯片进行详细的静态和动态设计，如添加文本，插入图片、表格、SmartArt 图形、图表、图形对象、文本框、视频、声音、超链接和动画等。

(4) 备注区：可以编辑关于当前幻灯片的备注说明，用户可以将此备注分发给观众，也可以在播放演示文稿时查看"演示者"视图中的备注。

(5) 拆分条：分为垂直拆分条和水平拆分条，垂直拆分条用于调整缩略图与主编辑区之间的显示比例，而水平拆分条可以调整备注区和主编辑区之间的显示比例。

(6) 标尺：显示或设置幻灯片中各种对象占位符的大小和位置。可通过"视图"功能选项卡"显示"选项组中的"标尺"按钮来显示或隐藏。

7.2.3　PowerPoint 2010 视图及切换

在 PowerPoint 2010 中，演示文稿的编辑是基于视图来进行的，即在不同的视图模式下，演示文稿的显示方式、操作范围、编辑重点也是不同的，因此在对演示文稿进行编辑之前，我们先来了解 PowerPoint 2010 视图的切换、分类及特点，然后再来学习在每一种视图模式下的具体操作方法。

PowerPoint 2010 对以前版本的视图进行了综合和简化，把以前的大纲视图、幻灯片视图及普通视图全部合并在普通视图中，因此在 PowerPoint 2010 中，视图主要包括普通视图、幻灯片浏览视图、母板视图、备注页视图和幻灯片放映视图五类。默认情况下 PowerPoint 2010 显示普通视图，在实际的工作过程中，我们还可以根据编辑的侧重点不同，切换到相应的视图模式。

在 PowerPoint 2010 中切换视图主要有两种方法，一是通过"视图"功能选项卡下的按钮图标来完成，另外一种是通过单击状态栏上视图切换功能按钮来完成，如图 7-7 所示。

图 7-7　切换 PowerPoint 2010 视图

(1) 普通视图：是 PowerPoint 2010 的默认视图和主要编辑视图，演示文稿的绝大部分的工作(如新幻灯片、文字、图形、图表的插入及排版，母板设计，版式设计，背景设计，幻灯片切换及动画设计等)都是在此视图下完成的。在普通视图下，编辑区只显示一张当前的幻灯片，可以直接看到幻灯片的静态设计效果。

(2) 幻灯片浏览视图：在主编辑区按序号顺序显示演示文稿中全部幻灯片的缩略图，从而可以看到演示文稿连续变化的过程。在此视图下，可以在本演示文稿中插入、复制、移动、删除幻灯片，可以设置各幻灯片的切换效果，还可以在不同的演示文稿间复制、移动幻灯片(另一演示文稿必须处于打开状态，并且也要切换到幻灯片浏览视图)，但不能对单个幻灯片中的内容进行编辑修改。用鼠标双击某幻灯片缩略图可以切换到显示此幻灯片的普通视图模式，如图 7-8 所示。

(3) 幻灯片放映视图：以全屏幕的方式来像幻灯机那样动态地播放演示文稿全部幻灯片中的文字、图形、声音和动画。在此视图下，不能对幻灯片进行编辑，但可以使用放映时的快捷菜单或设置的动作按钮及超链接来实现幻灯片的播放控制。

提示：在编辑演示文稿过程中，如果对视图中窗格大小或视图本身进行了更改，则这些更改将与当前演示文稿一起保存，并在下次打开演示文稿时将按当前设置的格式重新显示。

图 7-8　幻灯片浏览视图

7.2.4　退出 PowerPoint 2010

PowerPoint 2010 的退出也和 Word 2010 一样，主要有以下几种常用的方法：

(1) 单击 PowerPoint 2010 窗口右上角的"关闭"按钮。

(2) 单击"文件"按钮并选择"退出"命令。

(3) 使用 ALT+F4 快捷键。

7.3　PowerPoint 2010 文件的操作

演示文稿是一个用 PowerPoint 2010 程序编辑产生的计算机文件，默认扩展名为 .pptx 或 .ppt(PowerPoint2003 以前的版本)。演示文稿通常由若干页幻灯片组成，而每一页幻灯片又可以包含若干个具体的元素(如文本框、图形、图片、图表、表格、艺术字、声音及动画等)，它们之间的关系就和 Excel 2010 中的工作簿、工作表及单元格的关系类似。

7.3.1　新建演示文稿

在默认情况下，每次当用户启动 PowerPoint 2010 后，系统会自动帮助用户以默认格式建立一个名为"演示文稿 1"并且只包含一页标题幻灯片的空演示文稿。如果用户不满意系统新建的演示文稿格式，还可以使用以下方法来重新创建其他类型的演示文稿。

一、利用主题创建演示文稿

主题是由系统预先定义好背景、颜色、字体及版式的一种特殊文档。PowerPoint 提供了多种主题来帮助用户简化演示文稿的创建过程，使演示文稿具有统一的风格，也可以轻松、快捷地更改现有演示文稿的整体外观。

(1) 在 PowerPoint 2010 窗口中单击"文件"按钮并选择"新建"命令。

(2) 在"可用的模板和主题"中单击"主题",打开系统内置主题列表,如图 7-9 所示。

图 7-9　利用主题创建演示文稿

(3) 根据需要在系统内置主题列表中双击图标,即可依据此主题快速创建一个只包含一页幻灯片的演示文稿,如图 7-10 所示。

图 7-10　利用主题创建出的演示文稿

(4) 根据提示在相应位置输入文本、插入图片、图表或表格,也可以插入新的幻灯片。

二、利用"模板"建立演示文稿

所谓"模板"就是一个由系统预先精心设计好的,包括幻灯片的背景图案、色彩的搭配、文本格式、标题层次及演播动画甚至大纲结构等,但没有具体内容的待用格式文档。相对于以前版本的 Office,PowerPoint 2010 提供了更多、更精美的模板供用户选择使用。

(1) 在 PowerPoint 2010 窗口中单击"文件"按钮并选择"新建"命令。

(2) 根据需要在"Office.com 模板"列表中单击一个模板类别,PowerPoint 2010 会自动搜索下载该类别下的所有模板并显示在列表中,如图 7-11 所示。

图 7-11　利用"Office.com 模板"建立演示文稿

(3) 根据需要在列表中双击某个模板图标，即可依据此模板快速创建一个演示文稿，如图 7-12 所示。

图 7-12　利用"模板图标"建立演示文稿

(4) 根据提示在相应位置输入文本、插入图片、图表或表格，即可快速完成演示文稿的创建。

三、用"空演示文稿"建立演示文稿

空演示文稿由不带任何模板设计，但带有文字版式和内容版式的白底幻灯片组成，这种方法给制作者提供了最大的创作自由度。作者可以运用自己的艺术修养、审美观点和创造性，在白底的演示文稿上设计出具有鲜明个性的背景色彩、配色方案和文本格式，创建出具有自己特色和风格的演示文稿。

(1) 在 PowerPoint 2010 窗口中单击"文件"按钮并选择"新建"命令。

(2) 在"可用的模板和主题"选项中双击"空白"图标。

(3) 在"开始"功能选项卡的"幻灯片"选项组中单击"版式"按钮，并从下拉列表中选择 "空白"项，可新建一个不包含任何信息的空演示文稿，如图 7-13 所示。

图 7-13　新建空白演示文稿

7.3.2　保存、保护演示文稿

演示文稿创建出来后，或在编辑修改后，为避免信息意外丢失，应该及时保存。在保存文档时，如果是第一次存盘，则会打开"另存为"对话框，提示用户输入文档保存的位置、名字及类型，否则直接将更新后的内容以原来的名字、位置及类型保存。

(1) 在 PowerPoint 2010 窗口中单击"文件"按钮，并选择"保存"或"另存为"命令(当然也可以直接单击快速访问组中的"保存"按钮或使用 Ctrl + S 快捷键)，打开"另存为"对话框，如图 7-14 所示。

图 7-14　保存演示文稿

(2) 在"另存为"对话框地址栏下拉列表中选择一个常用位置，或在对话框左侧的列表中选择一个保存文件的路径。

(3) 在"文件名"文本框中输入演示文稿的文件名。

(4) 在"保存类型"下拉列表中选择一种文档类型，PowerPoint 2010 默认的文件类型

是 .pptx。如果用户希望此演示文档能被以前版本的 PowerPoint 打开和编辑，则可选择
"PowerPoint97-2003 演示文稿(*.ppt)"项。

(5) 如果需要对演示文档进行加密，可在"另存为"对话框底部单击"工具"下拉按
钮，并选择"常规选项"命令，打开"常规选项"对话框，在对话框中分别设置文档的打
开密码和修改密码，如图 7-15 所示。

图 7-15　加密演示文稿

7.3.3　打开演示文稿

打开演示文稿的方法和打开 Word 文档的方法一样，可以在 Windows 的资源管理器中
双击扩展名为 .ppt 或 .pptx 的文件启动 PowerPoint 2010 并打开该演示文稿。当然，也可在
启动 PowerPoint 2010 后再打开指定的演示文稿。

(1) 在 PowerPoint 2010 窗口中单击"文件"按钮，然后单击"打开"命令。

(2) 在"打开"对话框中选择所需的文件所在的位置及文件名，然后单击"打开"。

注意：默认情况下，PowerPoint 2010 在"打开"对话框中仅显示 PowerPoint 演示文稿。
若要打开其他类型文件，可单击"所有 PowerPoint 演示文稿"，然后选择相应的文件类型。

7.3.4　关闭演示文稿

演示文稿编辑完成后可将其关闭，以防止意外修改和节约系统资源。单击文档窗口中
的"关闭"按钮，或者按下 Alt + F4 键均可关闭文档，如果被关闭的文档尚未存盘，PowerPoint
2010 将打开一个消息框提示用户存盘。

7.4　在普通视图下编辑演示文稿

7.4.1　页面设置

虽然 PowerPoint 2010 在新建演示文稿时，会给出一个适合绝大部分场合的默认大小的
幻灯片，但对于一些有特殊显示或打印要求的演示文稿，如果在所有的编辑完成后再来更
改页面，势必会影响原来已精心设置好了的各种对象的位置及格式，再加上在 PowerPoint

2010 中页面设置的操作并不复杂，因此，在新建了一个演示文稿后，我们应先根据需要对其页面进行简单设置。

(1) 新建演示文稿后，在"设计"功能选项卡的"页面设置"选项组中单击"页面设置"按钮，即可打开"页面设置"对话框，如图 7-16 所示。

图 7-16 "页面设置"对话框

(2) 在对话框中，可以分别对幻灯片的大小、宽度、高度、幻灯片编号起始值、方向及备注、讲义和大纲等进行各项设置。

(3) 单击"确定"按钮，设置完成。

7.4.2 编辑幻灯片母版

母版是用来定义演示文稿格式的，它可以使一个演示文稿中每张幻灯片都包含某些相同的文本特征、背景颜色、项目符号、图片、文本占位符、页脚和占位符等。在创建一个新的演示文稿后，当希望某些对象(如企业标志、CI 形象、产品商标以及有关背景设置等)能在每一页幻灯片中都出现，就可以将其放置到母版中，这样只需编辑一次即可将其应用于该演示文稿中的所有幻灯片，使演示文稿风格保持一致。

最好在开始构建各张幻灯片之前创建幻灯片母版，而不要在构建了幻灯片之后再创建母版。如果先创建了幻灯片母版，则添加到演示文稿中的所有幻灯片都会基于该幻灯片母版和相关联的版式。如果在构建了各张幻灯片之后再创建幻灯片母版，则幻灯片上的某些项目可能不符合幻灯片母版的设计风格，虽然后期可以使用背景和文本格式设置功能在各张幻灯片上覆盖幻灯片母版的某些自定义内容，但某些内容(例如页脚和徽标)只能在"幻灯片母版"视图中修改。

在 PowerPoint 2010 中，演示文稿的母版通常分为幻灯片母版、讲义母版、备注母版三种，它们分别用于设计幻灯片、讲义和备注内容的格式。讲义母版与备注母版使用较少，而且较为简单，用户只要掌握了设计幻灯片母版的方法，也就可以完成讲义母版和备注母版的制作，因此这里只以幻灯片母版为例来讲解母版的编辑方法。

(1) 在"视图"功能选项卡的"母版视图"组中单击"幻灯片母版"按钮，切换到"幻灯片母版"视图编辑状态，并在功能区显示"幻灯片母版"功能选项卡，如图 7-17 所示。

在窗口左侧的列表中，显示了多张不同版式的母版缩略图，其中最大的第一张为幻灯片母版，而下面的则是与幻灯片母版相关联的幻灯片版式，用户可以选择或删除。

(2) 选择第一张幻灯片母版后，用户可根据需要，在"幻灯片母版"功能选项卡的"版式"、"编辑主题"及"背景"选项组中，单击相应按钮来对母版的主题及背景进行设置，当然也可通过"插入"功能选项卡的"图像"选项组下的"图片"按钮，将保存在磁盘上

图 7-17　切换到母版视图

的图形文件插入到母版中，作为每一页幻灯片的背景，并利用 Word 2010 中学习的图形编辑技术合理设置其大小、位置、版式、亮度及对比度。

(3) 根据需要更改各对象的字体或项目符号，也可将其从母版中删除。

(4) 根据需要，插入并设置要显示在每页幻灯片上的文字(如姓名、公司地址、联系电话等)、艺术图片(如公司徽标等)、动作按钮(如第一页、前一页、后一页、最后一页等)。

(5) 根据需要更改各对象占位符的位置、大小和格式。(注：占位符是一种带有虚线或阴影线边缘的框，在框内可以放置标题及正文，或者是图表、表格和图片等对象，双击其边框可切换到"绘图工具"功能选项卡进行设置，如图 7-18 所示)。

图 7-18　编辑演示文稿的母版

(6) 母版编辑完成后，可单击"幻灯片母版"功能选项卡上的"关闭母版视图"按钮返回普通视图。

注：可以像更改任何幻灯片一样更改幻灯片母版，但母版上的文本只用于样式，实际的文本(如标题和列表)应在普通视图的幻灯片上键入，而页眉、页脚应在"页眉和页脚"对话框中键入。

7.4.3　幻灯片的选定

在对幻灯片进行各种操作之前，应当先选定幻灯片。在演示文稿中选定幻灯片有以下两种方法：

(1) 普通视图下，在主编辑区左侧的幻灯片缩略图列表中单击可选定一张幻灯片，单击的同时按下 Shift 键可选择多张连续的幻灯片，按下 Ctrl 键可选择多张不连续的幻灯片，如图 7-19 所示。

图 7-19　在演示文稿中选定幻灯片

(2) 切换到幻灯片浏览视图，同样可以完成以上操作。

7.4.4　插入或删除幻灯片

在默认情况下，新建的空演示文稿只包含一张幻灯片，用户可以根据实际需要在演示文稿中增加若干张新幻灯片或删除不用的幻灯片。

(1) 定位到某一张幻灯片，然后在“开始”功能选项卡的“幻灯片”选项组中单击“新建幻灯片”按钮，或按 Ctrl + M 键都可在该幻灯片后面插入一张幻灯片。

注：新插入的幻灯片将继承已设置的母版属性，并默认为“标题和文本版式”。

(2) 定位到某一张幻灯片，然后在编辑区左侧的“幻灯片”缩略图中右击，从快捷菜单中选择“删除幻灯片”即可删除当前幻灯片。

7.4.5　移动或复制幻灯片

在编辑演示文稿的过程中，用户经常要根据实际情况移动幻灯片(如：更改播放顺序)、或复制幻灯片(如：依据已经编辑好的幻灯片来快速创建新的、仅有细微区别的幻灯片)等。在 PowerPoint 的普通视图中，可以使用以下两种方法来完成幻灯片的移动和复制：

(1) 先在幻灯片缩略图列表中选定要移动或复制的一(多)张幻灯片，然后在选定的对象上右击，从快捷菜单中选择"剪切"或"复制"命令，再在目标位置右击，选择"粘贴"命令。

(2) 先在幻灯片缩略图列表中选定要移动或复制的一(多)张幻灯片，直接拖动到目标位置即可完成移动，如果拖动的同时按下 Ctrl 键，则可完成复制操作。

7.4.6　设置幻灯片版式

版式是指幻灯片中由系统预先定义好的各种对象(如文本、表格、图表、SmartArt 图形、影片、声音、图片及剪贴画等)的大小、位置及层次关系，同时也包含了幻灯片的主题(如字体、效果和背景)等内容，如图 7-20 所示。

图 7-20　幻灯片版式说明

PowerPoint 2010 为用户提供了共 12 种不同形式的版式，如图 7-21 所示。用户可以在创建幻灯片时指定版式，也可在创建幻灯片后更换版式。

图 7-21　PowerPoint 2010 版式列表

(1) 创建幻灯片时指定版式：在"开始"功能选项卡的"幻灯片"选项组中单击"新建幻灯片"的下拉按钮，根据需要从版式列表中选择一种版式，然后根据提示在相应占位符中输入或插入对象即可。

(2) 更换版式：如果用户插入的原始版式不适应新项目的需要，可在幻灯片空白区域或边框上右击，在快捷菜单中选择"版式"命令，再从在打开的"幻灯片版式"列表中选择一种新的版式即可。

注意：如果要同时更换多张幻灯片版式，可先在主编辑区左侧的幻灯片缩略图列表中
选定多张幻灯片，再执行以上操作。

　　(3) 重排版式：对于已应用到幻灯片中的版式，用户也可以根据需要对其进行修改，
例如：调整位置，调整大小，以及使用填充颜色和边框设置格式等。

7.4.7　设置幻灯片主题

　　主题是 PowerPoint 中提供的，包括了预定义背景、配色方案、标题和文本格式等内容
的幻灯片效果组合，主题作为一套独立的方案应用于演示文稿中，可以简化演示文稿的创
建过程，使演示文稿具有统一的风格。

　　(1) 更换演示文稿主题：打开演示文稿后，在"设计"功能选项卡的"主题"选项组
的主题列表中选择一种主题，也可单击主题列表右下角的展开按钮，显示并选择更多的主
题。例如：图 7-22 显示了演示文稿应用了"时装设计"主题后的前、后效果。

图 7-22　演示文稿应用主题的前、后效果

　　提示：将鼠标停放在某个主题图标上，可显示该主题的名字及应用该主题后的效果。

　　(2) 更换幻灯片主题：按照上面方法操作将统一更换演示文稿所有幻灯片的主题，如
只想更换部分幻灯片的主题，可先在左侧幻灯片缩略图列表中选定幻灯片，再在主题列表
中右击，从快捷菜单中选择"应用于选定幻灯片"命令即可，如图 7-23 所示。

图 7-23　更换幻灯片主题

7.4.8 设置背景

背景是演示文稿中非常重要的对象，它直接影响到演示文稿的艺术可观赏性，制作精美、搭配合理的背景能给观众留下深刻的印象。

PowerPoint 2010虽然在系统主题中为用户提供了背景功能，但在特殊情况下，用户更希望设置自己的更有鲜明个性的背景，即利用"设置背景格式"功能将颜色、渐变、纹理、图案，甚至用户图片设置为背景。

(1) 在演示文稿中选择要设置背景的幻灯片，并在"设计"功能选项卡的"背景"选项组中单击"背景样式"按钮，再选择"设置背景格式"命令，打开"设置背景格式"对话框，如图7-24所示。

图7-24 "设置背景格式"对话框

(2) 在对话框的"填充"栏中选择"纯色填充"项，可将某种系统预定义颜色或用户自定义颜色设置为幻灯片背景。

① 在"填充"栏中单击"纯色填充"单选项。

② 单击"填充颜色"组中的"颜色"按钮，打开颜色列表，可以选择一种系统颜色，也可以单击"其他颜色"按钮，打开"颜色"对话框选择更多颜色或使用RGB模式自定义颜色，如图7-25所示。

图7-25 设置演示文稿的背景颜色

③ 如果需要，还可在"透明度"栏中拖动滑块控件或在文本框中输入一个数据来改变颜色的透明度。

④ 设置完成后，在对话框中单击"关闭"按钮可将颜色应用到当前幻灯片，单击"全部应用"可将颜色应用到所有幻灯片。

提示：如果幻灯片中已经应用了系统图形，可在对话框中勾选"隐藏背景图形"项。

(3) 在对话框的"填充"栏中选择"渐变填充"项，可将某种系统预定义渐变效果(即是将两种或两种以上的颜色混合在一起，并以某种特定的方式完成过渡)或用户自定义渐变效果设置为幻灯片背景。

① 在"填充"栏中单击"渐变填充"单选项，并显示渐变工具组。

② 单击"预设颜色"按钮，从列表中选择一种系统预定义的渐变效果设置为幻灯片背景，如图 7-26 所示。

图 7-26　设置演示文稿渐变背景

提示：将光标停放在图标上，可以显示预定义渐变的名称，如"红日西斜"等。

③ 在"渐变光圈"栏中分别单击或拖动"停止点 1"、"停止点 2"按钮，可以设置各停止点的颜色、亮度、透明度和渐变位置，如图 7-27 所示。

图 7-27　设置演示文稿渐变属性

④ 在"类型"、"方向"和"角度"栏中可以分别设置颜色过度的类型、方向和角度。图 7-28 显示了停止点 1、2、3 设置为红、绿、蓝，位置为 30%、60%、80%，亮度全为 20%，透明度全为 0%，渐变类型为线性，方向为线性向上，角度为 30 度的效果。

图 7-28　设置渐变效果后的演示文稿

(4) 在对话框的"填充"栏中选择"图片或纹理填充"项，可将用户保存在磁盘上的图片文件或系统预定义纹理设置为幻灯片背景，这也是在创作演示文稿中设置幻灯片背景最常用的一种方式。

① 在"填充"栏中单击"图片或纹理填充"单选项，显示图片工具组。

② 单击"纹理"按钮，从列表中选择一种系统预定义纹理设置为背景，如图 7-29 所示。

图 7-29　设置纹理背景

提示： 将光标停放在图标上，可以显示预定义纹理的名称，如"鱼类化石"等。

③ 单击"文件"按钮，从打开的"插入图片"对话框中选择将用户图形文件设置为背景，如图 7-30 所示。

图 7-30　设置图片背景

提示：如果图片颜色不适合作为背景，可通过拖动对话框底部的"透明度"滑块来调整。

(5) 在对话框的"填充"栏中选择"图案填充"项，可将系统预定义图案设置为幻灯片背景。

① 在"填充"栏中单击"图案填充"单选项。

② 从列表中选择一种系统预定义图案设置为背景，如果需要，用户可以通过列表下方的"前景色"、"背景色"按钮来设置图案的颜色，如图 7-31 所示。

图 7-31　设置图案背景

7.4.9　输入和编排文字

在 PowerPoint 2010 中，文字对象是不能直接插入到幻灯片中的，要在幻灯片中插入文字，可按以下方法操作：

(1) 在创建幻灯片时如果使用了某种包含文本占位符的版式，可直接在占位符内输入文字，如图 7-32 所示。

图 7-32　利用占位符输入文字

(2) 如果没有文字占位符或要在占位符外输入文字，应先创建一个文本框再输入文字。

① 在"插入"功能选项卡的"文本"选项组中单击"文本框"按钮，然后在幻灯片编辑区拖动创建文本框边框，再输入文字，如图 7-33 所示。

图 7-33　利用文本框输入文字

② 根据需要在"开始"功能选项卡的"字体"、"绘图"选项组，或者在"绘图工具"的"格式"选项组中使用相应按钮对文本框进行美化。

7.4.10　插入和编辑图形、表格和图表

在演示文稿中灵活使用图形、表格和图表，不仅可以将作者准备表达的信息或意图快速传达给读者，而且可以美化文档。

一、插入和编辑图形

和 Word 2010 一样，在演示文稿中可使用的图形包括图片文件、剪贴画、形状、SmartArt图形、文本框、艺术字、图表及屏幕截图等，其插入和编辑方法也与 Word 相同，具体可参考第 5 章中关于图形处理的相关内容，这里仅以插入 SmartArt 图形为例进行讲解。

(1) 切换到需要插入图形的幻灯片。

(2) 在"插入"功能选项卡的"插图"组中单击"SmartArt"按钮。

(3) 根据需要在打开的"选择 SmartArt 图形"列表中选择一种适合幻灯片主题的SmartArt 图形，即可将其插入到当前幻灯片中，如图 7-34 所示。

(4) 在 SmartArt 图形中输入相应内容。

图 7-34　插入 SmartArt 图形到幻灯片

二、插入和编辑表格

在演示文稿中，可以使用多种方法创建表格，例如：可以绘制表格，可以复制 Word 或 Excel 中的表格，甚至还可以使用嵌入的 Excel 表格等。

1. 绘制表格

(1) 切换到需要插入表格的幻灯片。

(2) 在"插入"功能选项卡的"表格"组中单击"表格"按钮。

(3) 在表格模型中拖动，确定表格行数和列数并单击，即可在幻灯片中插入一个默认样式的表格，如图 7-35 所示。

图 7-35　在幻灯片中插入表格

提示：也可在表格模型的下方单击"插入表格"或"绘制表格"命令来创建表格。

(4) 单击表格可激活"表格工具"功能选项卡，根据需要利用相关按钮可以对表格进行进一步编辑和美化。

2. 复制 Word 或 Excel 表格

先在 Word 或 Excel 中选择已编辑好的表格并右击，在快捷菜单中选择"复制"命令，再在幻灯片编辑区右击，从快捷菜单中选择"粘贴"命令，即可将表格复制到幻灯片中，并利用表格工具进一步编辑，如图 7-36 所示。

图 7-36　复制表格到幻灯片中

3. 嵌入 Excel 表格

(1) 切换到需要嵌入 Excel 表格的幻灯片。

(2) 在"插入"功能选项卡的"表格"组中单击"表格"按钮。

(3) 在表格模型下方单击"插入 Excel 电子表格"命令，即可在幻灯片中插入一个空白的 Excel 表格，并在 PowerPoint 中调用 Excel 工具来对表格进行处理，如图 7-37 所示。

图 7-37　嵌入 Excel 表格到幻灯片内

三、插入和编辑图表

在演示文稿中除了可以将 Excel 中已编辑好的图表复制到幻灯片中以外，还可以直接在"插入"功能选项卡的"插图"组中单击"图表"命令来创建图表。另外，创建图表后，还可以选中图表，并在"图表工具"—"设计"功能选项卡的"数据"组中单击"编辑数据"按钮，调用 Excel 程序来对图表进行编辑。

7.4.11　添加声音和视频

为了增加幻灯片的播放效果、烘托幻灯片的场景，可以把声音或视频添加到幻灯片中。在放映幻灯片时，可以将这些声音和视频设置为自动开始播放、单击鼠标时播放或循环播放直至退出放映。

PowerPoint 2010 为用户提供了多种可以插入到幻灯片中的声音和视频文件类型，如剪辑管理器中的声音、文件中的声音(支持扩展名为 .wav、.wma、.mp3 和.mid 的文件)、录制的声音文件、剪辑管理器中的影片、文件中的影片(支持扩展名为 .avi、.mov、.qt、.mpg、.mpeg 和 .gif 的文件)以及来自网站上的视频。

一、插入剪辑管理器中的视频或声音

(1) 切换到需要插入视频或声音的幻灯片。

(2) 在"插入"功能选项卡的"媒体"组中单击"视频"或"音频"按钮，再选择"剪贴画视频"或"剪贴画音频"命令，打开"剪贴画"任务窗格，如图 7-38 所示。

图 7-38　搜索媒体库中的音频和视频

(3) 在剪贴画列表中双击图标，即可将视频或音频插入到幻灯片中，如图 7-39 所示。

图 7-39　在幻灯片中插入音频和视频

二、插入文件中的视频或声音

(1) 切换到需要插入视频或声音的幻灯片。

(2) 在"插入"功能选项卡的"媒体"组中单击"视频"或"音频"按钮,再选择"文件中的视频"或"文件中的音频"命令,打开"插入视频文件"或"插入音频文件"对话框,再在该对话框中定位并选择一个视频文件或音频文件即可,如图 7-40 所示。

图 7-40　插入文件中的音频和视频

三、录制声音

在演示文稿中除了可以插入已有的声音外,还可以根据需要录制来自计算机声卡或来自话筒的声音(前提是已安装好相应设备并在 Windows 设置好相关属性,具体可参考第 3

章的相关内容)。

(1) 切换到需要插入录音的幻灯片。

(2) 在"插入"功能选项卡的"媒体"组中单击"音频"按钮，再选择"录制音频"命令，打开"录音"对话框，单击红色录音按钮即可，如图 7-41 所示。

图 7-41　在演示文稿中录制音频

四、视频或声音的剪辑与播放控制

默认情况下，对插入到演示文稿中的视频或声音在幻灯片进入播放状态后需要手工单击"播放"按钮来播放，也可根据需要设置其他播放方式或对其剪辑。

(1) 在幻灯片中单击视频或声音图标，PowerPoint 2010 会自动在窗口中显示"视频工具"或"音频工具"功能选项卡。

(2) 在"播放"功能选项卡上单击各按钮，即可对视频或声音的播放属性进行设置，或对其进行剪辑、淡化等操作，如图 7-42 所示。

图 7-42　设置音频和视频的播放属性

7.4.12　插入动作按钮

在 PowerPoint 2010 中，演示文稿的放映总是按幻灯片先后顺序播放的，有时用户会根据需要来改变这个顺序，使用动作按钮和下面将要介绍的超链接即可实现这种功能。用户可以在幻灯片中加入一些特殊按钮，或将幻灯片中的某些对象(如文字、图形等)设置成按钮，在幻灯片播放过程中可通过这些按钮跳转到演示文稿的其他幻灯片上，也可播放演示文稿之外的视频、音频等，还可以用它启动其他应用程序、链接到其他文档或 Internet 上。

一、插入动作按钮

(1) 定位到要插入动作按钮的某张幻灯。

(2) 在"插入"功能选项卡的"插图"组中单击"形状"按钮，在形状列表底部的"动作按钮"组中根据需要单击相应图标(例如："第一张"、"后退或前一项"、"前进或下一项"、"开始"、"结束"等)。

(3) 在幻灯片上拖动，松开鼠标键后将自动打开"动作设置"对话框，如图 7-43 所示，设置动作方式后，单击"确定"按钮即可在幻灯片中插入一个动作按钮。

图 7-43　在幻灯片中插入动作按钮

二、将对象设置成动作按钮

在幻灯片中除了可以插入系统定义的动作按钮外，还可将文字、图形等对象设置成动作按钮。先选定要设置为动作按钮的对象，在"插入"功能选项卡的"链接"组中单击"动作"按钮，并在打开的"动作设置"对话框中进行相应设置，单击"确定"按钮即可将该对象设置成一个动作按钮。

注：

(1) 可以在母版上插入动作按钮，该按钮在整个演示文稿中可用。

(2) 动作按钮只能在幻灯片放映时查看到使用效果。

(3) 如果将文字设置为动作按钮，系统会自动根据配色方案更改其颜色，并显示下划线。

(4) 在放映视图中，当将鼠标指向动作按钮时，光标将变成"手"形，单击可激活动作。

7.4.13　插入超链接

在 PowerPoint 2010 中，可以为文本或其他对象(例如图片、图形、形状或艺术字等)设置超链接，来控制演示文稿在放映时从一张幻灯片跳转到另一张幻灯片、打开网页或文件。

(1) 在幻灯片选定要设置为超链接的对象。

(2) 在"插入"功能选项卡的"链接"组中单击"超链接"按钮，打开"插入超链接"对话框，如图 7-44 所示。

(3) 根据需要在对话框的"链接到"栏中选择一种链接方式。

(4) 根据需要单击"屏幕提示"按钮并在文本框中输入当鼠标指针停放在超链接上时显示的提示信息。

图 7-44　在幻灯片中插入超链接

注：

(1) 动作只能在幻灯片放映时查看到使用效果。

(2) 如果将文字设置为超链接，系统会自动根据配色方案更改其颜色，并显示下划线。

(3) 在进入到幻灯片放映视图后，将鼠标指向超链接时，光标将变成"手"形，单击可激活指定的链接对象。

7.4.14　设置幻灯片切换

幻灯片切换是指演示文稿在播放过程中从前一张幻灯片更换到后一张幻灯片的方式和效果。在 PowerPoint 2010 中，默认是静态(即前一张直接消失，后一张直接出现)手工切换(即在演示文稿放映的过程中，通过单击鼠标左键或使用键盘上空格键、回车键来切换)，用户可以根据需要设置动态切换、自动切换和排练计时等功能。

一、设置动态切换效果

(1) 定位到要设置切换效果的幻灯片，在"切换"功能选项卡的"切换到此幻灯片"组中选择一种切换效果，如图 7-45 所示。

图 7-45　设置幻灯片切换效果

(2) 单击效果列表右侧的"效果选项"，可对选中的效果进行其他设置。

(3) 在"计时"选项组根据需要对切换速度、换片声音、换片方式及自动换片时间等项目进行设置。

(4) 单击选项卡左侧的"预览"按钮即时观察设置的效果

(5) 若要将此切换效果应用于全部幻灯片，则应单击"全部应用"按钮。

二、定时切换幻灯片

在"计时"选项组的"设置自动换片时间"栏中输入或设置一个数据，演示文稿在放映时就会按设定的时间间隔来自动切换到下一张幻灯片。

三、排练计时切换幻灯片

虽然 PowerPoint 2010 "切换"功能选项卡中提供了定时换片功能，但如果要对所有的幻灯片都设置定时切换，则显得繁琐、粗糙。因此 PowerPoint 2010 还提供了另一种更为科学的换片方式——排练计时，就是在幻灯片正式放映前，先由演讲者用试讲的方式来设置每一页幻灯片的播放时间，系统会自动将每一页所需的时间记录在演示文稿中，当下一次播放时，会自动按预先设置的时间间隔来自动切换幻灯片。

(1) 在"幻灯片放映"功能选项卡的"设置"组中单击"排练计时"按钮，PowerPoint 2010 会从第一张幻灯片起自动放映，并在屏幕上显示如图 7-46 所示的"预演"对话框。

图 7-46　设置排练计时

(2) 从第一张幻灯片放映开始，试讲人就可以根据内容进行试讲。随着试讲进行，对话框左边的计时框中显示本张幻灯片所用的时间，其右边显示排练总计时。当讲完一张后，可单击"下一步"按钮，对下一张幻灯片进行试讲、计时。单击"重复"按钮可以重新计时。如此反复，就可以对所有幻灯片设定时间。

(3) 当最后一张幻灯片播放完成后，退出排练计时，并切换到"幻灯片"浏览视图，显示每一张幻灯片切换的时间间隔，如图 7-47 所示。

图 7-47　设置排练计时后的演示文稿

7.4.15　设置动画

上节学习的幻灯片切换虽然可以为演示文稿设置一定的动态效果，但这种效果是对整张幻灯片有效的，如果要单独为幻灯片内部的各种对象分别设置动画效果和播放顺序，则需要用到 PowerPoint 2010 自定义动画功能。

通过 PowerPoint 的动画设置，用户可以设定幻灯片中的文本、图片、形状、表格、SmartArt 图形和其他对象的出现顺序、消失顺序，并给这些对象添加特殊的视觉或声音效果，例如，可以使文本项目符号点逐字从左侧飞入，或在显示图片时播放掌声，并赋予它们进入、退出、大小或颜色变化甚至移动等视觉效果。

提示：虽然在演示文稿中设置动画可以增加演示的趣味性、生动性和感染力，但同时也应当注意，过多的动画会分散观众的注意力，不利于信息的传达，设置动画应遵从适当、简化和创新的原则。

一、为对象添加动画

在没有给对象设置动画前，所有对象是随着幻灯片切换而整体出现和消失的。用户可以给对象设置动画，让这些对象在幻灯片切换后，按指定的顺序和方式出现、变化和消失。

(1) 先在幻灯片中选定要设置动画的对象，再在"动画"选项卡的"动画"组中单击一种预设动画方案，也可单击动画列表右侧的展开按钮或在"高级动画"组中单击"添加动画"按钮，打开如图 7-48 所示的动画分组列表来选择更多的动画效果。

图 7-48　PowerPoint 2010 的动画列表

在 PowerPoint 2010 中，系统共为用户提供了四种预设的动画类型，可以为某个对象单独添加一种动画，也可以将多种效果组合使用。例如，可以对一行文本添加"飞入"进入效果及"放大/缩小"强调效果，使它在从左侧飞入的同时逐渐放大。

■　进入：设置对象在播放时从外部进入或出现的方式，如飞入、淡入、出现及旋转等。

    ■　强调：设置在播放过程中需要突出显示的对象，如加深、变淡、加粗闪烁等。

    ■　退出：设置对象离开时的方式，如飞出、消失、淡出等。

    ■　动作路径：设置播放时对象的移动路径，如弧形、直线、循环甚至自定义路径等。

    (2) 如果在预设的列表中没有满意的动画设置，还可在列表下面分别单击"更多进入效果"、"更多强调效果"、"更多退出效果"、"其他动作路径"命令，打开相应对话框进行选择，如图 7-49 所示，然后单击"确定"按钮。

图 7-49　其他动画设置列表

二、设置动画效果

    为对象添加动画后，还可以进一步为动画设置更多的效果，如设置动画开始播放的方式、调整动画播放速度、添加动画配音等。

    (1) 在幻灯片中选定已设置动画效果的对象，再在"动画"功能选项卡的"动画"组中单击"效果选项"按钮，然后从下拉列表中选择一种效果设置。

    注意：效果选项列表中的内容会随着动画类型和动画对象的不同而不同。

    (2) 在"计时"选项组的"开始"下拉列表框中设置对象动画出现的方式，默认为当用户单击鼠标左键或按下键盘上的回车键时开始此动画。

    (3) 在"持续时间"文本框中输入或设置动画播放的持续时间，数值越大，放映速度越慢。

三、使用动画窗格

    当在幻灯片中给多个对象设置动画后，在播放时默认是按照对象设置动画效果的先后顺序来播放的，用户也可以根据需要打开"动画窗格"调整此顺序，还可以对对象的增强动画效果进行设置。

    (1) 在"高级动画"选项组中单击"动画窗格"按钮，打开"动画窗格"栏，如图 7-50 所示。

图 7-50　利用动画窗格设置对象的动画属性

(2) 在"动画窗格"栏中，按先后顺序显示当前幻灯片中已设置的动画效果的全部对象的名称及动画类型简图(单击或指向简图可显示详细信息)，可在对象名称上单击选定此动画，然后通过窗格下方的"重新排序"按钮来调整动画的播放顺序，也可右击对象或单击其右端的下拉按钮来打开如图 7-51 所示的对象动画快捷菜单，完成删除动画或其他高级选项的设置。

图 7-51　利用动画窗格设置对象的动画效果选项

四、使用动画刷

PowerPoint 中提供的动画刷和 Word 的格式刷非常相似，可以完成动画格式的复制。如果预先对某对象设置了一系列的动画效果，而演示文稿中还有其他对象也需要相同的设置，则可使用动画刷来快速完成。

(1) 先在幻灯片中选定一个已经设置好动画的对象。

(2) 在"动画"功能选项卡的"高级动画"选项组中单击"动画刷"按钮，此时鼠标光标变成带有刷子的形状。

(3) 在幻灯片中单击需要设置相同动画的对象，即可快速为此对象复制已设置的动画效果。如果是双击"动画刷"按钮，可为多个对象复制动画效果，直到再次单击"动画刷"按钮。

7.4.16　录制幻灯片演示

演示文稿编辑完成后，如果用户希望让演示文稿在放映时自动切换并播放讲解声音，可先对幻灯片的播放过程进行录制(录制幻灯片兼备排练计时的功能)，操作步骤如下：

(1) 打开要录制演示的演示文稿，在"幻灯片放映"功能选项卡的"设置"选项组中单击"录制幻灯片演示"按钮，并选择"从头开始录制"命令，打开如图 7-52 所示的对话框。

图 7-52　"录制幻灯片演示"对话框

(2) 根据需要在"录制幻灯片演示"对话框中进行相应设置并单击"开始录制"按钮，则演示文稿自动进入放映状态并在屏幕中显示"录制"控制条。

(3) 根据内容逐一对每一张幻灯片进行讲解，必要时可设置荧光笔对屏幕进行圈注，录制完一张幻灯片后，单击鼠标左键，接着录制下一张，在录制过程中，可在"录制"控制条上单击"暂停"按钮。全部播放完成后按任意键退出放映并返回到幻灯片浏览视图。

7.4.17　自定义幻灯片放映

在默认情况下，演示文稿会播放其中的所有幻灯片，如果用户希望同一演示文稿在不同的场合播放不同的内容，则可以使用"自定义幻灯片放映"功能将一个演示文稿中的幻灯片分成若干个组，放映时根据观众的不同放映演示文稿中的特定部分。例如，某演示文稿包含幻灯片 1~5。可以为第一组创建一个名为"员工"的自定义放映，该组只包含幻灯片 1、3、5，为第二组创建一个名为"经理"的自定义放映，该组包含幻灯片 1、2、4、5。

(1) 打开需设置自定义幻灯片放映的演示文稿。

(2) 在"幻灯片放映"功能选项卡的"开始放映幻灯片"组中单击"自定义幻灯片放映"命令，打开"自定义放映"对话框，如图 7-53 所示。

图 7-53　"自定义放映"对话框

(3) 在对话框中单击"新建"按钮，打开"定义自定义放映"对话框，如图 7-54 所示。

图 7-54　"定义自定义放映"对话框

(4) 在"定义自定义放映"对话框中的"幻灯片放映名称"文本框中输入名称，在"在演示文稿中的幻灯片"列表框中选择幻灯片，单击"添加"按钮，被选中的幻灯片自动添加到右侧列表框中，单击"删除"按钮，还可以对右侧列表框中的幻灯片撤销选取。

(5) 单击"确定"按钮，返回"自定义放映"对话框，如果需要，还可再单击"新建"按钮，建立其他的分组和内容。在"自定义放映"列表框中，可以选中某个分组名称，单击"放映"按钮来查看设置，也可单击"关闭"按钮退出自定义放映设置。

(6) 在下次放映时，先单击"自定义幻灯片放映"按钮，再在下方的列表中选择一个分组就能够放映自己定义的演示文稿。

7.5　在浏览视图下编辑演示文稿

幻灯片浏览视图是 PowerPoint 中的辅助编辑视图，虽然不能对幻灯片的详细内容进行编辑修改，但可以从全局上来调整幻灯片的取舍和顺序，还可实现在不同的演示文稿间复制、移动幻灯片(注意：另一幻灯片也必需打开并切换到幻灯片浏览视图状态)。当切换到幻灯片浏览视图后，在主编辑区按序号顺序显示演示文稿中全部幻灯片的缩略图，在每张缩略图的下方显示该幻灯片的放映设置信息(如切换、动画、定时等)。

一、选定幻灯片

(1) 选定一张幻灯片：单击幻灯片，选定后其就被蓝色粗线框包围。

(2) 选定连续多张幻灯片：先选定第一张幻灯片，按住 Shift 键，再单击最后一张幻灯片。

(3) 选定不连续多张幻灯片：按住 Ctrl 键，再单击欲选定的每一张幻灯片。

(4) 全选：在"开始"功能选项卡的"编辑"组中单击"选择"下的"全选"命令，或按组合键 Ctrl + A 可选定全部幻灯片。

二、复制、移动幻灯片

(1) 在同一演示文稿内：先选定要复制或移动的幻灯片，按下组合键 Ctrl + C 或 Ctrl + X，将插入点放置到要粘贴的位置,按组合键 Ctrl + V,或者先选定要复制或移动的幻灯片,直接用鼠标拖动即可将其移动到新位置,如果在拖动时按住 Ctrl 键可完成复制。

(2) 在不同演示文稿间:先选定要复制或移动的幻灯片,按下组合键 Ctrl + C 或 Ctrl + X,将插入点放置到另一演示文稿(也需要切换到浏览视图)要粘贴的位置,再按组合键 Ctrl + V。

三、删除幻灯片

先选定要删除的幻灯片,按 Del 键

7.6　播放演示文稿

在演示文稿编辑的过程中,为了即时观看某页幻灯片的动态实际效果,可以单击窗口右下角视图切换按钮组中的"幻灯片放映" 按钮或按下 Shift + F5 键,即可从当前幻灯片开始播放。当全部幻灯片创建完成后,可以在"幻灯片放映"功能选项卡的"开始放映幻灯片"组中单击"从头开始"按钮,或者按 F5 键,从第一张幻灯片开始放映(如果在演示文稿中设置了"排练计时"或"录制幻灯片演示",则按相应规则自动放映);如果设置的是手动切换,则每单击一次鼠标左键或按回车键更换到下一张幻灯片,直到结束;如果中途要退出放映,可右击幻灯片,在放映控制快捷菜单中单击"结束放映"命令,或按 Esc 键。

另外,在幻灯片放映过程中,用鼠标右键单击可打开幻灯片放映控制菜单,使用"上一张"、"下一张"或"定位"命令可以跳转到演示文稿内的上一张幻灯片、下一张幻灯片或任意一张幻灯片;用"屏幕"命令可以切换到黑屏或白屏模式或建立放映备注;用"指针选项"命令可以将鼠标指针变成各种颜色的"绘图笔",在所放映的幻灯片上即时书写,写完后,可以用"橡皮擦"命令擦除所写内容等。

7.7　打印演示文稿

虽然演示文稿主要用于屏幕展示,但 PowerPoint 仍然提供了打印的功能,帮助观众在进行演示时参考相应的内容,或者留作以后参考。

一、设置幻灯片大小、页面方向和起始幻灯片编号

(1) 在"设计"选项卡的"页面设置"组中,单击"页面设置"。

(2) 在"幻灯片大小"列表中,单击要打印的纸张的大小。

(3) 要为幻灯片设置页面方向,请在"方向"下的"幻灯片"中,单击"横向"或"纵向"。

(4) 在"幻灯片编号起始值"框中,输入要在第一张幻灯片或讲义上打印的编号,随后的幻灯片编号会在此编号上递增。

注意: 仅在要添加内容之前按照以上步骤操作,如果在添加内容之后更改幻灯片的大小或方向,则可能会重新缩放内容。

二、设置打印选项，然后打印幻灯片或讲义

若要设置打印选项(包括副本数、打印机、要打印的幻灯片、每页幻灯片数、颜色选项等)，然后打印幻灯片，请执行以下操作：

(1) 单击"文件"选项卡。

(2) 单击"打印"，然后在"打印设置"下的"副本"框中，输入要打印的副本数。

(3) 在"打印机"下，选择要使用的打印机。

(4) 在"设置"下，执行以下操作之一：

■　若要打印所有幻灯片，单击"打印全部幻灯片"。

■　若要打印所选的一张或多张幻灯片，单击"打印所选幻灯片"。

■　若要仅打印当前显示的幻灯片，单击"当前幻灯片"。

■　若要按编号打印特定幻灯片，单击"幻灯片的自定义范围"，然后输入各幻灯片的列表和(或)范围。请使用无空格的逗号将各个编号隔开，例如 1,3,5-12。

(5) 在"其他设置"下，执行下列操作：

① 单击"单面打印"列表，然后选择在纸张的单面还是双面打印。

② 单击"逐份打印"列表，然后选择是否逐份打印幻灯片。

③ 单击"整页幻灯片"列表，然后执行下列操作：

■　若要在一整页上打印一张幻灯片，请在"打印版式"下单击"整页幻灯片"。

■　若要以讲义格式在一页上打印一张或多张幻灯片，请在"讲义"下单击每页所需的幻灯片数，以及希望按垂直还是水平顺序显示这些幻灯片。

■　若要在幻灯片周围打印一个细边框，请选择"幻灯片加框"。

■　若要在为打印机选择的纸张上打印幻灯片，请单击"根据纸张调整大小"。

■　若要增大分辨率、混合透明图形以及打印柔和阴影，请单击"高质量"。

④ 单击"颜色"列表，然后单击下列颜色之一：

■　颜色：使用此选项在彩色打印机上以彩色打印。

■　灰度：此选项打印的图像包含介于黑色和白色之间的各种灰色色调，背景填充的打印颜色为白色，从而使文本更加清晰。

■　黑白：此选项打印不带灰填充色的讲义。

⑤ 若要包括或更改页眉和页脚，单击"编辑页眉和页脚"链接，然后在显示的"页眉和页脚"对话框中进行选择。

⑥ 单击"打印"按钮。

三、保存打印设置

如果要重置打印选项并将其作为默认设置保留，可执行下列操作：

(1) 单击"文件"选项卡。

(2) 在"帮助"下，单击"选项"，然后单击"高级"。

(3) 在"打印此文档时"下单击"使用最近使用过的打印设置"，然后单击"确定"按钮。

7.8　打包演示文稿

在 PowerPoint 2010 中，还提供了将演示文稿打包成 CD 的功能，以便将演示文稿和其包含的所有链接文件(如链接的声音、电影及文稿中使用的特殊字体等)甚至 PowerPoint 播放器捆绑在一起，使演示文稿能够在其他没有安装 PowerPoint 2010 软件的计算机上也能进行播放演示文稿的全部内容。

一、打包演示文稿

(1) 打开要打包的演示文稿，在"文件"选项卡的"保存并发送"命令组中双击"将演示文稿打包成 CD"图标，打开"打包成 CD"对话框，如图 7-55 所示。

图 7-55　"打包成 CD"对话框

(2) 在对话框中显示了当前要打包的演示文稿，若希望将其他演示文稿也一起打包，则单击"添加"按钮，出现"添加文件"对话框，从中选择要打包的文件。

(3) 在默认情况下，打包功能包含了与演示文稿相关的"链接文件"和"嵌入的 TrueType 字体"，若想改变这些设置，单击"选项"按钮，在如图 7-56 所示的"选项"对话框中进行设置，单击"确定"按钮返回到"打包成 CD"对话框。

图 7-56　"选项"对话框

(4) 若在"打包成 CD"对话框中选择"复制到文件夹"，则打开如图 7-57 所示的"复制到文件夹"对话框，用户指定一个文件夹名称和路径位置，并单击"确定"按钮，则系统开始打包并存放到设定的文件夹中。

图 7-57 "复制到文件夹"对话框

(5) 若已经安装光盘刻录设备,在"打包成 CD"对话框中选择"复制 CD"命令也可以将演示文稿打包到 CD,此时要求在光驱中放入空白光盘,出现"正在将文件复制到 CD"对话框,提示复制的进度,完成后续操作,打包完成。

二、运行打包的演示文稿

演示文稿打包后,就可以在没有安装 PowerPoint 程序的环境下放映。打开包含打包文件的文件夹,在联网情况下,双击该文件夹的网页文件,在打开的网页上单击"DownloadViewer"按钮,下载并安装播放器 PowerPointViewer.exe;启动 PowerPointViewer 播放器,出现"MicrosoftPowerPointViewer"对话框,定位到打包文件夹,选择某个演示文稿文件,并单击"打开",即可放映该演示文稿。

三、将演示文稿转换为自放映格式

打开演示文稿,在"文件"选项卡的"保存并发送"—"更改文件类型"列表中单击"PowerPoint 放映(*.ppsx)"命令,再在"另存为"对话框中设置自放映格式文件保存的名称和位置,如图 7-58 所示,这样演示文稿也能在没有安装 PowerPoint 的计算机上正常播放,但该类型的文件不能编辑。

图 7-58 将演示文稿转换为自放映格式

附　　录

附录1　全国计算机等级考试简介

一、项目介绍

全国计算机等级考试(National Computer Rank Examination，简称 NCRE)，是经原国家教育委员会(现教育部)批准，由教育部考试中心主办，面向社会，用于考查应试人员计算机应用知识与技能的全国性计算机水平考试体系。

二、举办 NCRE 的目的

计算机技术的应用在我国各个领域发展迅速，为了适应知识经济和信息社会发展的需要，操作和应用计算机已成为人们必须掌握的一种基本技能。许多单位、部门已把掌握一定的计算机知识和应用技能作为人员聘用、职务晋升、职称评定、上岗资格的重要依据之一。鉴于社会的客观需求，经原国家教委批准，原国家教委考试中心于 1994 年面向社会推出了 NCRE，其目的在于以考促学，向社会推广和普及计算机知识，也为用人部门录用和考核工作人员时提供一个统一、客观、公正的标准。

三、NCRE 由什么机构组织实施

教育部考试中心负责实施考试，制定有关规章制度，编写考试大纲及相应的辅导材料，命制试卷、答案及评分参考，进行成绩认定，颁发合格证书，研制考试必须的计算机软件，开展考试研究和宣传、评价等。

教育部考试中心在各省(自治区、直辖市)设立省级承办机构，由省级承办机构负责本省(自治区、直辖市)考试的宣传、推广和实施等。

省级承办机构根据教育部考试中心有关规定在所属地区符合条件的单位设立考点，由考点负责考生的考试、转发合格证书等工作。

教育部考试中心聘请全国著名计算机专家组成"全国计算机等级考试委员会"，负责设计考试方案、审定考试大纲、制定命题原则、指导和监督考试的实施。

四、NCRE 等级和科目如何构成

NCRE 目前共设置了四个级别，证书体系附表 1、考核课程代码对应大纲名称详见附表 2。

附表1　全国计算机等级考试证书体系(2013版)

级别	科目名称		科目代码	考试时间	考核课程代码	获证条件
一级	计算机基础及 WPS Office 应用		14	90 分钟	114	科目 14 考试合格
	计算机基础及 MS Office 应用		15	90 分钟	115	科目 15 考试合格
	计算机基础及 Photoshop 应用		16	90 分钟	116	科目 16 考试合格
二级	语言程序设计类	C 语言程序设计	24	120 分钟	201、224	科目 24 考试合格
		VB 语言程序设计	26	120 分钟	201、226	科目 26 考试合格
		Java 语言程序设计	28	120 分钟	201、228	科目 28 考试合格
		C++语言程序设计	61	120 分钟	201、261	科目 61 考试合格
		Web 程序设计	64	120 分钟	201、264	科目 64 考试合格
	数据库程序设计类	VFP 数据库程序设计	27	120 分钟	201、227	科目 27 考试合格
		Access 数据库程序设计	29	120 分钟	201、229	科目 29 考试合格
		MySQL 数据程序设计	63	120 分钟	201、263	科目 63 考试合格
	办公软件	MS Office 高级应用	65	120 分钟	201、265	科目 65 考试合格
三级	网络技术		35	120 分钟	335	获得二级语言程序设计类证书，三级科目 35 考试合格
	数据库技术		36	120 分钟	336	获得二级数据库程序设计类证书，三级科目 36 考试合格
	软件测试技术		37	120 分钟	337	获得二级语言程序设计类证书，三级科目 37 考试合格
	信息安全技术		38	120 分钟	338	获得二级语言程序设计类证书，三级科目 38 考试合格
	嵌入式系统开发技术		39	120 分钟	339	获得二级语言程序设计类证书，三级科目 39 考试合格
四级	网络工程师		41	90 分钟	401、403	获得三级科目 35 证书，四级科目 41 考试合格
	数据库工程师		42	90 分钟	404、405	获得三级科目 36 证书，四级科目 42 考试合格
	软件测试工程师		43	90 分钟	401、405	获得三级科目 37 证书，四级科目 43 考试合格
	信息安全工程师		44	90 分钟	401、403	获得三级科目 38 证书，四级科目 44 考试合格
	嵌入式系统开发工程师		45	90 分钟	401、402	获得三级科目 39 证书，四级科目 45 考试合格

附表 2　考核课程代码对应的大纲名称

考核课程代码	大 纲 名 称
114	一级计算机基础及 WPS Office 应用考试大纲(2013 年版)
115	一级计算机基础及 MS Office 应用考试大纲(2013 年版)
116	一级计算机基础及 Photoshop 应用考试大纲(2013 年版)
201	二级公共基础知识考试大纲(2013 年版)
224	二级 C 语言程序设计考试大纲(2013 年版)
226	二级 VB 语言程序设计考试大纲(2013 年版)
227	二级 VFP 数据库程序设计考试大纲(2013 年版)
228	二级 Java 语言程序设计考试大纲(2013 年版)
229	二级 Access 数据库程序设计考试大纲(2013 年版)
261	二级 C++语言程序设计考试大纲(2013 年版)
263	二级 MySQL 数据库程序设计考试大纲(2013 年版)
264	二级 Web 程序设计考试大纲(2013 年版)
265	二级 MS Office 高级应用考试大纲(2013 年版)
335	三级网络技术考试大纲(2013 年版)
336	三级数据库技术考试大纲(2013 年版)
337	三级软件测试技术考试大纲(2013 年版)
338	三级信息安全技术考试大纲(2013 年版)
339	三级嵌入式系统开发技术考试大纲(2013 年版)
401	四级操作系统原理考试大纲(2013 年版)
402	四级计算机组成与接口考试大纲(2013 年版)
403	四级计算机网络考试大纲(2013 年版)
404	四级数据库原理考试大纲(2013 年版)
405	四级软件工程考试大纲(2013 年版)

五、NCRE 采取的考试形式

NCRE 考试采用全国统一命题，统一考试时间的形式，所有级别/科目全部实行上机考试。

考试时间：一级、四级为 90 分钟；二级、三级为 120 分钟。

六、NCRE 报名和考试时间

NCRE 所有科目每年开考两次。一般为每年 3 月倒数第一个周六和 9 月倒数第二个周六，考试持续 1～4 天。考生具体考试时间由考点根据考生数量和设备情况安排。

报名时间一般在每年的 6 月和 12 月，具体报名时间可登录北京教育考试院网站 (http://www.bjeea.cn)或北京市全国计算机等级考试网上报名网站(http://ncre.bjeea.cn)查询。报名采取个人网上报名、集体报名两种方式。个人网上报名的考生，可登录北京市全国计算机等级考试网上报名网站自行报名、缴费、打印准考证。开通集体报名的考点，考生可委托考点代为报名、缴费。

七、报名考试资格

考生不受年龄、职业、学历等背景的限制，任何人均可根据自己的学习情况和实际能力选考相应的考试级别和科目。

八、考生一次可以报考的科目数量

2013 版考试体系下，考生可以根据自己的实际情况选择一个考点，参加一个或几个级别/科目的考试，但不能重复报考某个科目。各考点会根据设备情况设定本考点的考试科目及限报科次(即在本考点每位考生最多可以报考的科目数)，考生在报名前需要查询考点相关信息，根据本人情况选择考点报考。

九、缴纳报名考务费的方式

根据教育部考试中心及北京市教育委员会、北京市物价局、北京市财政局有关文件规定，考生在报名时应缴纳报名考务费。报名考务费收费标准为每生每科目 75 元。个人网上报名的考生须通过网上支付缴纳报名考务费，委托考点集体报名的考生由考点统一进行网上支付。

十、获得 NCRE 各级别/科目证书的条件

一级和二级获证条件：只要科目成绩达到合格线，即可获得相应证书。

三级获证条件：三级科目成绩达到合格线，并已经(或同时)获得相关二级科目证书。三级数据库技术证书要求已经(或同时)获得二级数据库程序设计类证书；网络技术、软件测试技术、信息安全技术、嵌入式系统开发技术四个证书要求已经(或同时)获得二级语言程序设计类证书。

四级获证条件：成绩达到合格，并已经(或同时)获得相关三级科目证书。

NCRE 所有级别证书均无时效限制。三、四级两个级别的成绩，自考试结束之日起可保留半年(按月计算)。例如：考生同时报考了二级 C、三级网络技术、四级网络工程师三个科目，结果通过了三级网络技术、四级网络工程师考试，但没有通过二级 C 考试，将不会颁发任何证书，三级网络技术、四级网络工程师两个科目成绩保留半年。半年内参加考试，考生报考二级 C 并通过，将一次性获得三个级别的证书；若没有通过二级 C，将不能获得任何证书。超过时限，三级网络技术、四级网络工程师两个科目成绩自动失效。

考生 2013 年 3 月及以前获得的二级各科目证书，不区分语言程序设计和数据库程序设计类，可以作为三级任一科目的获证条件；2013 年 3 月及以前获得的三级各科目证书，不区分科目，可以作为四级任一科目的获证条件。

十一、计算成绩的方法

NCRE 考试实行百分制计分，但以等第分数通知考生。等第分数分为"不及格""及格""优秀"三等。100～90 分为"优秀"，89～60 分为"及格"，59～0 分为"不及格"。四级科目，只有所含两门课程分别达到 30 分，该科才算合格。

成绩在"及格"以上者，由教育部考试中心颁发合格证书。成绩"优秀"的，合格证书上会注明"优秀"字样。

十二、成绩与证书的下发

考生可在北京市全国计算机等级考试网上报名网站(http://ncre.bjeea.cn)进行成绩预查询，最终成绩以教育部考试中心综合查询网(http://chaxun.neea.edu.cn)公布的成绩为准。

合格证书将由考生参加考试的考点转发给考生。

十三、证书丢失了怎么办

考生证书丢失，可登录教育部考试中心综合查询网(http://chaxun.neea.edu.cn)补办合格证明书。

十四、证书获得者具备什么样的能力，可以胜任什么工作

NCRE 合格证书式样按照国际通行证书样式设计，用中、英两种文字书写，证书编号全国统一，证书上印有持有人身份证号码。该证书全国通用，是持有人计算机应用水平的证明，也可供用人部门录用和考核工作人员时参考。

一级为操作技能级。一级证书表明持有人具有计算机的基础知识和初步应用能力，掌握 Office 办公自动化软件的使用及因特网(Internet)应用，或掌握基本图形图像工具软件(Photoshop)的基本技能，可以从事机关、企事业单位文秘和办公信息计算机化工作。

二级为程序设计/办公软件高级应用级。二级证书表明持有人具有计算机基础知识和基本应用能力，能够使用计算机高级语言编写程序，可以从事计算机程序的编制工作、初级计算机教学培训工作以及企业与信息化有关的业务和营销服务工作。

三级为工程师预备级。三级证书表明持有人初步掌握与信息技术有关岗位的基本技能，能够参与软硬件系统的开发、运维、管理和服务工作。

四级为工程师级。证书表明持有人掌握从事信息技术工作的专业技能，并有系统的计算机理论知识和综合应用。

十五、考试大纲和辅导教材

教育部考试中心对所有开考科目制订了统一的考试大纲，具体规定了各等级的考试要求和内容范围，是命题的依据。同时，为了帮助考生学习和应考，教育部考试中心还组织专家编写了全国计算机等级考试系列教程(含考试大纲)，由高等教育出版社独家出版。考生可到各地新华书店购买。

十六、其他

关于 NCRE 的大纲教材、成绩发放、证书获取等最新动态，请咨询考点或浏览教育部考试中心网站(http://www.neea.edu.cn)全国计算机等级考试栏目。

附录2　全国计算机等级考试二级——公共基础知识考试大纲

(2013年版)

基 本 要 求

1. 掌握算法的基本概念。
2. 掌握基本数据结构及其操作。
3. 掌握基本排序和查找算法。
4. 掌握逐步求精的结构化程序设计方法。
5. 掌握软件工程的基本方法，具有初步应用相关技术进行软件开发的能力。
6. 掌握数据库的基本知识，了解关系数据库的设计。

考 试 内 容

一、基本数据结构与算法

1. 算法的基本概念；算法复杂度的概念和意义(时间复杂度与空间复杂度)。
2. 数据结构的定义；数据的逻辑结构与存储结构；数据结构的图形表示；线性结构与非线性结构的概念。
3. 线性表的定义；线性表的顺序存储结构及其插入与删除运算。
4. 栈和队列的定义；栈和队列的顺序存储结构及其基本运算。
5. 线性单链表、双向链表与循环链表的结构及其基本运算。
6. 树的基本概念；二叉树的定义及其存储结构；二叉树的前序、中序和后序遍历。
7. 顺序查找与二分法查找算法；基本排序算法(交换类排序、选择类排序、插入类排序)。

二、程序设计基础

1. 程序设计方法与风格。
2. 结构化程序设计。
3. 面向对象的程序设计方法，对象、方法、属性及继承与多态性。

三、软件工程基础

1. 软件工程的基本概念、软件生命周期的概念、软件工具与软件开发环境。
2. 结构化分析方法，数据流图，数据字典，软件需求规格说明书。
3. 结构化设计方法、总体设计与详细设计。
4. 软件测试的方法、白盒测试与黑盒测试、测试用例设计、软件测试的实施、单元测试、集成测试和系统测试。
5. 程序的调试，静态调试与动态调试。

四、数据库设计基础

1. 数据库的基本概念、数据库、数据库管理系统、数据库系统。
2. 数据模型、实体联系模型及 E-R 图，从 E-R 图导出关系数据模型。
3. 关系代数运算，包括集合运算及选择、投影、连接运算，数据库规范化理论。
4. 数据库设计方法和步骤、需求分析、概念设计、逻辑设计和物理设计的相关策略。

考 试 方 式

■　公共基础知识不单独考试，与其他二级科目组合在一起作为二级科目考核内容的一部分。

■　考试方式为上机考试，10 道选择题，占 10 分。

附录3　全国计算机等级考试二级——MS Office 高级应用考试大纲

(2013 年版)

基 本 要 求

1. 掌握计算机基础知识及计算机系统组成。
2. 了解信息安全的基本知识，掌握计算机病毒及防治的基本概念。
3. 掌握多媒体技术基本概念和基本应用。
4. 了解计算机网络的基本概念和基本原理，掌握因特网网络服务和应用。
5. 正确采集信息并能在文字处理软件 Word、电子表格软件 Excel、演示文稿制作软件 PowerPoint 中熟练应用。
6. 掌握 Word 的操作技能，并熟练应用编制文档。
7. 掌握 Excel 的操作技能，并熟练应用进行数据计算及分析。
8. 掌握 PowerPoint 的操作技能，并熟练应用制作演示文稿。

考 试 内 容

一、计算机基础知识

1. 计算机的发展、类型及其应用领域。
2. 计算机软、硬件系统的组成及主要技术指标。
3. 计算机中数据的表示与存储。
4. 多媒体技术的概念与应用。
5. 计算机病毒的特征、分类与防治。
6. 计算机网络的概念、组成和分类、计算机与网络信息安全的概念和防控。
7. 因特网网络服务的概念、原理和应用。

二、Word 的功能和使用

1. Microsoft Office 应用界面的和功能设置。
2. Word 的基本功能，文档的创建、编辑、保存、打印和保护等基本操作。
3. 设置字体和段落格式，应用文档样式和主题，调整页面布局等排版操作。
4. 文档中表格的制作与编辑。
5. 文档中图形、图像(片)对象的编辑和处理，文本框和文档部件的使用，符号与数学公式的输入与编辑。
6. 文档的分栏、分页和分节操作，文档页眉、页脚的设置，文档内容的引用操作。
7. 文档的审阅和修订。

8. 利用邮件合并功能批量制作和处理文档。

9. 多窗口和多文档的编辑，文档视图的使用。

10. 分析图文素材，并根据需求提取相关信息引用到 Word 文档中。

三、Excel 的功能和使用

1. Excel 的基本功能，工作簿和工作表的基本操作，工作视图的控制。

2. 工作表数据的输入、编辑和修改。

3. 单元格的格式化操作，数据格式的设置。

4. 工作簿和工作表的保护、共享及修订。

5. 单元格的引用，公式和函数的使用。

6. 多个工作表的联动操作。

7. 迷你图和图表的创建、编辑与修饰。

8. 数据的排序、筛选、分类汇总、分组显示和合并计算。

9. 数据透视表和数据透视图的使用。

10. 数据的模拟分析和运算。

11. 宏功能的简单使用。

12. 获取外部数据并分析处理。

13. 分析数据素材，并根据需求提取相关信息引用到 Excel 文档中。

四、PowerPoint 的功能和使用

1. PowerPoint 的基本功能和基本操作，演示文稿的视图模式和使用。

2. 演示文稿中幻灯片的主题设置、背景设置、母版制作和使用。

3. 幻灯片中文本、图形、SmartArt、图像(片)、图表、音频、视频、艺术字等对象的编辑和应用。

4. 幻灯片中对象动画、幻灯片切换效果、链接操作等交互设置。

5. 幻灯片放映设置，演示文稿的打包和输出。

6. 分析图文素材，并根据需求提取相关信息引用到 PowerPoint 文档中。

考 试 方 式

■　采用无纸化考试，上机操作。

■　考试时间为 120 分钟。

■　软件环境为操作系统 Windows 7。

■　办公软件 Microsoft Office 2010。

在指定时间内，完成下列各项操作：

(1) 选择题(计算机基础知识)(20 分)。

(2) Word 操作(30 分)。

(3) Excel 操作(30 分)。

(4) PowerPoint 操作(20 分)。

附录4 二级 MS Office 练习题一

基础知识部分

1. 程序流程图中带有箭头的线段表示的是( )。

   A) 图元关系   B) 数据流   C) 控制流   D) 调用关系

2. 结构化程序设计的基本原则不包括( )。

   A) 多态性   B) 自顶向下   C) 模块化   D) 逐步求精

3. 软件设计中模块划分应遵循的准则是( )。

   A) 低内聚低耦合   B) 高内聚低耦合

   C) 低内聚高耦合   D) 高内聚高耦合

4. 在软件开发中，需求分析阶段产生的主要文档是( )。

   A) 可行性分析报告   B) 软件需求规格说明书

   C) 概要设计说明书   D) 集成测试计划

5. 算法的有穷性是指( )。

   A) 算法程序的运行时间是有限的

   B) 算法程序所处理的数据量是有限的

   C) 算法程序的长度是有限的

   D) 算法只能被有限的用户使用

6. 对长度为 n 的线性表排序，在最坏情况下，比较次数不是 n(n-1)/2 的排序方法是( )。

   A) 快速排序   B) 冒泡排序   C) 直接插入排序   D) 堆排序

7. 下列关于栈的叙述正确的是( )。

   A) 栈按"先进先出"组织数据

   B) 栈按"先进后出"组织数据

   C) 只能在栈底插入数据

   D) 不能删除数据

8. 在数据库设计中，将 E-R 图转换成关系数据模型的过程属于( )。

   A) 需求分析阶段   B) 概念设计阶段

   C) 逻辑设计阶段   D) 物理设计阶段

9. 设 R、S 和 T 的关系如下：

R		
B	C	D
a	0	k1
b	1	n1

S		
B	C	D
f	3	h2
a	0	k1
n	2	x1

T		
B	C	D
a	0	k1

由关系 R 和 S 通过运算得到关系 T，则所使用的运算为( )。

A) 并　　　　B) 自然连接　　　　　C) 笛卡尔积　　　　　　D) 交

10. 设有表示学生选课的三张表，学生 S(学号，姓名，性别，年龄，身份证号)，课程 C(课号，课名)，选课 SC(学号，课号，成绩)，则表 SC 的关键字(键或码)为(　　)。

A) 课号，成绩　　　　　　　　B) 学号，成绩

C) 学号，课号　　　　　　　　D) 学号，姓名，成绩

11. 世界上公认的第一台电子计算机诞生在(　　)。

A) 中国　　　　B) 美国　　　　C) 英国　　　　　　D) 日本

12. 下列关于 ASCII 编码的叙述中，正确的是(　　)。

A) 一个字符的标准 ASCII 码占一个字节，其最高二进制位总为 1

B) 所有大写英文字母的 ASCII 码值都小于小写英文字母'a'的 ASCII 码值

C) 所有大写英文字母的 ASCII 码值都大于小写英文字母'a'的 ASCII 码值

D) 标准 ASCII 码表有 256 个不同的字符编码

13. CPU 主要技术性能指标有(　　)。

A) 字长、主频和运算速度　　　B) 可靠性和精度

C) 耗电量和效率　　　　　　　D) 冷却效率

14. 计算机系统软件中，最基本、最核心的软件是(　　)。

A) 操作系统　　　　　　　　　B) 数据库管理系统

C) 程序语言处理系统　　　　　D) 系统维护工具

15. 下列关于计算机病毒的叙述中，正确的是(　　)。

A) 反病毒软件可以查杀任何种类的病毒

B) 计算机病毒是一种被破坏了的程序

C) 反病毒软件必须随着新病毒的出现而升级，提高查、杀病毒的功能

D) 感染过计算机病毒的计算机具有对该病毒的免疫性

16. 高级程序设计语言的特点是(　　)。

A) 高级语言数据结构丰富

B) 高级语言与具体的机器结构密切相关

C) 高级语言接近算法语言不易掌握

D) 用高级语言编写的程序计算机可立即执行

17. 计算机的系统总线是计算机各部件间传递信息的公共通道，它分(　　)。

A) 数据总线和控制总线

B) 地址总线和数据总线

C) 数据总线、控制总线和地址总线

D) 地址总线和控制总线

18. 计算机网络最突出的优点是(　　)。

A) 提高可靠性　　　　　　　　B) 提高计算机的存储容量

C) 运算速度快　　　　　　　　D) 实现资源共享和快速通信

19. 电源关闭后，下列关于存储器的说法中，正确的是(　　)

A) 存储在 RAM 中的数据不会丢失

B) 存储在 ROM 中的数据不会丢失

C) 存储在 U 盘中的数据会全部丢失

D) 存储在硬盘中的数据会丢失

20．有一域名为 bit.edu.cn，根据域名代码的规定，此域名表示(　　)。

A) 教育机构　　　B) 商业组织　　　C) 军事部门　　　D) 政府机关

高级应用部分

一、字处理

注意：以下的文件必须都保存在考生文件夹下。

书娟是海明公司的前台文秘，她的主要工作是管理各种档案，为总经理起草各种文件。新年将至，公司定于 2013 年 2 月 5 日下午 2:00，在中关村海龙大厦办公大楼五层多功能厅举办一个联谊会，重要客人名录保存在名为"重要客户名录.docx"的 Word 文档中，公司联系电话为 010-66668888。

根据上述内容制作请柬，具体要求如下：

1．制作一份请柬，以"董事长：王海龙"名义发出邀请，请柬中需要包含标题、收件人名称、联谊会时间、联谊会地点和邀请人。

2．对请柬进行适当的排版，具体要求：改变字体、加大字号，且标题部分（"请柬"）与正文部分（以"尊敬的 XXX"开头)采用不相同的字体和字号；加大行间距和段间距；对必要的段落改变对齐方式，适当设置左、右及首行缩进，以美观且符合中国人阅读习惯为准。

3．在请柬的左下角位置插入一幅图片(图片自选)，调整其大小及位置，不影响文字排列、不遮挡文字内容。

4．进行页面设置，加大文档的上边距；为文档添加页眉，要求页眉内容包含本公司的联系电话。

5．运用邮件合并功能制作内容相同、收件人不同(收件人为"重要客户名录.docx"中的每个人，采用导入方式)的多份请柬，要求先将合并主文档以"请柬 1.docx"为文件名进行保存，再进行效果预览后生成可以单独编辑的单个文档"请柬 2.docx"。

二、电子表格

注意：以下的文件必须都保存在考生文件夹下。

文涵是大地公司的销售部助理，负责对全公司的销售情况进行统计分析，并将结果提交给销售部经理。到了年底，她根据各门店提交的销售报表进行统计分析。

打开"计算机设备全年销售统计表.xlsx"，帮助文涵完成以下操作：

1．将"sheet1"工作表命名为"销售情况"，将"sheet2"命名为"平均单价"。

2．在"店铺"列左侧插入一个空列，输入列标题为"序号"，并以 001、002、003……的方式向下填充该列到最后一个数据行。

3．将工作表标题跨列合并后居中并适当调整其字体、加大字号，并改变字体颜色。适当加大数据表行高和列宽，设置对齐方式及销售额数据列的数值格式(保留 2 位小数)，并为数据区域增加边框线。

4. 将工作表"平均单价"中的区域 B3：C7 定义名称为"商品均价"。运用公式计算工作表"销售情况"中 F 列的销售额，要求在公式中通过 VLOOKUP 函数自动在工作表"平均单价"中查找相关商品的单价，并在公式中引用所定义的名称"商品均价"。

5. 为工作表"销售情况"中的销售数据创建一张数据透视表，放置在一个名为"数据透视分析"的新工作表中，要求针对各类商品比较各门店每个季度的销售额。其中：商品名称为报表筛选字段，店铺为行标签，季度为列标签，并对销售额求和。最后对数据透视表进行格式设置，使其更加美观。

6. 根据生成的数据透视表，在透视表下方创建一个簇状柱形图，图表中仅对各门店四个季度笔记本的销售额进行比较。

7. 保存"计算机设备全年销量统计表.xlsx"文件。

三、演示文稿

注意：以下的文件必须都保存在考生文件夹下。

文君是新世界数码技术有限公司的人事专员，"十一"过后，公司招聘了一批新员工，需要对他们进行入职培训。人事助理已经制作了一份演示文稿的素材"新员工入职培训.pptx"，请打开该文档进行美化，要求如下：

1. 将第二张幻灯片版式设为"标题和竖排文字"，将第四张幻灯片的版式设为"比较"，为整个演示文稿指定一个恰当的设计主题。

2. 通过幻灯片母版为每张幻灯片增加利用艺术字制作的水印效果，水印文字中应包含"新世界数码"字样，并旋转一定的角度。

3. 根据第五张幻灯片右侧的文字内容创建一个组织结构图，其中总经理助理为助理级别，结果应类似 Word 样例文件"组织结构图样例.docx"中所示，并为该组织结构图添加任一动画效果。

4. 为第六张幻灯片左侧的文字"员工守则"加入超链接，链接到 Word 素材文件"员工守则.docx"，并为该张幻灯片添加适当的动画效果。

5. 为演示文稿设置不少于三种的幻灯片切换方式。

基础知识部分参考答案

1～5：C A B B A　　　　6～10：D B C D C

11～15：B B A A C　　　　16～20：A C D B A

附录5　二级 MS Office 练习题二

基础知识部分

1. 下列数据结构中，属于非线性结构的是(　　)。

A) 循环队列　　　　　B) 带链队列　　　　　C) 二叉树　　　　　D) 带链栈

2. 下列数据结构中，能够按照"先进后出"原则存取数据的是(　　)。

A) 循环队列　　　　　B) 栈　　　　　C) 队列　　　　　D) 二叉树

3. 对于循环队列，下列叙述中正确的是(　　)。

A) 队头指针是固定不变的

B) 队头指针一定大于队尾指针

C) 队头指针一定小于队尾指针

D) 队头指针可以大于队尾指针，也可以小于队尾指针

4. 算法的空间复杂度是指(　　)。

A) 算法在执行过程中所需要的计算机存储空间

B) 算法所处理的数据量

C) 算法程序中的语句或指令条数

D) 算法在执行过程中所需要的临时工作单元数

5. 软件设计中划分模块的一个准则是(　　)。

A) 低内聚低耦合　　　　　　　　　B) 高内聚低耦合

C) 低内聚高耦合　　　　　　　　　D) 高内聚高耦合

6. 下列选项中不属于结构化程序设计原则的是(　　)。

A) 可封装　　　　B) 自顶向下　　　　C) 模块化　　　　D) 逐步求精

7. 软件的详细设计生产的图如下：

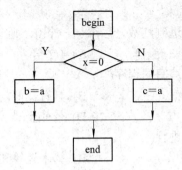

该图是(　　)

A) N-S 图　　　　B) PAD 图　　　　C) 程序流程图　　　　D) E-R 图

8. 数据库管理系统是(　　)。

A) 操作系统的一部分　　　　　　　B) 在操作系统支持下的系统软件

C) 一种编译系统　　　　　　　　　D) 一种操作系统

9. 在 E-R 图中，用来表示实体联系的图形是(　　)。
    A) 椭圆形　　　　B) 矩形　　　　C) 菱形　　　　D) 三角形

10. 有三个关系 R、S 和 T 如下：

H		
A	B	C
a	1	2
b	2	1
c	3	1

S		
A	B	C
d	3	2

T		
A	B	C
a	1	2
b	2	1
c	3	1
d	3	2

则关系 T 是由关系 R 和 S 通过某种操作得到，该操作为(　　)。
    A) 选择　　　　B) 投影　　　　C) 交　　　　D) 并

11. 20GB 的硬盘表示容量约为( )。
    A) 20 亿个字节　　　　　　　　B) 20 亿个二进制位
    C) 200 亿个字节　　　　　　　D) 200 亿个二进制位

12. 计算机安全是指计算机资产安全，即(　　)。
    A) 计算机信息系统资源不受自然有害因素的威胁和危害
    B) 信息资源不受自然和人为有害因素的威胁和危害
    C) 计算机硬件系统不受人为有害因素的威胁和危害
    D) 计算机信息系统资源和信息资源不受自然和人为有害因素的威胁和危害

13. 下列设备组中，完全属于计算机输出设备的一组是(　　)。
    A) 喷墨打印机，显示器，键盘　　　B) 激光打印机，键盘，鼠标器
    C) 键盘，鼠标器，扫描仪　　　　　D) 打印机，绘图仪，显示器

14. 计算机软件的确切含义是(　　)。
    A) 计算机程序、数据与相应文档的总称
    B) 系统软件与应用软件的总和
    C) 操作系统、数据库管理软件与应用软件的总和
    D) 各类应用软件的总称

15. 在一个非零无符号二进制整数之后添加一个 0，则此数的值为原数的(　　)。
    A) 4 倍　　　　B) 2 倍　　　　C) 1/2 倍　　　　D) 1/4 倍

16. 用高级程序设计语言编写的程序(　　)。
    A) 计算机能直接执行　　　　　　B) 具有良好的可读性和可移植性
    C) 执行效率高　　　　　　　　　D) 依赖于具体机器

17. 运算器的完整功能是进行(　　)。
    A) 逻辑运算　　　　　　　　　　B) 算术运算和逻辑运算
    C) 算术运算　　　　　　　　　　D) 逻辑运算和微积分运算

18. 以太网的拓扑结构是(　　)。
    A) 星型　　　　B) 总线型　　　　C) 环型　　　　D) 树型

19. 组成计算机指令的两部分是(　　)。
    A) 数据和字符　　　　　　　　　B) 操作码和地址码

C) 运算符和运算数　　　　　　　　D) 运算符和运算结果
20. 上网需要在计算机上安装(　　)。
　　A) 数据库管理软件　　　　　　　　B) 视频播放软件
　　C) 浏览器软件　　　　　　　　　　D) 网络游戏软件

高级应用部分

一、字处理

　　注意：以下的文件必须保存在考生文件夹下。

　　在考生文件夹下打开文档 Word.docx，按照要求完成下列操作并以该文件名(Word.docx)保存文档。

　　某高校为了使学生更好地进行职场定位和职业准备，提高就业能力，该校学工处将于2013 年 4 月 29 日(星期五)19:30～21:30 在校国际会议中心举办题为"领慧讲堂——大学生人生规划"就业讲座，特别邀请资深媒体人、著名艺术评论家赵蕈先生担任演讲嘉宾。

　　请根据上述活动的描述，利用 Microsoft Word 制作一份宣传海报(宣传海报的参考样式请参考"Word-海报参考样式.docx"文件)，要求如下：

　　1. 调整文档版面，要求页面高度 35 厘米，页面宽度 27 厘米，页边距(上、下)为 5 厘米，页边距(左、右)为 3 厘米，并将考生文件夹下的图片"Word-海报背景图片.jpg"设置为海报背景。

　　2. 根据"Word-海报参考样式.docx"文件，调整海报内容文字的字号、字体和颜色。

　　3. 根据页面布局需要，调整海报内容中"报告题目"、"报告人"、"报告日期"、"报告时间"、"报告地点"信息的段落间距。

　　4. 在"报告人："位置后面输入报告人姓名(赵蕈)。

　　5. 在"主办：校学工处"位置后另起一页，并设置第 2 页的页面纸张大小为 A4 篇幅，纸张方向设置为"横向"，页边距为"普通"页边距定义。

　　6. 在新页面的"日程安排"段落下面，复制本次活动的日程安排表(请参考"Word-活动日程安排.xlsx"文件)，要求表格内容引用 Excel 文件中的内容，如若 Excel 文件中的内容发生变化，Word 文档中的日程安排信息随之发生变化。

　　7. 在新页面的"报名流程"段落下面，利用 SmartArt，制作本次活动的报名流程(学工处报名、确认坐席、领取资料、领取门票)。

　　8. 设置"报告人介绍"段落下面的文字排版布局为参考示例文件中所示的样式。

　　9. 更换报告人照片为考生文件夹下的 Pic2.jpg 照片，将该照片调整到适当的位置，并不要遮挡文档中的文字内容。

　　10. 保存本次活动的宣传海报设计为 WORD.DOCX。

二、电子表格

　　注意：以下的文件必须保存在考生文件夹下。

　　小蒋是一位中学教师，在教务处负责初一年级的成绩管理。由于学校地处偏远地区，缺乏必要的教学设施，只有一台配置不太高的 PC 机可以使用。他在这台电脑中安装了 Microsoft Office，决定通过 Excel 来管理学生成绩，以弥补学校缺少数据库管理系统的不足。现在，第一学期期末考试刚刚结束，小蒋将初一年级三个班的成绩均录入了文件名为"学生成绩单.xlsx"的 Excel 工作簿文档中。请你根据下列要求帮助小蒋老师对该成绩单进行整理和分析：

1. 对工作表"第一学期期末成绩"中的数据列表进行格式化操作：将第一列"学号"设为文本，将所有成绩列设为保留两位小数的数值；适当加大行高、列宽，改变字体、字号，设置对齐方式，增加适当的边框和底纹以使工作表更加美观。

2. 利用"条件格式"功能进行下列设置：将语文、数学、英语三科中不低于 110 分的成绩所在的单元格以一种颜色填充，其他四科中高于 95 分的成绩以另一种字体颜色标出，所有颜色深浅以不遮挡数据为宜。

3. 利用 sum 和 average 函数计算每一个学生的总分及平均成绩。

4. 学号第 3、4 位代表学生所在的班级，例如："120105"代表 12 级 1 班 5 号。请通过函数提取每个学生所在的班级并按下列对应关系填写在"班级"列中：

"学号"的 3、4 位	对应班级
01	1 班
02	2 班
03	3 班

5. 复制工作表"第一学期期末成绩"，将副本放置到原表之后；改变该副本表标签的颜色，并重新命名，新表名需包含"分类汇总"字样。

6. 通过分类汇总功能求出每个班各科的平均成绩，并将每组结果分页显示。

7. 以分类汇总结果为基础，创建一个簇状柱形图，对每个班各科平均成绩进行比较，并将该图标放置在一个名为"柱状分析图"新工作表中。

三、演示文稿

文慧是新东方学校的人力资源培训讲师，负责对新入职的教师进行入职培训，其 PowerPoint 演示文稿的制作水平广受好评。最近，她应北京节水展馆的邀请，为展馆制作一份宣传关于水知识及节约用水的重要性的演示文稿。

节水展馆提供的文字资料及素材参见"水资源利用与节水(素材).docx"，制作要求如下：

1. 标题页包含演示主题、制作单位(北京节水展馆)和日期(XXXX 年 X 月 X 日)。

2. 演示文稿须指定一个主题，幻灯片不少于 5 页，且版式不少于 3 种。

3. 演示文稿中除文字外要有两张以上的图片，并有两个以上的超链接进行幻灯片之间的跳转。

4. 动画效果要丰富，幻灯片切换效果要多样。

5. 演示文稿播放的全程需要有背景音乐。

6. 将制作完成的演示文稿以"水资源利用与节水.pptx"为文件名进行保存。

基础知识部分参考答案

1～5：C B D A B　　　　6～10：A C B C D

11～15：C D D A B　　　16～20：B B B B C